Gummi-Verarbeitung

Mit WP-Maschinen produzierte Gummiteile

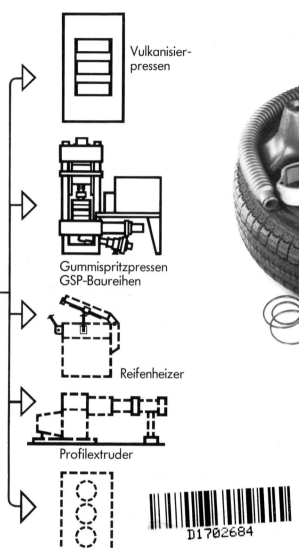

- Vulkanisierpressen
- Gummispritzpressen GSP-Baureihen
- Reifenheizer
- Profilextruder
- Kalander

Werner & Pfleiderer GmbH & Co. Maschinenbau

Am Plittershagener Berg 3–17
Postfach 1180
5905 Freudenberg
Telefon: (0 27 34) 4 91-0
Telefax: (0 27 34) 4 91-150
Telex: 87 68 39 wpfg d
Cable: knetwerke freudenberg

WERNER & PFLEIDERER

Limper/Barth/Grajewski
Technologie der
Kautschukverarbeitung

A. Limper/P. Barth/F. Grajewski

Technologie der Kautschukverarbeitung

mit 177 Abbildungen und 5 Tabellen

Carl Hanser Verlag München Wien

Die Autoren:

Dr.-Ing. Andreas Limper
Leiter der Abteilungen Verfahrenstechnik und Automation
Werner & Pfleiderer GmbH, Freudenberg

Dr.-Ing. Peter Barth
Leiter der Abteilung Spritzgießen/RIM-Technologie
Institut für Kunststoffverarbeitung (IKV), Aachen

Dr.-Ing. Franz Grajewski
Entwicklungsleiter der Produktgruppe Garnituren und Schrumpftechnik
kabelmetal electro, Stadthagen

CIP-Titelaufnahme der Deutschen Bibliothek

Limper, Andreas:
Technologie der Kautschukverarbeitung / Andreas Limper ;
Peter Barth ; Franz Grajewski. - München ; Wien : Hanser,
1989
   ISBN 3-446-15634-8
NE: Barth, Peter:; Grajewski, Franz:

Dieses Werk ist urheberrechtlich geschützt.
Alle Rechte, auch die der Übersetzung, des Nachdruckes und der Vervielfältigung des Buches oder Teilen daraus, vorbehalten. Kein Teil des Werkes darf ohne schriftliche Genehmigung des Verlages in irgendeiner Form (Fotokopie, Mikrofilm oder ein anderes Verfahren), auch nicht für Zwecke der Unterrichtsgestaltung, reproduziert oder unter Verwendung elektronischer Systeme verarbeitet, vervielfältigt oder verbreitet werden.

© Carl Hanser Verlag München Wien 1989

Satz und Druck: Appl, Wemding
Buchbinderische Verarbeitung: Sellier, Freising
Printed in Germany

Geleitwort

Kautschuke – besser gesagt Elastomere – sind nicht nur faszinierende, sondern auch einmalige Rohstoffe. Es sind zudem Werkstoffe, die jeweils durch keinerlei Konkurrenten bedrängt werden, es sei denn, durch bessere der gleichen Familie. Und an dieser Konkurrenz hat es nie gemangelt, denn die Kautschuk-Rohstoffe sind ständig besser geworden.
Die Verarbeitung hingegen hat hiermit kaum Schritt gehalten. Elastomere sind eine ganz besondere Klasse von Polymerwerkstoffen, die zwar in manchen Eigenschaften anders, aber trotzdem Polymere sind. Wir haben stets angenommen, daß sie nach den für alle Polymerwerkstoffe geltenden Regeln verarbeitet werden sollten.
Die Kautschukverarbeiter haben demgegenüber bis vor wenigen Jahren geglaubt, daß diese Gruppe von Werkstoffen so einmalig sei, daß sie nur nach eigenen Regeln verstanden werden könne. Dies hat dazu geführt, daß man bis heute noch oft – zum Nachteil der Ökonomie – versucht, Probleme in der Fertigung und manchmal auch in der Anwendung nur mit Mitteln der Chemie zu lösen.
Es ist aber eine der Eigenarten der Polymerwerkstoffe, daß man Probleme sowohl über die Chemie als auch über die Verarbeitung lösen kann; ein bißchen wie beim Backen von Brot: Der Geschmack kann entweder durch die Rezeptur – sprich die Chemie – oder durch Ofenholz – sprich das Verarbeiten – bestimmt werden. Der Unterschied ist nur, daß eine chemische Lösung die teurere Möglichkeit für Großprodukte darstellt.
Um aber eine Fertigung hinsichtlich der Verfahrenstechnik zu manipulieren, bedarf es der Kenntnisse von Zusammenhängen zwischen Fertigung und Eigenschaften, also komplexer physikalisch/chemischer Zusammenhänge.
Die Erfahrungen mit Kunststoffen haben uns ermutigt zu glauben, daß Kautschuke den gleichen Regeln gehorchen sollten. Die Dissertationen von *Herrn J. P. Lehnen* und *Herrn E. Harms* gaben uns die Sicherheit, daß diese Ansätze richtig sind. Ihnen war der wirtschaftliche Erfolg bereits beschieden; der Stiftextruder ist die wohl am meisten verkaufte Maschinenentwicklung unserer derzeitigen Polymerwerkstofftechnologie.
Durch diese Ergebnisse bestärkt, war es in den letzten 20 Jahren unser Bemühen, der Kautschukverarbeitung ein theoretisches, vorwiegend physikalisches, Fundament zu unterbauen. Eine größere Zahl von Dissertationen demonstriert diese Versuche.
Das vorliegende Buch ist eine gefilterte Zusammenfassung dieser wissenschaftlichen Arbeiten. Die Verfasser sind durch ihre Industrietätigkeit geläuterte Wissenschaftler, die sich der Mühe unterzogen, ihre Kenntnisse und Erfahrungen den Praktikern zur Verfügung zu stellen.
Es spricht einerseits für die Faszination des Werkstoffs Kautschuk und andererseits für den selbstlosen Idealismus der Autoren, daß sie die Aufgabe, ein solches Werk zu erstellen, angepackt und durchgestanden haben.
Ich bin des Erfolges daher sicher, denn dieses Buch vermittelt Theorie praktisch! Wir werden dies heute mehr brauchen denn je, denn Computer sind bisher fleißige „Idioten". Um daraus eine nützliche Symbiose zu machen, brauchen wir den intelligenten Betreiber, der die Grundlagen beherrscht. Dieses Buch kann daher intelligenten Menschen helfen, ein erfolgreicher Kautschukverarbeiter zu werden!

Viel Erfolg!

Aachen, im Herbst 1989 *Georg Menges*

Vorwort

Im Zeitalter der neuen Werkstoffe und der High Technology scheint ein Buch zum Thema „Kautschukverarbeitung" antiquiert, handelt es sich doch um einen Naturstoff, der seit Jahrhunderten bekannt ist und seit mindestens 100 Jahren industriell verarbeitet wird. Doch gerade heute zeigt sich immer wieder, daß die spezifischen Eigenschaften sowie das riesige Know-how bezüglich der Compoundierung der Verarbeitung den Kautschuk zu einem unverzichtbaren Werkstoff unserer Zeit machen. In den letzten Jahren tritt neben der Mischungsentwicklung aber immer mehr die verfahrenstechnische Durchdringung der Produktionsprozesse in den Vordergrund. Weltweit beginnen daher zahlreiche Hochschulen, sich mit dieser Thematik zu beschäftigen. Wegen der Ähnlichkeit des Kautschuks mit anderen makromolekularen Werkstoffen ist es naheliegend, hier Erkenntnisse aus der Kunststoffverarbeitung auf den Kautschuk zu übertragen.

Das Institut für Kunststoffverarbeitung (IKV) an der RWTH Aachen hat diese Aufgabenstellung schon in der zweiten Hälfte der siebziger Jahre aufgenommen und eine Vielzahl verfahrenstechnischer Problemstellungen bearbeitet. Dieses Buch stellt eine Übersicht der erarbeiteten Ergebnisse bis zum Jahre 1988 dar. Um den Umfang des Werkes übersichtlich zu halten, kann diese Zusammenstellung keinesfalls dem Anspruch auf Vollständigkeit gerecht werden. Dem interessierten Leser seien daher die in den jeweiligen Literaturverzeichnissen benannten Dissertationen, Diplom- und Studienarbeiten zur Informationsvertiefung empfohlen.

Die Aufgabenstellung der Mitarbeiter des Institutes war es, stets Ergebnisse zu erarbeiten, welche direkt in der Praxis verwertbar sind. Dies soll auch die Ausrichtung des vorliegenden Buches sein.

Allen Studenten, Hilfskräften, Assistenten und Laboranten sei für ihr Engagement beim Erarbeiten der Ergebnisse gedankt. Ganz besonderer Dank aber gilt *Herrn Professor Dr. Menges* für seine kooperative und motivierende Leitung des Institutes. Ohne ihn wären die hier aufgeführten Arbeitsergebnisse nicht zustande gekommen.

Das Bemühen um praxisnahe Ergebnisse ist als weiteres wesentlich von den Mitgliedern der Fachbeiratsgruppe „Kautschukverarbeitung" des IKV getragen worden. Für die vielen Anregungen und die konstruktive Kritik aus diesem Kreis sei den Mitgliedern sowie den Vorsitzenden der Gruppe, *Herrn Dr. Lehnen, Herrn Dr. Röthemeier* sowie *Herrn v. Kapff* herzlich gedankt.

Zum Inhalt dieses Buches ist zu sagen, daß es neben einer Darstellung der verfahrenstechnischen Analyse verschiedener Verarbeitungsverfahren auch jeweils einen kurzen Überblick über den Stand der Technik der verschiedenen Verarbeitungsprozesse zu geben versucht. Dies soll dem in der Kautschukverarbeitung nicht erfahrenen Leser die Möglichkeit geben, die dargestellten Prozeßmodelle einzuordnen und besser zu verstehen. Die detaillierteren Darstellungen von verfahrenstechnischen Modellen mögen andererseits dem erfahrenen Praktiker als Hilfsmittel zur effektiven Prozeßoptimierung und zur Ergänzung seines verfahrenstechnischen Wissens dienen. Nomogramme und vereinfachte Gleichungen sind in diesem Sinne als Hilfsmittel zur direkten praktischen Umsetzung gedacht.

Da es in der Praxis ein immenses Wissen in bezug auf die Compoundierung und die Anwendungstechnik gibt, andererseits der Schwerpunkt unserer Arbeiten auf der Verarbeitung an sich lag, sei an dieser Stelle auf die entsprechende Literatur verwiesen.

Bad Oeynhausen im Herbst 1989 *Andreas Limper*
im Namen aller Autoren

Inhalt

1 **Einleitung** 1
   Dr.-Ing. Andreas Limper
   Literatur 2

2 **Charakterisierung verarbeitungsrelevanter Stoffeigenschaften** 3
   Dr.-Ing. Andreas Limper
   2.1 Thermodynamische Eigenschaften 3
      2.1.1 Dichte 4
      2.1.2 Wärmekapazität 4
      2.1.3 Wärmeleitfähigkeit 4
   2.2 Rheologische Eigenschaften 5
      2.2.1 Dissipationsmodell 5
      2.2.2 Fließgrenze 7
      2.2.3 Wandgleiten 10
      2.2.4 Rheometrie 11
      2.2.5 Chargenprüfung von Kautschukmischungen 14
   Literatur 19

3 **Mischen** 21
   Dr.-Ing. Franz Grajewski
   3.1 Stand der bisherigen Entwicklung 21
   3.2 Analyse des Mischprozesses 26
      3.2.1 Prozeßparameter am Innenmischer 26
      3.2.2 Strömungsvorgänge im Innenmischer 28
         3.2.2.1 Einlaufströmung im Bereich Kammerwand-Rotorflügel .. 29
         3.2.2.2 Strömung im Zwickelbereich zwischen den Rotoren 32
      3.2.3 Mastikationsphase des Rohpolymers 34
         3.2.3.1 Einzugsphase des Rohpolymers 34
         3.2.3.2 Thermische Randbedingungen 36
         3.2.3.3 Resultierender viskoelastischer Zustand des mastizierten Rohpolymers 37
      3.2.4 Inkorporation des Füllstoffes 40
         3.2.4.1 Einfluß der thermischen Randbedingungen auf das Inkorporationsverhalten 42
         3.2.4.2 Resultierende Mischungseigenschaften 43
      3.2.5 Einfluß der Zugabegeometrie des Polymers 44
   3.3 Instationäre Anfahreffekte an Innenmischern 45
   3.4 Einfache Hilfsmittel zur Abschätzung von Betriebsparametern am Innenmischer 49
      3.4.1 Thermische Randbedingungen 49
         3.4.1.1 Modell zur Beschreibung des zeitlichen Verhaltens der Innenwandtemperatur der Mischkammer 49
         3.4.1.2 Abschätzung der Wärmeübergangskoeffizienten 50
            3.4.1.2.1 Wärmeübergangskoeffizienten auf der Wasserseite ... 50
            3.4.1.2.2 Materialseitige Wärmeübergangskoeffizienten 51

3.4.2 Nomogramm zur Abschätzung der Veränderung der Wandtemperaturen als Folge von instationären Anfahreffekten 53
    3.4.2.1 Anwendung und Nomogrammblätter zur Abschätzung von instationären Anfahreffekten 55
    3.4.2.2 Anwendungsbeispiel des Nomogramms für den GK-110E 62
3.4.3 Minimierung von Anfahreffekten 62
3.4.4 Hinweise zur modelltheoretischen Übertragbarkeit von Betriebspunkten . 66
3.5 Peripherie um den Innenmischer 68
  3.5.1 Förder- und Dosiersysteme 68
    3.5.1.1 Feststoffe 68
    3.5.1.2 Flüssigkeiten 69
    3.5.1.3 Klein-Chemikalien 70
  3.5.2 Nachfolgeeinrichtungen des Innenmischers 70
    3.5.2.1 Das Walzwerk 70
    3.5.2.2 Batch-Off-Anlage 71
Literatur 72

4 Extrudieren von Elastomeren 75
Dr.-Ing. Andreas Limper

4.1 Extruder 75
4.2 Werkzeuge 79
4.3 Extruder/Werkzeug-Konzepte 80
  4.3.1 Pelletizer 80
  4.3.2 Slab-Extruder 80
  4.3.3 Extruder – Roller Die 81
  4.3.4 Einwalzenkopf-Anlagen 81
  4.3.5 Huckepack-Anlagen 83
  4.3.6 Scherkopf-Anlagen 83
4.4 Vernetzungsstrecken 85
  4.4.1 Flüssigkeitsbadvulkanisation (LCM = Liquid Curing Method) 86
  4.4.2 Heißluftvulkanisation 87
  4.4.3 Mikrowellen-Aufheizung 88
  4.4.4 Dampfrohrvulkanisation 89
  4.4.5 Weitere Vernetzungsverfahren 90
Literatur 91

5 Verfahrenstechnische Analyse der Kautschukextrusion 93
Dr.-Ing. Andreas Limper

5.1 Prozeßanalyse der Einzugszone 93
5.2 Prozeßanalyse der Förderzone (Austragszone) 97
5.3 Mischelemente 100
5.4 Modellierung von Teilprozessen der Kautschukextrusion 103
  5.4.1 Prozeßmodell für die Austragszone 103
  5.4.2 Berücksichtigung der Querströmung 106
  5.4.3 Berücksichtigung der Randeinflüsse 108
  5.4.4 Berechnung der Entwicklung der mittleren Massetemperatur 110
  5.4.5 Nomographische Lösung 112
  5.4.6 Berechnung von Mischteilen und Stiftzonen 113
  5.4.7 Beurteilung der thermischen Homogenität 116
  5.4.8 Nichtisotherme Durchsatzberechnung 117

5.4.9 Stabilitätsbetrachtung	119
5.4.10 Praktische Hinweise zum Arbeiten mit dem Prozeßmodell	120
5.5 Modelltheoretische Übertragung von Betriebspunkten für Kautschukextruder	121
5.5.1 Grundlagen der Modelltheorie	122
5.5.2 Anwendung der Modelltheorie	124
5.5.3 Erweiterung der Modelltheorie für Stiftextruder	124
5.5.4 Praktische Überprüfung der Modelltheorie	125
5.5.4.1 Konventionelle Extruder	125
5.5.4.2 Stiftextruder	126
5.5.5 Praktische Hinweise zum Arbeiten mit der Modelltheorie	127
5.5.6 Restriktionswahl	129
5.6 Berechnung von Kautschuk-Extrusionswerkzeugen	130
5.6.1 Berechnung von „viskosen" Druckverlusten	130
5.6.1.1 Isotherme Rechenansätze	131
5.6.1.2 Nichtisotherme Berechnungsverfahren	133
5.6.1.3 Vereinfachte Abschätzungen zur praktischen Werkzeugauslegung	138
5.6.2 Abschätzung von Temperaturspitzen in Kautschukextrusionswerkzeugen	139
5.6.3 Berechnung von Einlaufdruckverlusten an Schlitzscheiben	140
5.6.3.1 Theoretischer Hintergrund	140
5.6.3.2 Praktische Überprüfung	141
5.6.4 Auslegung von Verteilungswerkzeugen (d. h. Pinolen-, Breitschlitzverteiler)	142
Literatur	149

6 Die Herstellung von Gummi-Formartikel ... 153
Dr.-Ing. Peter Barth

6.1 Einleitung	153
6.1.1 Was sind Formartikel?	153
6.2 Herstellungsverfahren	154
6.2.1 Das Preßverfahren	154
6.2.2 Das Spritzpreßverfahren/Transfer Moulding	155
6.2.3 Das Spritzgießverfahren/Injection Moulding	156
6.2.4 Das Spritzprägen/Compression Stamping	157
6.2.5 Spezielle Verfahren	158
6.3 Maschinen zur Herstellung von Formartikeln	159
6.3.1 Pressen	159
6.3.2 Die Spritzgießmaschine	160
6.3.2.1 Die Einspritzeinheit	161
6.3.2.2 Die Schließeinheit	163
6.3.2.3 Die Steuerung der Maschinen	164
6.4 Spritzgießwerkzeuge zur Herstellung von Formteilen	165
6.4.1 Aufbau von Spritzgießwerkzeugen	165
6.4.2 Werkzeugauslegung	169
6.4.2.1 Rheologische Auslegung	170
6.4.2.2 Thermische Auslegung	175
6.4.2.3 Mechanische Auslegung	177
6.4.3 Auslegung von Kaltkanalwerkzeugen	177
6.4.3.1 Arten von Kaltkanalwerkzeugen	178
6.4.3.2 Auslegung von Kaltkanalwerkzeugen	180
6.5 Verfahrenstechnik	181

6.6 Formverschmutzung und Formenreinigung 184
    6.6.1 Formverschmutzung 184
    6.6.2 Formenreinigung 187
6.7 Entgraten von Formteilen 188
6.8 Automatisierung 189
    6.8.1 Formteilhandling 190
    6.8.2 Werkzeugkonzept 194
Literatur 195

7 Nomogramm zur Bestimmung der mittleren Massetemperatur und des Druckgradienten 199

Register 205

1 Einleitung

Dr.-Ing. Andreas Limper

Die Kautschukindustrie weist im Vergleich mit anderen Industriezweigen eine relativ lange Entwicklungsgeschichte auf. Nachdem der Werkstoff Kautschuk schon im 4. Jahrhundert von Indianern in Mittel- und Südamerika zur Herstellung von Bällen benutzt worden war, weckte er im 18. Jahrhundert auch ein stärkeres Interesse in Europa. Der im amerikanischen Erzeugerland zu Festkautschuk aufbereitete Werkstoff wurde dabei zunächst in Form einer Lösung zur Imprägnierung von Textilien eingesetzt. Zu Anfang des 19. Jahrhunderts wurden verschiedenste Artikel aus Kautschuk gefertigt wie z. B. chirurgische Schläuche, Gummihandschuhe, Radiergummis (daher der Name Rubber), gummierte Seide etc. Allen Produkten war jedoch der Nachteil gemein, daß sie bei höheren Temperaturen klebrig wurden, was ihren Einsatz stark einschränkte. Erst die Erfindung des *Charles Goodyear,* welcher 1839 die „Vulkanisation" (d. h. Vernetzung) des Kautschuks zu einem hochelastischen, klebfreien Werkstoff, dem Gummi, entdeckte, führte zu einem verbreiteten Einsatz von Gummiprodukten. Bis zum Anfang des 20. Jahrhunderts erreichte der Kautschukverbrauch in Europa 50 000 Tonnen. Die Erfindung und stürmische Entwicklung des Automobils führte schließlich zu einem immensen Wachstum der kautschukverarbeitenden Industrien. Der Weltverbrauch von Synthese- und Naturkautschuk liegt zur Zeit bei etwa 13 Millionen Tonnen [1]. In dieser langen Geschichte des Einsatzes von Kautschuk hat sich der Gummi viele Einsatzgebiete erschlossen. Heute ist jedoch mehr und mehr zu erkennen, daß sich neue Produkte nur selten finden und daß das Wachstum der Kautschukindustrie in erster Linie durch ein Mengenwachstum der traditionellen Gummiprodukte verursacht wird, so z. B. durch das Wachstum der Automobilindustrie. In den Industrieländern sind diese Märkte jedoch zunehmend abgesättigt. Neue Märkte für Elastomerprodukte sind hier noch in der Schwingungsdämpfung zu sehen, etwa für schnelle Schienenfahrzeuge zum Erzielen hoher Geschwindigkeiten bei geringer Lärmemission, oder einer komfortableren Schwingungsdämpfung im Automobil.

Ein genereller Trend der Zukunft wird vor allem in Ländern mit relativ hohem Lohnniveau in einer Verbesserung der Produktqualität liegen [2]. Dies setzt jedoch eine hohe Produktionstechnologie voraus. Hier sind in der Praxis noch viele Aspekte zur Produktionsoptimierung auszumachen [5, 6]. Zum einen wird dies sicherlich durch eine Weiterentwicklung der Rezepturen möglich sein. Hier besteht in der Kautschukindustrie ein beträchtliches Know How [3] welches auch hilft, viele Probleme des Produktionsalltages zu lösen. Hiermit wird aber auch oft insofern ein „Mißbrauch" getrieben, daß verfahrenstechnische Probleme über die Chemie gelöst werden, etwa dadurch, daß man bei einem schlecht arbeitenden Extruder eher die Mischung als die Betriebsparameter verändert. Zusätzlich zu den vielen Mischungstypen, welche durch Kundenforderungen unabdingbar vorhanden sind [4], kommen hierdurch noch Maschinen oder gar Wochentagsmischungstypen hinzu, welche die Produktionskosten stark erhöhen. Eine bessere Durchdringung der verfahrenstechnischen Prozesse ist daher in Zukunft unerläßlich. Nur hierdurch können z. B. auch verfahrenstechnische Grundlagen für eine Automatisierung und damit eine Konstanz der Fertigungsabläufe geschaffen werden [5]. Auch die gezielte Prozeßoptimierung läßt noch große Potentiale zur kostengünstigeren Produktion erwarten. So erbrachte ein vom Institut für Kunststoffverarbeitung (IKV) durchgeführtes Gemeinschaftsforschungsprojekt, bei welchem Anlagen in 11 kautschukverarbeitenden Betrieben untersucht wurden, allein im Hinblick auf den Energieverbrauch Einsparmöglichkeiten von bis zu 50%. Ziel dieses Buches ist es daher, die verfahrenstechnischen Prozesse der Kautschukverarbeitung zu durchleuchten und Modelle zu deren Beschreibung bzw. Optimierung vorzustellen.

Literatur

[1] *Möbius, K.:* Der Weltkautschukmarkt an der Jahreswende. Gummi, Asbest, Kautsch. *39* (1986) 1, S. 9-16.
[2] *Mocker, K.:* Die deutsche Kautschukindustrie – Struktur, Situation, Perspektiven. Kautsch. Gummi Kunstst. *39* (1986) 5, S. 433-435.
[3] *Rosenthal, O.:* Die permanente Renaissance des Gummis – das Wachsen von Anforderungen und Leistung. Plastverarbeiter *34* (1984).
[4] *Lüpfert, S.:* Möglichkeiten und Grenzen des Minimierens der Zahl von Mischungen. VDI-Tagung: Der Mischbetrieb in der Gummi-Industrie. Göttingen, 1984. VDI-Verlag, Düsseldorf.
[5] *Menges, G.:* Umfassende Automatisierung beim Kautschukspritzguß. Vortrag auf der IKT 1985, Stuttgart.
[6] *Berry, J. P.:* The Future of Rubber Processing. Kautsch. Gummi Kunstst. *39* (1986) 3, S. 199-201.

2 Charakterisierung verarbeitungsrelevanter Stoffeigenschaften

Dr.-Ing. Andreas Limper

Für die Verarbeitung von Kautschukmischungen sind in erster Linie deren thermodynamische und rheologische Eigenschaften relevant. Die zu Beginn erwähnte Vielzahl von Rezepturen zieht nach sich, daß eine enorme Menge an Ausgangsrohstoffen mit unterschiedlichen Eigenschaften existiert. So werden in nationalen und internationalen Normen 40 Familien vernetzbarer Kautschuke [1, 2] benannt. Die Zuschlagstoffe werden in 29 Gruppen mit prinzipiell unterschiedlichen Funktionen eingeteilt. Hierbei existieren 80 übliche Kurzzeichen für Kleinchemikalien [3]. Ebenso gibt es eine Klassifizierung von Rußtypen [4], wobei die wesentlichsten Charakterisierungsmerkmale die Teilchengröße, die Rußstruktur und deren Gesamtoberfläche sind. Aufgrund der Vielzahl der möglichen Kombinationen ergibt sich ein Eigenschaftsspektrum, das an dieser Stelle nicht annähernd vollständig dargestellt werden kann und soll. Es können deshalb nur einige grundsätzliche Aussagen gemacht werden.

2.1 Thermodynamische Eigenschaften

Da die molekulare Struktur der Kautschuke sehr komplex ist, liegen sie im allgemeinen amorph vor. Nur in Ausnahmefällen wie z.B. Sequenz-EPDM, Polychloropren und Trans-Polyoctenamer [4] kristalieren Kautschuke. Geht man daher von der in der Regel vorliegenden amorphen Struktur aus, so wird das Material durch 2 Umwandlungspunkte charakterisiert (Bild 2.1) [5, 6].

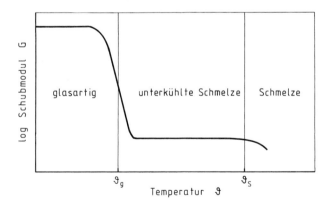

Bild 2.1 Umwandlungspunkte üblicher Kautschukmischungen

Der Schmelzpunkt befindet sich hierbei jedoch in der Regel weit oberhalb der Verarbeitungstemperatur und wird außerdem durch die bei höheren Temperaturen einsetzende Vernetzung überdeckt. Im Bereich der Glastemperatur weisen sämtliche thermodynamischen Eigenschaften Unstetigkeiten auf. Die Glastemperatur von Kautschuken liegt in der Regel bei 0°C bis −50°C, so daß deren Zustand vor der Verarbeitung (bzw. Vernetzung) als „unterkühlte Schmelze" zu bezeichnen ist. Im Bereich der Verarbeitungstemperaturen (80°C bis 150°C) kann daher von einer stetigen Veränderung der Stoffwerte ausgegangen werden.

2.1.1 Dichte

Nach Angaben in der Literatur [7 bis 10] ist Kautschuk nahezu inkompressibel (ca. 0,03 Vol-%/100 bar). Hinzu kommt, daß die Dichte fast völlig temperaturunabhängig ist, wie Messungen des Wärmeausdehnungskoeffizienten in [7] zeigen. Der Wärmeausdehnungskoeffizient ist dabei im Verarbeitungstemperaturbereich als konstant anzusehen [12] und liegt zwischen $15 \cdot 10^{-5} \cdot 1/K$ und $23 \cdot 10^{-5} \cdot 1/K$ [9]. Die Dichte der wichtigsten Rohpolymere liegt im Bereich zwischen $0,91\ kg/dm^3$ und $0,95\ kg/dm^3$ [11]. Hierbei weist Naturkautschuk als Naturprodukt die größte Streubreite (0,915 bis $0,937\ kg/dm^3$) auf.

Aufgrund der Vielzahl der verarbeiteten Rezepturen, welche unterschiedlichste Mengen an Füllstoffen (Ruß, Kreide etc.) enthalten können, kann für die Dichte des Fertigcompounds keine allgemeine Aussage getroffen werden. Vielfach liegen die Dichten hier zwischen 1,1 und $1,3\ g/cm^3$.

2.1.2 Wärmekapazität

Wie in [7] durch Gegenüberstellung von sechs verschiedenen Kautschukmischungen gezeigt wird, ist im Bereich zwischen 20 °C und 120 °C eine lineare Veränderung der Wärmekapazität mit steigender Temperatur festzustellen. Außerdem unterscheidet sich die Wärmekapazität verschiedener Mischungen kaum. Diese Erfahrungen konnten durch eigene Versuche ergänzt und bestätigt werden [12]. Für die Vielzahl untersuchter Kautschukmischungen (CM, CR, EPDM, NR, SBR) gilt:

$$c_{v\,(20\,°C)} = 1,2\ \text{bis}\ 1,5\ \frac{kJ}{kg\ K}$$

$$c_{v\,(100\,°C)} = 1,5\ \text{bis}\ 1,9\ \frac{kJ}{kg\ K}$$

2.1.3 Wärmeleitfähigkeit

Untersuchungen der Wärmeleitfähigkeit von Kautschukmischungen [13 bis 15] zeigen, daß sich diese Stoffeigenschaft ebenso wie die Wärmekapazität nahezu linear mit der Temperatur ändert. Außerdem liegt die Wärmeleitfähigkeit – ebenso wie die Wärmekapazität – für sehr viele Kautschuk-Compounds in einem engen Bereich (etwa 0,20 bis 0,30 W/mK bei Raumtemperatur und 0,15 bis 0,25 W/mK bei 100 °C). Die Änderung der

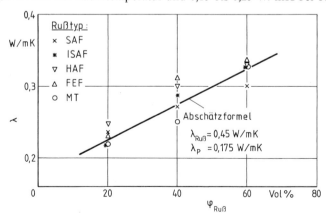

Bild 2.2 Wärmeleitfähigkeit für verschiedene Rußtypen und -konzentrationen

Wärmeleitfähigkeit durch unterschiedliche Füllstoff-Konzentrationen ist dabei nach [15] wie folgt berechenbar:

$$\lambda = \lambda_R \frac{\lambda_p + 2\lambda_R - 2\varphi_p(\lambda_R - \lambda_p)}{\lambda_p + 2\lambda_R + \varphi_p(\lambda_R - \lambda_p)} \tag{1}$$

Hierbei wird davon ausgegangen, daß, im Gegensatz zu den realen Verhältnissen, das Polymer in eine Füllstoffmatrix eingelagert ist. Wie Bild 2.2 belegt, ist hiermit eine gute Möglichkeit zur Abschätzung der Wärmeleitfähigkeit gegeben (Werte nach [14]). Bemerkenswert ist die geringe Abhängigkeit der Wärmeleitfähigkeit von der Rußsorte.

2.2 Rheologische Eigenschaften

Da Kautschukcompounds neben dem eigentlichen Polymer in der Regel noch eine Vielzahl fester (Füllstoffe) und flüssiger (z. B. Weichmacher) Bestandteile enthalten, weist ihr rheologisches Verhalten einige Fließanomalien auf (Schergeschwindigkeitsüberhöhung durch Füllstoffe, Fließgrenze, Wandgleiten).
Zu deren Berücksichtigung existieren Modelle [16, 17], welche in [18, 19] auf ihre praktische Anwendung hin überprüft wurden.

2.2.1 Dissipationsmodell

Da Kautschuke in der Regel in Form gefüllter Mischungen, d.h. mehrphasig, verarbeitet werden, muß der Einfluß der Füllstoffe auf die Schergeschwindigkeitsverteilung Berücksichtigung finden. Für gefüllte Thermoplaste wurde daher in [16] das sogenannte Dissipationsmodell entwickelt, dessen Gültigkeit weitere Untersuchungen in jüngster Zeit nachweisen. Es wurde in [18] auf Kautschuke übertragen. Im Modell werden fließfähige und feste Phasen im Fließkanal unterschieden. Das bedeutet, daß im Fließkanal eine 2-Phasen-Strömung vorliegt (Bild 2.3); wobei die gesamte Scherung und somit auch die Dissipation im Kautschukbereich, d.h. zwischen den Füllstoffpartikeln, stattfindet. Bei der Rheometermessung werden stets ein „integraler" Viskositätswert η_u und dementsprechend eine „integrale" Schergeschwindigkeit $\dot{\gamma}_u$ gemessen.

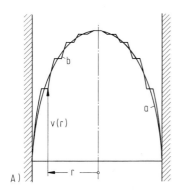
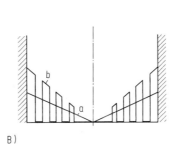

Bild 2.3 Dissipationsmodell
A) Geschwindigkeitsverlauf
B) Schergeschwindigkeitsverlauf (Beispiel: newtonsches Verhalten)
a Betrachtung ohne Füllstoffe, *b* Berücksichtigung der Füllstoffe

Zur Berechnung von Druckverlusten sind diese Werte zwar geeignet, da sie das Fließverhalten des Gesamtsystems korrekt beschreiben, bei Anwendung der Energiegleichung zur Temperaturberechnung sind hier aber Korrekturen notwendig. Wie in [8] näher erläutert, ist, bei Berücksichtigung der Füllstoffe, die dissipierte Energie gegenüber der „integralen" Betrachtungsweise um den Faktor F_d

$$F_d = (1 - \varphi) \cdot K \tag{2}$$

erhöht. Aus dieser Formulierung wird erkennbar, daß bei hochviskosen Kautschukmischungen die Schererwärmung nicht nur durch die hohe Viskosität selbst, sondern zusätzlich durch den Einfluß des Füllstoffes bestimmt wird. Bei der Rheometerprüfung führt dies dazu, daß Versuche mit höherem Volumendurchsatz nicht mehr isotherm verlaufen. Die Ergebnisse müssen daher korrigiert werden. Bei Berücksichtigung der Schergeschwindigkeitsüberhöhung kann dann eine geometrieunabhängige Viskositätsfunktion ermittelt werden [18]. In [18] wird ein iteratives Verfahren zur Bestimmung von K und somit zur Berechnung der auftretenden Temperaturspitzen vorgestellt. Da die Bestimmung von K auf iterative Weise eventuell sehr zeitintensiv ist, wurde durch eigene Untersuchungen [20, 21] eine Beziehung entwickelt, welche es erlaubt, den Überhöhungsfaktor K allein aus dem volumetrischen Füllgrad φ zu bestimmen.

$$K = \left(1 - \frac{6\varphi}{\pi} + \frac{1}{2}\left(\frac{4\varphi}{\pi}\right)^{3/2}\right)^{-1} \tag{3}$$

Welche Konsequenzen sich hinsichtlich der Temperaturberechnung ergeben, zeigt Bild 2.4, in welchem der Faktor F_d (Dissipationsüberhöhung) als Funktion des Füllstoffanteils aufgetragen ist.

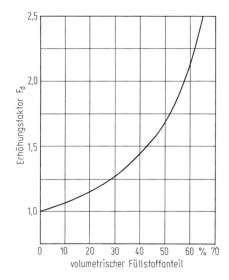

Bild 2.4 Erhöhung der Dissipationsleitung durch Füllstoffe

Wie zu erkennen ist, sind hinsichtlich der dissipierten Energie erhebliche Füllstoffeinflüsse zu beachten. Die Anwendbarkeit dieses Modells zur Auslegung von Kautschuk-Extrusionswerkzeugen konnte durch eine Vielzahl eigener Untersuchungen nachgewiesen werden [18 bis 21].

2.2.2 Fließgrenze

Neben einer Überhöhung der lokalen Schergeschwindigkeit können Wechselwirkungen zwischen einzelnen Füllstoffpartikeln auch zu einer sogenannten Fließgrenze führen [22], d.h. unterhalb einer bestimmten Schubspannung τ_o ist das Material nicht fließfähig und verhält sich wie ein fester Körper. Das gleiche kann beim Vorhandensein sehr langer Molekülketten auftreten, welche Gelstrukturen ausbilden und ebenfalls das Phänomen der Fließgrenze zeigen [23, 24]. Dies ist vor allem bei Naturkautschuk zu beobachten.

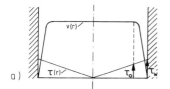
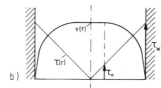

Bild 2.5 Block-/Scherströmungsmodell
a) geringe Wandschubspannung
b) hohe Wandschubspannung

Das Strömungsprofil eines derartigen Stoffes kann in einen Bereich der Scherströmung und einen Bereich der Blockströmung unterteilt werden. Wie Bild 2.5 zeigt, nimmt dabei die Blockströmung einen um so geringeren Bereich ein, je größer das Verhältnis Wandschubspannung/Fließgrenze ist. So ist das Block-/Scherströmungsmodell auch immer dann relevant, wenn die Wandschubspannung niedrig ist, d.h. bei geringen Volumenströmen oder großen durchströmten Querschnitten. Wie später noch aufgezeigt wird, sollte dies bei der Werkzeugauslegung mit berücksichtigt werden.

Das entsprechende Stoffgesetz lautet:

$$\tau = \tau_0 + \Phi \cdot \dot{\gamma}^n \tag{4}$$

(*Herschel-Bulkley*-Fließgesetz)

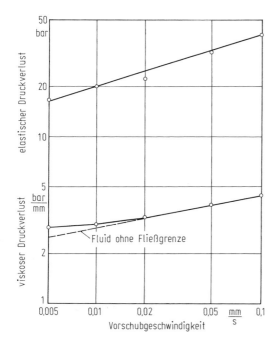

Bild 2.6 Fließgrenzen-Phänomen bei Rheometerversuch

Der praktische Nachweis einer Fließgrenze ist aus Bild 2.6 ersichtlich. Bei der im Kapillarrheometer untersuchten Naturkautschukmischung bleibt der viskose Druckverlust (siehe Abschnitt 2.2.4) in der Rheometerdüse (Dp/Dl), welcher der Wandschubspannung proportional ist, im Bereich geringer Stempelvorschubgeschwindigkeiten konstant. Anhand der Hilfslinie für ein Fluid ohne Grenzschubspannung in Bild 2.6 ist dieser Verlauf folgendermaßen zu erklären: Wie die Hilfslinie verdeutlicht, wäre bei einem Fluid ohne Fließgrenze bei geringen Vorschubgeschwindigkeiten eine relativ geringe Wandschubspannung notwendig. Im Falle einer Fließgrenze, wie in Bild 2.6, ist bei derartig geringen Wandschubspannungen jedoch kein Fließen möglich. Daher tritt durch den Stempelvorschub zunächst kein Fließen, sondern eine Druckerhöhung ein, welche die Wandschubspannung erhöht, bis die Fließgrenze in Wandnähe überschritten ist und das Material dort zu fließen beginnt. Da hierbei in direkter Wandnähe hohe Schergeschwindigkeiten herrschen, findet hier eine lokale Temperaturerhöhung statt.

Wird die Vorschubgeschwindigkeit verändert, ändert sich die Höhe dieser wandnahen Temperaturspitze, die Fließprozesse setzen jedoch stets erst bei Erreichen der Fließgrenze ein, so daß sich die Wandschubspannung im unteren Geschwindigkeitsbereich nicht ändert.

Bei höheren Geschwindigkeiten ist dann eventuell wieder ein isothermes Fließen möglich. Ist hier die Wandschubspannung im Verhältnis zur Fließgrenze so hoch, daß die gescherte Schicht (Bild 2.5) große Bereiche einnimmt, sinken die Schergeschwindigkeiten in Wandnähe. Liegt die Fließgrenze sehr hoch, wird dieser Punkt eventuell erst bei so hohen Geschwindigkeiten erreicht, daß kein Rheometerversuch mit isothermen Verhältnissen möglich ist. In einem solchen Fall ist erst durch Verwendung von Rheometerdüsen kleineren Durchmessers oder durch Erhöhung der Prüftemperatur zu einer genauen Fließfunktion zu kommen.

Für die Ermittlung der Fließgrenze stehen zwei Methoden zur Verfügung. Die Parameter τ_0, Φ und n werden systematisch so lange variiert, bis die Beschreibung aller Rheometerversuche mit guter Genauigkeit möglich ist. Die Auswertung von Rheometerversuchen auf diese Art und Weise erfordert jedoch einen enormen Rechen- und Zeitaufwand.

Steht ein Flachkanalrheometer zur Verfügung, so ist die direkte Messung der Fließgrenze möglich. Hierzu wird das Material im Vorratsbehälter des Rheometers auf einen hohen Druck komprimiert und der Stempel arretiert. Aus der Düse tritt nun so lange Material aus, bis die Wandschubspannung τ_w der Fließgrenze τ_0 entspricht (Bild 2.7), so daß sich die Drücke $p1$ und $p2$ nicht mehr verändern.

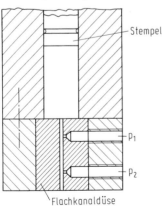
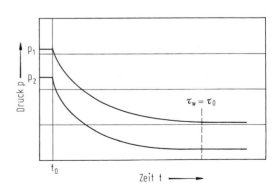
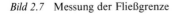

Bild 2.7 Messung der Fließgrenze

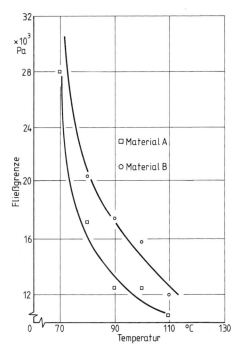

Bild 2.8 Temperaturabhängige Fließgrenze

Bild 2.8 zeigt die Funktion $\tau_0 = f(\vartheta)$ für zwei Naturkautschukmischungen, welche auf diese Art und Weise ermittelt wurde.

Einfluß der Füllstoffkonzentration auf die Fließgrenze

In [11] wurden am Beispiel einer Naturkautschuk-Ruß-Mischung die Auswirkungen steigender Rußkonzentration auf das Fließverhalten analysiert. Auf einem Laborkneter wur-

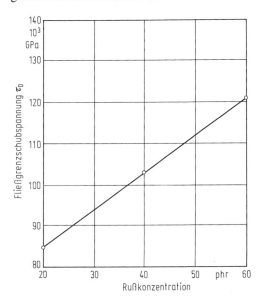

Bild 2.9 Fließgrenze in Abhängigkeit von der Rußkonzentration [11]

den Rußgehalte zwischen 20 phr und 60 phr inkorporiert. Für jedes Batch wurden anschließend am Hochdruck-Kapillar-Rheometer Prüfungen mit einem Schlitzkanal durchgeführt.

Wie oben geschildert, wurde nun die Fließgrenze für die verschiedenen Rußkonzentrationen bestimmt. Wie in Bild 2.9 dargestellt, nimmt die so ermittelte Fließgrenze mit zunehmendem Rußgehalt linear zu.

2.2.3 Wandgleiten

Genau wie bei einigen gefüllten Thermoplasten oder bei vielen PVC-Schmelzen können auch beim Kautschuk Wandgleitphänomene auftreten. Laut [30] sind bei der Charakterisierung des Fließens dabei zwei Grenzschubspannungen zu unterscheiden. Ab einer bestimmten Wandschubspannung τ_{oG} setzt Wandgleiten ein, aber, wie schon im vorigen Kapitel erläutert, liegt auch für das Fließen durch Scherströmung eine Fließgrenze τ_{os} vor. Liegt nun τ_{os} über τ_{oG}, so ist die Tendenz zum Wandgleiten ausgeprägt. Beide Grenzschubspannungen sind temperaturabhängig, d.h., sie fallen mit steigender Temperatur. Ergebnisse eigener Untersuchungen [31] lassen jedoch den Schluß zu, daß die Grenzschubspannung des Wandgleitens sich mit steigender Temperatur nur sehr wenig verändert. Da bei höherer Temperatur $\tau_{os} < \tau_{oG}$ werden kann, nimmt die Wandgleittendenz in der Regel mit höherer Temperatur ab. So ist es zu erklären, daß Wandgleitphänomene vor allem bei hochviskosen Mischungen (hohe Fließgrenze bei Raumtemperatur) z.B. im Einzugsbereich des Extruders auftreten, während in der Förderzone ebenso wie im Werkzeug Farbwechselversuche keinen Nachweis des Wandgleitens erbringen [8, 19, 32].

Die Quantifizierung des Wandgleitens in Form der Funktion

$$\tau_w = f(V_{gleit})$$

kann dabei durch Rheometerversuche nach der Methode von *Mooney* [33] erfolgen. Hierzu sind Versuche mit Düsen unterschiedlicher Durchmesser durchzuführen. Für konstante Wandschubspannungen wird anschließend der auf $(\pi \cdot R^3)$ normierte Volumendurchsatz über dem reziproken Prüfkanalradius aufgetragen (Bild 2.10).

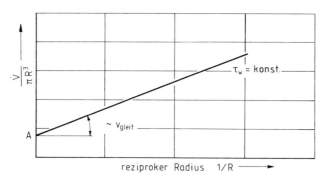

Bild 2.10 Bestimmung der Wandgleitgeschwindigkeit durch Rheometerversuche

Die entsprechenden Rheometerversuche erfordern allerdings einen enormen Zeitaufwand. Zur Gewichtung des Problems „Wandgleiten" wurden in [8] Rheometerversuche wie auch Farbwechselversuche an insgesamt sechs Mischungen (NR-, SBR-, EPDM- und CR-Compounds) durchgeführt, welche eine Vernachlässigung der Wandgleitphänomene in Werkzeug und Austragszone der Schmelze zulässig erscheinen lassen. Die Nachrechnung von Betriebspunkten von Extrudern für unterschiedliche Mischungen unter der Randbedingung des Wandhaftens (siehe Kapitel 5) führte außerdem zu guten Ergebnissen.

Sicherlich wird es unter den bis zu 10000 Mischungen, welche zur Zeit allein in Deutschland verarbeitet werden, einige geben, welche in Schnecke und Werkzeug wandgleitend sind, allerdings würde eine Berücksichtigung dieser „Sonderfälle" bei einer allgemeinen Werkzeug- oder Schneckenauslegung den Aufwand gegenüber dem erzielbaren Nutzen um ein unvertretbares Maß erhöhen. Zu beachten ist, daß viele Phänomene, welche heute dem Wandgleiten zugeschrieben werden, auch über die Effekte Dissipationserhöhung und Fließgrenze erklärt werden können. Als Beispiel sei hier nochmals auf den in Bild 2.6 dargestellten Fall hingewiesen. Die dort auftretende Krümmung der Kurve $\Delta p = f(V)$ legt die Annahme von Wandgleiteffekten nahe. Vergleiche mit Rheometerversuchen anderer Düsendurchmesser führten unter dieser Voraussetzung zu unlogischen Ergebnissen, während die Einführung einer Fließgrenze eine Viskositätsfunktion ergab, welche eine gute Beschreibung beider Versuchsreihen erlaubt [8].

Wie schon im letzten Kapitel näher erläutert, kann eine Fließgrenze zu erhöhter Dissipation in Wandnähe führen. Wird diese noch durch Füllstoffeinfluß verstärkt, sind Temperaturspitzen in Wandnähe möglich, welche hier zu einer sehr starken Viskositätsabsenkung führen. Die in einem solchen Fall auftretenden sehr hohen Schergeschwindigkeiten in Wandnähe führen außerdem zu einer starken Orientierung, so daß Relaxationsvorgänge am Austritt aus dem Werkzeug zu Deformationen des Extrudates oder seiner Oberfläche führen.

Da die dem Wandgleiten zugeschriebenen Effekte auch durch andere Ursachen erklärlich und beschreibbar sind und außerdem Stoffdaten zur Beschreibung des Wandgleitens nicht vorliegen und nur sehr aufwendig zu bestimmen sind, wurde der Effekt des Wandgleitens im weiteren bei der Schnecken- und Werkzeugauslegung nicht mehr berücksichtigt. Wandgleitphänomene können, wie oben beschrieben, jedoch z.B. im Einzug des Extruders von Bedeutung sein und werden daher bei der Diskussion der dort ablaufenden Prozesse mit diskutiert.

2.2.4 Rheometrie

Soll die Fließfunktion $\eta = f(\dot{\gamma})$ für eine Kautschukmischung ermittelt werden, so bedient man sich in der Regel eines Hochdruckkapillarrheometers. Geräte zur Chargenkontrolle wie das modifizierte Defo-Gerät [25] oder die *Mooney*-Prüfung [26] sind nämlich nur in

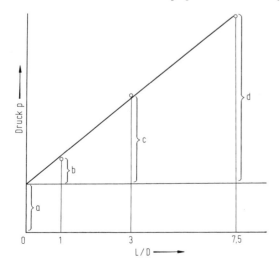

Bild 2.11 Auswertung von Rheometerversuchen (Vorschubgeschwindigkeit konstant)
a Einlaufdruckverlust,
b–d „viskose" Druckverluste

der Lage, Einpunktmeßwerte zu liefern, oder beschreiben zumindest nur einen kleinen Bereich der o.a. Funktion.

Die gemessenen Druckwerte vor der (normalerweise runden) Düse müssen vor der Ermittlung der Stoffdaten in die Einlaufdruckverluste (auch elastischer Druckverlust genannt) und die viskosen Druckverluste in der Rheometerdüse unterteilt werden. Hierzu werden, für konstante Stempelvorschubgeschwindigkeiten, die Druckwerte als eine Funktion der Düsenlänge aufgetragen. Wie Bild 2.11 verdeutlicht, kann durch Extrapolation auf die Düsenlänge 0 der Einlaufdruckverlust bestimmt werden. Mit Hilfe dieser Größe ist es nun auch möglich, die „viskosen" Druckverluste zu bestimmen. Diese können nun zur Ermittlung der Fließfunktion $\eta = f(\dot{\gamma})$ benutzt werden, während die Einlaufdruckverluste die elastischen Eigenschaften charakterisieren (Bild 2.11). Trägt man die Versuchsergebnisse in der in Bild 2.12 dargestellten Art und Weise auf, so lassen sich drei charakteristische Bereiche ausmachen (vergleiche auch Bild 2.6):

I. kleine Vorschubgeschwindigkeiten:
Beim Auftreten einer Fließgrenze bleibt die Wandschubspannung (oder der Druckgradient $\Delta p/\Delta l$) konstant (Bild 2.6).
II. mittlere Vorschubgeschwindigkeiten:
Die Wandschubspannung wird mit zunehmender Geschwindigkeit größer (linearer Funktionsverlauf)
III. hohe Vorschubgeschwindigkeiten:
Aufgrund nichtisothermer Effekte ist die Zunahme der Wandschubspannung unterproportional bzw. sie bleibt konstant.

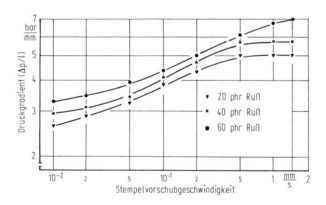

Bild 2.12 Viskoser Druckgradient für unterschiedliche Rußkonzentrationen und Vorschubgeschwindigkeiten

Obwohl in der überwiegenden Zahl der Produktionsmischungen die Bereiche I und III nicht auftreten, so sind sie bei Naturkautschukmischungen, insbesondere bei hohen Füllgraden und/oder niedrigen Mastikationsgraden sehr wohl vorhanden [19, 20]. Außerdem ist im Bereich III bei höheren Füllstoffgehalten zu beachten, daß in der Kautschukmatrix örtlich Schergeschwindigkeitsüberhöhungen stattfinden [7, 8] (s.o.). Diese äußern sich dann in nichtisothermen Effekten beim Fließen in der Düse. Die Fließfunktion wird, unter Vernachlässigung der Fließgrenze, durch die verschiedensten Ansätze (*Carreau, Vinogradov* etc.) beschrieben, wobei der am häufigsten verwendete Ansatz das Potenzgesetz nach *Ostwald-de Waal* darstellt, d.h.

$$\tau = \Phi \cdot \dot{\gamma}^n \tag{5}$$

bzw.

$$\eta = \Phi \cdot \dot{\gamma}^{n-1} \tag{6}$$

Im doppeltlogarithmischen Maßstab stellt diese Funktion einen linearen Zusammenhang zwischen der Viskosität η und der Schergeschwindigkeit dar. Der Fließexponent n liefert ein Maß für die Steigung der Geraden. Die Temperaturabhängigkeit der Viskosität wird durch die sogenannte 1-Viskosität Φ (= Viskosität bei Schergeschwindigkeit $1\ s^{-1}$) berücksichtigt. Hierfür haben sich zwei Funktionen bewährt

- *WFL*-Ansatz $\qquad \Phi_{(\vartheta)} = \Phi_{(\vartheta_b)} \alpha_T^n$ \hfill (7)

$$\log \alpha_T = -\frac{8{,}86(\vartheta - \vartheta_S)}{101{,}6 + \vartheta - \vartheta_S} + \frac{8{,}86(\vartheta_b - \vartheta_S)}{101{,}6 + \vartheta_b - \vartheta_S} \qquad (8)$$

- *Arrhenius*-Ansatz $\qquad \Phi = \Phi_\infty \cdot e^{b/\vartheta}$ \hfill (9)

Hierin bedeutet ϑ_b die Bezugstemperatur, bei der die Viskositätsfunktion ermittelt wurde, während ϑ die Temperatur darstellt, zu der hin verschoben wird. Der Wert für ϑ_S (Standardtemperatur) muß aus einigen Rheometerversuchen, die bei unterschiedlicher Temperatur durchgeführt werden, regressiv bestimmt werden. Das gleiche gilt für die Konstanten Φ_∞ und b des *Arrhenius*-Ansatzes. In manchen Fällen ist die Vernachlässigung der Fließgrenze jedoch nicht möglich, so daß mit dem o.a. *Herschel-Bulkley* Fließgesetz gearbeitet werden muß. Die Ergebnisse einer derartigen Auswertung für die in Bild 2.12 dargestellte Versuchsserie zeigt Bild 2.13. In [29] wird darauf hingewiesen, daß mit zunehmendem

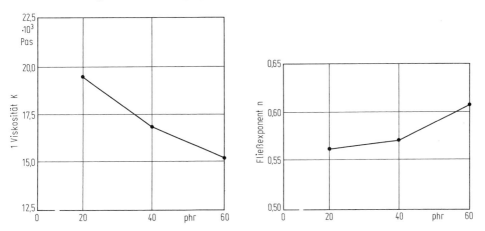

Bild 2.13 Rheologische Stoffwerte für unterschiedliche Kautschukmischungen

Füllstoffgehalt der Fließexponent des Potenzgesetzes abnimmt. Die Versuchsergebnisse zeigen, daß diese Aussage nicht generalisiert werden kann. Deutlich ist eine Zunahme von n mit steigendem Füllstoffanteil zu erkennen. Bild 2.13 zeigt außerdem, daß die Eins-Viskosität mit steigender Füllstoffkonzentration abnimmt. Dies sollte jedoch nicht zu dem Fehlschluß führen, daß die Viskosität des Gesamtsystems abnimmt, denn man darf bei der Auswertung nach *Herschel-Bulkley* die Veränderung der Fließgrenze nicht außer acht lassen (Bild 2.9). Obwohl theoretisch für ein Zwei-Phasen-System nicht anwendbar (ein solches liegt ja laut *Herschel-Bulkley* vor), soll zur Verdeutlichung aus den Gleichungen (4 bis 6) eine scheinbare Viskosität definiert werden.

$$\eta_S = \frac{\tau_0}{\dot\gamma_S} + \Phi \cdot \dot\gamma_S^{n-1} \qquad (10)$$

Vergleicht man nun die scheinbaren Viskositäten bei $\dot{\gamma} = 1\,\mathrm{s}^{-1}$ für 20 phr und 60 phr, so erhält man

$\Phi_{(20\,\mathrm{phr})} = 104\,000$ Pa·s

$\Phi_{(60\,\mathrm{phr})} = 135\,400$ Pa·s

Genauso läßt sich zeigen, daß die scheinbare Viskosität mit zunehmender Rußkonzentration eine stärkere Abhängigkeit von der Schergeschwindigkeit besitzt, d. h. das Material weist scheinbar einen kleineren Fließexponenten auf. So ist der Widerspruch der Ergebnisse zu [29] zu erklären, und es wird deutlich, daß die Viskositätsbeschreibung nach *Herschel-Bulkley* geeignet ist, das Stoffverhalten umfassender zu beschreiben.

Die aus der Auswertung der Rheometerversuche sich ergebenden Einlaufdruckverluste können nun zu einer Beschreibung der Dehnviskosität (siehe Abschnitt 5.3) benutzt werden. Diese Funktion beschreibt die zum Dehnen des Kautschuks notwendige Spannung σ als eine Funktion der Dehnviskosität $\mu = f(\dot{\varepsilon})$ und der Dehngeschwindigkeit $\dot{\varepsilon}$. Die Vorgehensweise hierzu ist in Abschnitt 5.3 dargestellt, ebenso die Anwendung der Dehnviskositätsfunktion zur Abschätzung von Einlaufdruckverlusten an Schlitzscheiben.

2.2.5 Chargenprüfung von Kautschukmischungen

Zur laufenden Produktionskontrolle ist das angesprochene Hochdruckkapillarrheometer sicherlich ungeeignet, da die Prüfzeit sehr lang und der versuchstechnische Aufwand sehr groß ist. Da die Viskosität einer Mischung entscheidend die folgende Verarbeitung beeinflußt, die Elastizität mit dem Schwellverhalten oder auch mit dem Druckverbrauch von Strömungen an Querschnittsübergängen korreliert, sollte es das Ziel der Qualitätsprüfung sein, beide Eigenschaften zu kontrollieren.

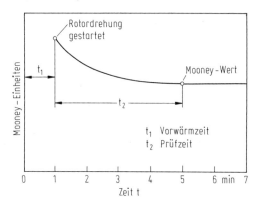

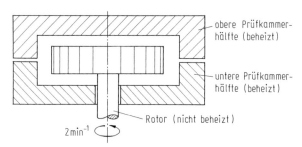

Bild 2.14 *Mooney*-Viskosimeter und typische Meßkurve [34]

Die in der Praxis übliche *Mooney*-Prüfung [26] erlaubt zwar den Vergleich unterschiedlicher Chargen hinsichtlich des Viskositätsniveaus, liefert aber nur Meßwerte für eine Schergeschwindigkeit, welche in der Regel um Größenordnungen unter den im Prozeß des Extrudierens oder Spritzgießens auftretenden Werten liegt. Die z.B. in [26, 34] beschriebene Prüfung wird mit einem Rotations-Rheometer nach Bild 2.14 durchgeführt. Die beheizte Prüfkammer wird dazu mit Kautschuk gefüllt und der Rotor mit einer konstanten Drehzahl (in der Regel 2 min^{-1}) betrieben. Aufgezeichnet wird der Wert des Drehmoments als eine Funktion der Prüfzeit. Im Verlauf der Prüfung können durch unterschiedliche Probenvorbereitung erhebliche Meßfehler auftreten. Ein weiteres Problem der *Mooney*-Prüfung ist, daß die Einstellung eines stationären Drehmoments bei einigen Materialien länger als 4 Minuten dauert [34]. Der größte Nachteil dieser Prüfmethode ist aber sicher, daß eine gerätespezifische Meßgröße ermittelt wird, welche nicht in reale physikalische Werte zur Beschreibung des Stoffverhaltens umgesetzt werden kann.

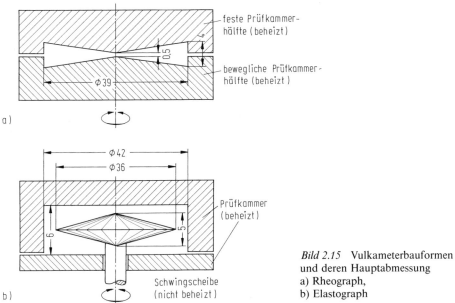

Bild 2.15 Vulkameterbauformen und deren Hauptabmessung
a) Rheograph,
b) Elastograph

Die in Bild 2.15 dargestellten Torsionsschubvulkameter sind im Aufbau dem *Mooney*-Prüfgerät sehr ähnlich. Die Probe wird jedoch oszillierend belastet. Auch hier wird das hierfür erforderliche Drehmoment als eine Funktion der Prüfzeit aufgezeichnet (Bild 2.16). Nach Beginn des Prüfvorgangs sinkt das Drehmoment zunächst durch die Erwärmung des Prüfstücks leicht ab. Nach Ablauf der sogenannten Inkubationszeit t_i steigt die Viskosität durch die Vernetzung an, so daß sich ebenfalls das Drehmoment erhöht. Nach Abschluß der Reaktion bleibt das Drehmoment auf einem stationären Endwert. Einige Kautschuke, z.B. Naturkautschuk, zeigen nach einer gewissen Zeit wieder einen Abfall des Drehmoments nach Erreichen des Maximums. Dieses ist durch ablaufende Zersetzungsvorgänge (Reversion) zu erklären. Eine weitere Sonderform der Vernetzungscharakteristik ist eine sehr langsam ablaufende Reaktion (schleichende Vernetzung), sie wird des öfteren bei ACM, CR und EPDM beobachtet [34].

Experimentelle Untersuchungen [35] bestätigen, daß sich unterhalb einer gewissen Umsatzstufe die Viskosität nur wenig oder nicht erkennbar ändert. Dies erklärt auch die Verkürzung der Inkubationszeit (bei sonst gleichen Md$_{min}$) nach längerer Lagerung oder

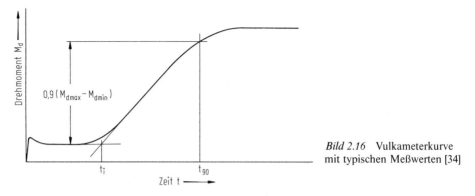

Bild 2.16 Vulkameterkurve mit typischen Meßwerten [34]

bei vorhergehender thermischer Beanspruchung. Sieht man von derartigen, die Vulkameterprüfung beeinflussenden Faktoren ab, so zeigt die Inkubationszeit t_i in der Regel eine exponentielle Abhängigkeit von der Temperatur:

$$t_i = t_{ib} \cdot e^{k_i(\vartheta - \vartheta_b)} \tag{11}$$

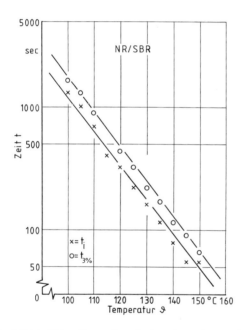

Bild 2.17 Reaktionszeiten in Abhängigkeit von der Temperatur

In Bild 2.17 ist dies anhand einer NR/SBR-Mischung dargestellt [19]. Für viele Prozesse ist die Sicherheit gegen Anvernetzen eine interessante Größe. Wie oben schon erwähnt, laufen aber schon unterhalb von t_i Reaktionen ab, welche bei einer Rechnung vor allem gegen das Anvernetzen zu berücksichtigen sind. Es ist daher erforderlich, die Temperaturgeschichte innerhalb des Prozesses zu verfolgen und folgendermaßen in eine Berechnung umzusetzen (s. Bild 2.18):

1) Abschätzen der Aufenthaltszeit im Prozeßschritt 1: t_1 bei ϑ_1 (im Bild 2.18: 100 °C). Durch den Vergleich mit der Inkubationszeit t_{i1} bei ϑ_1 läßt sich der „Umsatz" u_1 abschätzen.

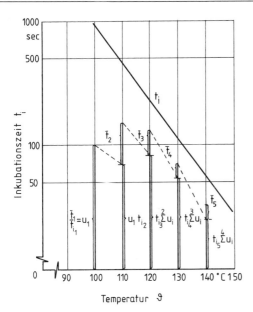

Bild 2.18 Prinzipieller Rechenweg der Abschätzung gegen Anvernetzung [17]

$$u_1 = \frac{t_1}{t_{i1}}$$

2) Diese Vorgehensweise ist nun entlang aller Prozeßschritte zu verfolgen, wobei man aus Sicherheitsgründen stets von maximalen Temperaturen (z. B. beim Extruder Temperatur vor der Schneckenspitze) ausgeht. Die sich ergebenden Werte für u_i sind aufzuaddieren:

$$u_{\text{ges}} = \sum_i u_i$$

Damit die Anvernetzung nicht erreicht wird, muß gelten

$$u_{\text{ges}} < 1$$

Eine weitere Anwendung des Torsionsschubvulkameters in der Chargenprüfung ist die simultane Prüfung der viskosen und elastischen Eigenschaften der Compounds. Zur Erläuterung soll zunächst anhand von Bild 2.19 die Beanspruchung der Probe diskutiert werden. Die zwischen den zwei Prüfkammerhälften eingelegte Probe wird mit einem sinusförmig wechselnden Scherwinkel beaufschlagt. Gemessen wird das resultierende Drehmoment. Es ist allgemein bekannt, daß bei einem viskoelastischen Material zwischen Scherwinkel und Drehmoment eine zeitliche Phasenverschiebung auftritt. Diese entspricht dem mechanischen Verlustwinkel. Für ein rein viskoses Material beträgt dieser 90°, für ein rein elastisches Material 0°. Die in [36] entwickelte Zusatzplatine, mit der ein Rheovulkameter bestückt werden kann, mißt den bei der Prüfung auftretenden Verlustwinkel während der Drehmomentmessung ohne zusätzlichen Zeitaufwand. Mit Hilfe dieser beiden Größen ist es möglich, die relative Veränderung der elastischen und viskosen Eigenschaften voneinander getrennt zu ermitteln. Den prinzipiellen Zusammenhang zeigt die untere Skizze in Bild 2.19.

In einer sogenannten komplexen Darstellung werden auf der reellen Achse die elastischen Eigenschaften (Speichermodul G') abgebildet, während die imaginäre Achse das viskose

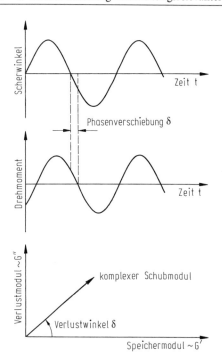

Bild 2.19 Komplexe Darstellung der dynamischen viskoelastischen Deformation

Verhalten (Verlustmodul G'') widerspiegelt. Die Länge des Zeigers entspricht dem komplexen Schubmodul und ist über eine Gerätekonstante direkt mit dem Drehmoment verknüpft. Der Winkel zwischen reeller Achse und Zeiger entspricht dem Verlustwinkel. Im folgenden wird daher das elastische Verhalten durch den elastischen Anteil des Drehmoments M' und das viskose durch M'' bezeichnet. Wie Bild 2.20 zeigt, verändert sich der Verlustwinkel schon wesentlich früher als das Drehmoment (bzw. die Viskosität). Er ist daher besonders zur Darstellung der ersten Vernetzungsschritte geeignet. Hiermit sind daher vor allem unterschiedliche Lagerbedingungen zu erkennen (Bild 2.20). Ein weiterer Vorteil der durch die Verlustwinkelmessung erweiterten Vulkameterprüfung besteht in einer Separierung der viskosen und elastischen Anteile des Drehmoments. Wie in [37] dargelegt, lassen sich hiermit die gleichen Aussagen hinsichtlich der Differenzierung einzelner Chargen gewinnen wie mit der wesentlich aufwendigeren Kapillarrheometerprüfung.

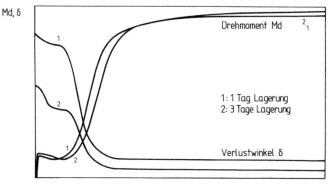

Bild 2.20 Verlustwinkelmessung und Vulkameterkurve für unterschiedliche Lagerbedingungen

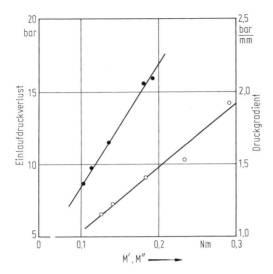

Bild 2.21 Vergleich Vulkametermessung zu Rheometerversuchen

Bild 2.21 belegt dies beispielhaft für eine SBR-Mischung [11]. Hier sind die Meßwerte bzgl. der viskosen und elastischen Fließeigenschaften, wie sie sich am Kapillarrheometer ergeben, über denen aus der Vulkametermessung dargestellt. Der Korrelationskoeffizient von $S = 0{,}98$ und $S = 0{,}97$ zeigt, daß die Aussagefähigkeit der Vulkameterprüfung hinsichtlich der relativen Unterschiede des Materialverhaltens sehr gut mit der des Kapillar-Rheometers übereinstimmt. In [37] wird zudem der Nachweis erbracht, daß nicht nur Variationen des Rußgehaltes, sondern auch Eigenschaftsveränderungen durch Blenden von verschiedenen Polymeren in ähnlich guter Übereinstimmung zwischen Kapillarrheometer und Vulkameter sichtbar gemacht werden können.

Literatur

[1] DIN/ISO 1629: Kautschuke und Latices; Einteilung, Kurzzeichen. 1961.
[2] ASTMD-1418-79a: Standard Recommended Practice for Rubber and Rubber Latices-Nomenclature. 1961.
[3] *Rohde, E., Michel, W.:* Die Rohstoffpalette in der Gummi-Industrie und ihre technologischen Konsequenzen für den Mischbetrieb. In: Der Mischbetrieb in der Gummi-Industrie. Hrsg.: VDI-Gesellschaft Kunststofftechnik, VDI-Verlag, Düsseldorf, 1984, S. 7.
[4] ASTMD-1765-81b: Standard Classification System for Carbon Blacks used in Rubber Products. 1981.
[5] *Menges, G.:* Werkstoffkunde der Kunststoffe. Carl Hanser Verlag, München, Wien, 1979.
[6] *Thimm, T.:* Was ist Gummi? Kautsch. Gummi Kunstst. *34* (1981) 11, S. 257.
[7] *Targiel, G.:* Thermodynamisch-rheologische Auslegung von Kautschukextrudern. Dissertation an der RWTH Aachen, 1982.
[8] *Limper, A.:* Methoden zur Abschätzung der Betriebsparameter bei der Kautschukextrusion. Dissertation an der RWTH Aachen, 1985.
[9] *Schnetger, W.:* Lexikon der Kautschuktechnik. Hüthig Verlag, Heidelberg.
[10] *N. N.:* Bestimmung der Dichte von Kautschuk. Gummi Asbest Kunst. *31* (1978) 7.
[11] *Grajewski, F.:* Untersuchungen zum thermodynamischen und rheologischen Verhalten von diskontinuierlichen Innenmischern zur Kautschukaufbereitung. Dissertation an der RWTH Aachen, 1988.
[12] *Clasen, B.:* Analyse der Einflußgrößen auf das Durchsatzverhalten von Kautschukextrudern. Diplomarbeit am IKV, Aachen, 1983.

[13] *Hands, D.:* The Thermal Diffusivity and Conductivity of Natural Rubber Compounds. Rubber Chem. Tech. *50* (1977) 2, S. 253-265.
[14] *Schilling, H.:* Die Wärmeleitfähigkeit von Elastomer-/Füllstoffsystemen im Temperaturbereich von 20°C bis 90°C. Kautsch. Gummi Kunstst. *16* (1963) 12.
[15] *Poulaert, B., Probst, N.:* Thermal Conductivity of Carbon Black Loaded Polymers. Kautsch. Gummi Kunstst. *39* (1986) 2, S. 102.
[16] *Geisbüsch, P.:* Ansätze zur Schwindungsberechnung ungefüllter und mineralisch gefüllter Thermoplaste. Dissertation an der RWTH Aachen, 1980.
[17] *Wildemuth, C. R., Williams, M. C.:* Viscosity of suspensions modeled with a shear-dependent maximum packaging fraction. Rheol. Acta *23* (1984), S. 5627.
[18] *Menges, G., Targiel, G., Geisbüsch, P., Wortberg, J.:* Fließverhalten von Kautschukmischungen. Kautsch. Gummi Kunstst. *39* (1981) 8.
[19] *Menges, G., Limper, A.:* Auslegung von Extrusionswerkzeugen für Kautschukmischungen. Schlußbericht zum DFG-Forschungsvorhaben Wo 302/2.2 IKV Archiv Nr. B 85/7. 1985.
[20] *Neumann, W.:* Untersuchung des rheologischen Verhaltens von Kautschukmischungen. Studienarbeit am IKV, Aachen, 1984.
[21] *Menges, G., Limper, A., Neumann, W.:* Rheologische Funktionen für das Auslegen von Kautschuk-Extrusionswerkzeugen. Kautsch. Gummi Kunstst. *36* (1983) 11, S. 684-689.
[22] *Lobe, V. M., White, J. L.:* An Experimental Study of the Influence of Carbon Black on the Rheological Properites of a Polystyrene Melt. Polym. Eng. Sci. *19* (1979) 9.
[23] *Röthemeyer, F.:* Rheologische und thermodynamische Probleme bei der Verarbeitung von Kautschukmischungen. Kautsch. Gummi Kunstst. *25* (1974), S. 433.
[24] *Toussaint, H. E., Unger, W. N.:* Untersuchung der Verarbeitungseigenschaften von rußgefüllten Kautschukmischungen mit einem neuen Labor-Stempelextruder. Kautsch. Gummi Kunstst. *25* (1972), S. 155.
[25] *Koopmann, R.:* The Rheology of Rubber Polymers and Mixes. Vortrag IRC, Göteborg, 1986.
[26] DIN 53523: Prüfung mit dem Scherscheiben-Viskosimeter nach Mooney.
[27] *Williams, M., Landel, R., Ferry, J.:* The Temperature Dependence of Relaxation Mechanism in Amorphous Polymers and other Glass-Forming Liquids. J. Am. Chem. Soc. *77* (1955) 7, S. 3701-3707.
[28] *Pahl, M. (Hrsg.):* Praktische Rheologie der Kunststoffschmelzen und Lösungen. VDI-Gesellschaft Kunststofftechnik, Düsseldorf, 1982.
[29] *Poltersdorf, S., Tümmler, A., Poltersdorf, B.:* Einfluß von Füllstoffen auf das viskoelastische Verhalten von Kautschuk- und Gummimischungen. Plaste Kautsch. *33* (1986) 7.
[30] *Schlegel, D.:* Zur Förderung wandgleitender plastischer Materialien in Schneckenmaschinen. Habilitationsschrift RWTH Aachen, 1982.
[31] *Lohfink, G.:* Untersuchungen zum Pulsationsverhalten von Kautschukextrudern. Diplomarbeit am IKV, Aachen, 1985.
[32] *Ecker, S.:* Über ein schraubenförmiges Fließen in der Spritzmaschine. Kautsch. Gummi Kunstst. *15* (1962) 7.
[33] *Mooney, M.:* Explicit Formulae for Slip and Fluidity. J. Rheol. *2* (1931), S. 5210.
[34] *Schneider, C.:* Das Verarbeitungsverhalten von Elastomeren im Spritzgießprozeß. Dissertation an der RWTH Aachen, 1986.
[35] *Wieścholek, U.:* Untersuchungen des Erwärmungsverhaltens von peroxidhaltigem Polyethylen unter Berücksichtigung der Vernetzungsreaktion. Diplomarbeit am IKV, Aachen, 1983.
[36] *Korp, M.:* Aufbau einer Verlustwinkelmessung zur Prüfung viskoelastischer Eigenschaften mit einem Vulkameter. Studienarbeit am IKV, Aachen, 1987.
[37] *Menges, G., Heidrich, H., Grajewski, F.:* Charakterisierung von Elastomermischungen durch Verlustwinkelmessung an einem Torsions-Vulkameter im Vergleich zur Hochdruck-Kapillar-Rheometer-Prüfung. Kautsch. Gummi Kunstst. *31* (1988) 2.

3 Mischen

Dr.-Ing. Franz Grajewski

3.1 Stand der bisherigen Entwicklung

Ständig wechselnde Anforderungen an die Eigenschaften des Endproduktes führen zur Entwicklung immer neuer Compounds [1]. So besitzt ein kautschukverarbeitender Betrieb, dessen Produktprogramm vom Reifen bis zu verschiedensten technischen Artikeln reicht, etwa 800 bis 900 Rezepturen [2].

In diesem Umfeld erhält der Mischbetrieb eine zentrale Stellung bei der Herstellung von Gummiartikeln. Neben einer ständigen Weiterentwicklung der chemischen Zusammensetzung der Compounds ist seit Mitte der siebziger Jahre der Trend zu verzeichnen, sich mit der Verfahrenstechnik der Mischungsherstellung zu beschäftigen. Der Grund hierfür liegt in der Erkenntnis, daß eine Änderung der Zusammensetzung eines Compounds nicht immer dazu führt, daß Probleme bei der Weiterverarbeitung gelöst werden. Hinzu kommt, daß diese Vorgehensweise – bedingt durch die großen Batchvolumina – schnell sehr unwirtschaftlich wird.

Für eine schnelle Lösung von Produktionsproblemen ist es unerläßlich, Kenntnisse über das Zusammenwirken von Maschinenparametern (z. B. Geometrie, Drehzahl, thermische Randbedingungen) und Eigenschaften der Mischung zu haben. Wollte man diese Zusammenhänge vollständig empirisch ermitteln, wären insbesondere kleinere und mittelständische Kautschukverarbeiter überfordert. Außerdem zeichnet sich auch in der Kautschuk-Mischtechnik ein immer stärker werdender Zwang zur Automatisierung der Produktionsanlagen ab [3].

Die große Zahl von Mischungsrezepturen in der Kautschukindustrie führte dazu, daß jeder Verarbeiter seine Mischung selbst herstellt. Im Gegensatz zur Kunststoffindustrie werden vom Rohstoffhersteller nur die Einzelbestandteile geliefert. Diese können grob eingeteilt werden in

- Kautschuke,
- Kautschukchemikalien,
- Weichmacher-Öle,
- Ruße,
- helle Füllstoffe.

Trotz vielfacher Anstrengungen, z. B. durch eine geeignete Pulverkautschuktechnologie [4 bis 10], eine kontinuierliche Aufbereitung von Kautschukmischungen zu entwickeln, ist die kautschukverarbeitende Industrie nicht von dem Konzept der batchweisen, diskontinuierlichen Herstellung von Mischungen abgewichen. Demzufolge besteht ein Rohbetrieb aus den Hauptkomponenten

- Dosier- und Verwiegeanlage,
- Innenmischer,
- Ausformmaschinen (Walzwerke oder Austragsextruder),
- Batch-Off-Anlage.

Den Materialfluß durch einen Rohbetrieb zeigt schematisch Bild 3.1. Von der Beschickungsanlage werden Füllstoffe und Kleinkomponenten der Rezeptur angeliefert. Der Kautschukspalter stellt Polymerballen einer gewünschten Größe zur Verfügung. Die im Innenmischer erzeugten Chargen können je nach Anforderungen über ein oder mehrere Walzwerke zur weiteren Homogenisierung, bzw. zum Abkühlen in die Batch-off laufen. Oder es werden spezielle Warmfütterextruder zur Herstellung von Fellen oder Streifen

22 3 Mischen

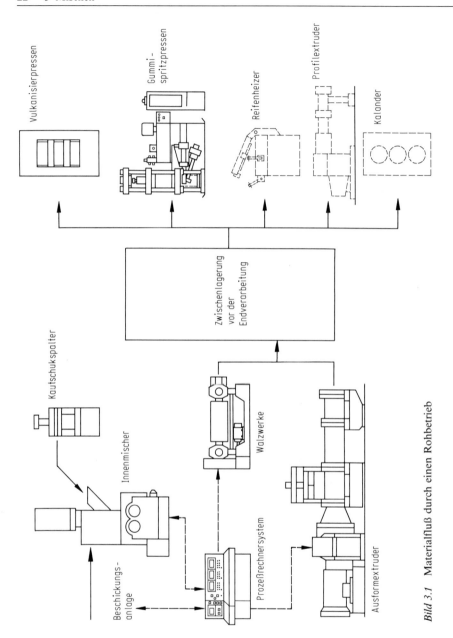

Bild 3.1 Materialfluß durch einen Rohbetrieb

eingesetzt. Über eine Zwischenlagerung werden die Compounds an die entsprechenden Stellen der Weiterverarbeitung verteilt. Im Laufe der letzten 10 Jahre setzen sich in zunehmendem Maße Prozeßrechnersysteme durch. Deren Hauptaufgabe besteht darin (wie in Bild 3.1 durch die unterbrochenen Linien angedeutet), den Materialfluß zu koordinieren und zu kontrollieren. Dem Prozeßrechner obliegt es, die Verwiegeeinrichtung und deren Beschickung zu führen und die von der Rezeptur vorgegebenen Mengen zu kontrollieren. Parallel dazu hat er die Aufgabe, dafür zu sorgen, daß die Taktzeiten für den Mischer und die nachfolgenden Walzwerke oder Austragsextruder eingehalten werden. Im Innenmischer selbst, kontrolliert er die Einhaltung der Mischvorschrift. Üblicherweise können und/oder Kombinationen von

- Zeitmarken,
- Temperaturwechsel,
- Energiemarken,
- Anzahl der Überrollungen

miteinander verknüpft werden [11]. Die Übernahme dieser Aufgaben durch den Rechner führte zu einer enormen Qualitätsverbesserung dadurch, daß menschliche Unzulänglichkeiten wie Verwiegefehler oder das Nichteinhalten von Mischvorschriften vermieden werden [11].

Obwohl exaktes Verwiegen und Dosieren der Mischungskomponenten für das Mischergebnis von entscheidender Bedeutung sind und entsprechend hohe technische Anforderungen stellen, ist das eigentliche Herz des Mischbetriebes der Innenmischer. Entsprechend der in [12, 13] vorgenommenen Einteilung der Kautschukbranche in Hersteller von technischen Gummiwaren und Reifenproduzenten, können auch die Maschinengrößen klassifiziert werden.

So finden sich bei technischen Gummiwaren Mischkammervolumen zwischen 40 l und 250 l, während im Reifensektor Mischervolumen zwischen 250 l und 700 l eingesetzt werden [13]. Allen Maschinen ist gemeinsam, daß sie teilgefüllt arbeiten. Der Füllgrad liegt zwischen 60% und 75% vom theoretischen Kammervolumen [13, 14].

Trotz der Vielzahl unterschiedlicher Rotorgeometrien, die bis heute rein empirisch entwickelt werden, läßt sich eine grundsätzliche Unterscheidung in zwei Maschinentypen vornehmen: Mischer mit tangierendem Rotorsystem und solche mit ineinandergreifendem Rotorsystem [12, 14, 15]. Bild 3.2 gibt beide Systeme schematisch wieder [16]. Bei den Knetern der Baureihen mit tangierenden Systemen stehen mehrere Rotorgeometrien zur Verfügung. Die zweiflügelige Standardkonfiguration fördert wechselseitig aus der Mitte.

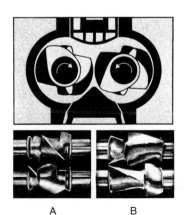

A   B   C

Bild 3.2 Tangierendes und ineinandergreifendes Rotorsystem [16]

Unabhängig fördert jeder Rotor nach beiden Seiten mit kleinerer Flügelsteigung (Bild 3.2 A) [16]. Hauptsächlich in der Reifenindustrie werden vielfach Kneter mit vierflügeligen tangierenden Rotoren eingesetzt (Bild 3.2 B). Die Geometrie erzielt bei ebenfalls hohem Füllgrad eine höhere Energieeinleitung [16].

Im Bereich technischer Gummiartikel wird in zunehmendem Maß das ineinandergreifende Rotorsystem (Bild 3.2 C) eingesetzt. Im allgemeinen werden dem tangierenden Rotorsystem die Vorteile des besseren Einziehens und der besseren Entleerung zugewiesen. Hinzu kommt, daß die Einarbeitung von Füllstoffen (Umhüllen der Füllstoffagglomerate mit Polymer) effektiver ist. Hinsichtlich Dispersionsqualität (Zerteilen und Feinverteilen der Agglomerate in der Polymermatrix), Energieeinbringung und Temperaturführung im Mischgut weist dieses System jedoch Nachteile auf. Dieser Maschinentyp wird seines höheren Durchsatzes wegen überwiegend in der Reifenindustrie als Großkneter eingesetzt. Der notwendige Dispersionsgrad wird durch Nachmischen auf Walzwerken erreicht. Die erwähnte schlechte Temperaturführung erzwingt in der Regel, daß der Mischvorgang in mindestens zwei Stufen, einer Grundmischung und der Fertigmischung, durchgeführt wird. In der ersten Stufe werden die Füllstoffe und Weichmacher eingearbeitet, wobei relativ hohe Mischguttemperaturen zulässig sind. Beim Fertigmischen wird das Vernetzungssystem eingebracht. Hierbei ist besonders darauf zu achten, daß kritische Temperaturen in der Maschine nicht überschritten werden.

Das ineinandergreifende Rotorsystem erlaubt aufgrund seiner größeren wärmeaustauschenden Oberflächen im Verhältnis zum Batchvolumen eine schonendere Temperaturentwicklung. Die ineinandergreifenden Rotorflügel erzielen im Zwickelbereich und zwischen den Rotoren größere Dehndeformationen, so daß diese Maschinen in der Regel bessere Dispersionsqualitäten aufweisen.

Mit ineinandergreifenden Rotoren wird außerdem ein 10 bis 20% höherer Energieeintrag in das Mischgut pro Zeiteinheit erreicht [15]. Aufgrund der genannten Vorteile findet dieser Maschinentyp seinen Einsatz überwiegend dort, wo hochwertige technische Gummiartikel produziert werden.

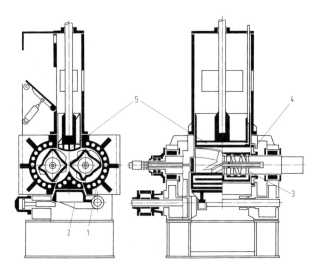

Bild 3.3   Kühlraum eines Großmischers
1 randgebohrte Mischkammer-Mittelstücke, *2* randgebohrter Klappsattel, *3* Kühlung der Schaufeln, *4* Kavernenkühlung der Verschleißplatten, *5* Kavernenkühlung des Stempels

Alle Knetertypen weisen in den Mischkammerwandungen und in den Rotoren Kühlbohrungen auf. Typische Kühlzonen an einem Großkneter zeigt Bild 3.3. Hierbei werden die Mischkammer-Mittelstücke und der Klappsattel randgebohrt. Stempel, Verschleißplatten und Schaufelabdichtungen weisen Kavernenkühlungen auf. Für die Rotoren stehen einmal eine Ringkühlung oder eine Spritzkühlung (Bild 3.4) zur Verfügung. Jedoch werden die Maschinen in der Praxis nicht im eigentlichen Sinne temperiert, sondern überwiegend mit kaltem Wasser beschickt. Erst in den letzten 7 bis 8 Jahren werden Maschinen, die mit Temperiergeräten ausgerüstet sind, geliefert [17].

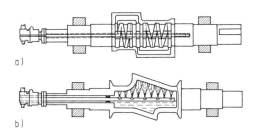

Bild 3.4 Typische Kühlsysteme für Rohre
a) Ringkühlung
b) Spritzkühlung

Ein weiterer Maschinenparameter – die Drehzahl – kann in der Regel nicht verändert werden. Bei tangierenden Rotoren drehen diese mit einer Friktion von ca. 1:1,1. Erst mit Beginn der Einführung der ineinandergreifenden Schaufelgeometrie vor ca. zehn Jahren, werden beide Maschinentypen in zunehmendem Maße mit stufenlos verstellbarer Rotordrehzahl angeboten [17]. Je nach Knetergröße sind unterschiedliche Drehzahlbereiche möglich. So liegt dieser für einen Mischer mit ca. 60 kg Chargengewicht zwischen 30 min^{-1} und 90 min^{-1}, während Großkneter mit 550 kg Batchgewicht zwischen 15 min^{-1} und 55 min^{-1} gefahren werden können [13]. Wie schon erwähnt, besteht eine zunehmende Tendenz zur Automatisierung. Die immer weiter verbesserten Microrechner führten auch im Mischsaal der Gummiindustrie zum Einsatz von Prozeßsteuerungssystemen.

In jüngster Zeit wird außerdem von Versuchen berichtet [18], die Mischungsviskosität direkt über Beeinflussung der Maschinendrehzahl und/oder den Stempeldruck zu regeln. Allerdings haben diese Systeme bis jetzt noch keinen Eingang in die Praxis gefunden. Auch die bisher angebotenen Prozeßsteuerungen finden nur langsam ihren praktischen Einsatz. Eine Untersuchung des IVK bei verschiedenen Mischbetrieben [19] zeigte, daß in sieben von 12 Firmen die Maschine noch immer manuell gefahren wird, zwei Firmen betreiben ihre Anlage halbautomatisiert, während lediglich drei Verarbeiter ein Prozeßsteuerungssystem einsetzen.

In der überwiegenden Anzahl der dort untersuchten Fälle werden lediglich die Kriterien Mischguttemperatur und Mischzeit benutzt. Seltener ist die Maschine so ausgerüstet, daß die zugeführte elektrische Energie angezeigt wird. Abgesehen von den wenigen gesteuerten Knetern, werden demzufolge lediglich zwei Prozeßparameter, die Materialtemperaturentwicklung und der Verlauf der Antriebsleistung, als integrale Größe „zugeführte Energie", an den Maschinen erfaßt.

Auf der einen Seite muß gesagt werden, daß der Druck durch steigende Qualitätsnormen erst in den letzten Jahren eine Optimierung des Mischprozesses selbst als zwingend notwendig aufgezeigt hat, während früher hier oft Mischungsänderungen die Problemlösungen waren. Andererseits hat erst die mit Mitte der siebziger Jahre stattgefundene verfahrenstechnische Durchdringung des Mischprozesses die Relevanz einiger Prozeßgrößen aufgezeigt. Allerdings gibt es bis heute kein Modell, welches geeignet wäre, den Mischprozeß vollständig zu beschreiben.

3.2 Analyse des Mischprozesses

3.2.1 Prozeßparameter am Innenmischer

Trotz der beachtlichen Zahl von Rezepturen, welche neben den Mischungsbestandteilen auch die Maschinenparameter Drehzahl, Füllgrad, Kühlwassertemperatur und die Zugabereihenfolge der Einzelkomponenten auf sehr unterschiedliche Weise festlegen, läßt sich der Mischprozeß grundsätzlich in vier Stufen einteilen [20, 21, 22]:

1) Das als Ballen zugeführte kalte Rohpolymer muß zerkleinert werden, um genügend große Oberflächen für die Füllstoffinkorporation zu erzeugen.
2) Die zugeführten Füllstoffe und Weichmacher müssen eingearbeitet werden, wobei gleichzeitig eine zusammenhängende Masse entsteht.
3) Die Füllstoffe, besonders wenn es sich um Ruß handelt, liegen als mehr oder weniger grobe Agglomerate vor, die abgebaut werden müssen.
4) Die zerkleinerten Füllstoffe werden gleichmäßig in der Polymermatrix verteilt.

Die in allen vier Stufen ablaufenden Veränderungen des Fließverhaltens der Mischung spiegeln sich in den Maschinenparametern wieder. So gilt besonders der zeitliche Verlauf der von einer Maschine aufgenommenen elektrischen Leistung gleichsam als „Fingerabdruck" einer Mischung [22 bis 25].

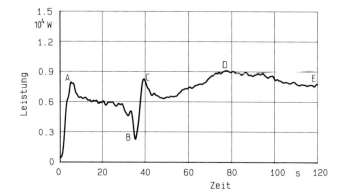

Bild 3.5 Mittlerer Leistungsverlauf

Als typisches Beispiel zeigt Bild 3.5 den Verlauf der von der Maschine aufgenommenen Antriebsleistung für das Einmischen von Ruß. Die Rohpolymerbrocken werden in diesem Fall problemlos in die Mischkammer eingezogen (bis Punkt A) und bis zum Zeitpunkt B mastiziert. Dann erfolgt die Rußzugabe. Das erneute Stempelaufsetzen führt zum Leistungspeak in Punkt C. Dieser charakterisiert den Beginn der Einarbeitungsphase, die im wesentlichen mit dem Erscheinen des Leistungsmaximums in Punkt D abgeschlossen ist. Zeitlich parallel dazu beginnt der Zerteil- und Verteilprozeß der Füllstoffe in der Kautschukmatrix. Wenn dieser Dispersionsprozeß abgeschlossen ist, wird sich in der Maschine ein stationärer Zustand einstellen, der im Punkt E beginnt. Nach umfangreichen Untersuchungen in [14] korreliert über den zeitlichen Leistungsverlauf hinaus die sich hieraus ergebende zugeführte spezifische Energie direkt mit der Dispersionsqualität in der Mischung.

Auch wenn dieser Prozeßparameter sehr viel Aufschluß über das Geschehen in der Maschine liefert, so genügt er allein nicht für eine aussagefähige Prozeßanalyse. Hierfür ist die Erfassung der in Bild 3.6 schematisch dargestellten Prozeßparameter notwendig. Neben den an der Maschine einstellbaren Größen Drehzahl und Kühlwasservor-

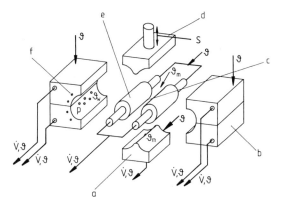

Bild 3.6 Grundelemente eines Innenmischers
a Sattel, b Kammergehäuse, c Zwickelbereich unter dem Stempel (Sammelpunkt für nicht eingezogenes Material), d Stempel, e Rotoren, f Kühlkanäle

lauftemperaturen in den einzelnen Temperierzonen (Kammer und Rotoren) gehören zur Vervollständigung der Leistungsbilanz zonenweise die Volumenströme des Temperiermediums sowie dessen Rücklauftemperaturen.

Da es sich um einen diskontinuierlichen Prozeß handelt, wird sich der energetische Zustand der Maschine beim Beginn des Mischens oder bei Betriebspunktwechsel solange verschieben, bis ein quasistationärer Zustand erreicht wird. Als Folge hiervon werden sich die Wandtemperaturen der inneren Maschinenoberflächen verändern.

Zur Beurteilung der Materialverteilung können Druckaufnehmer in der Kammerwand herangezogen werden. Besondere Bedeutung kommt der Stempelbewegung s zur Charakterisierung des Einzugsverhaltens des Mischgutes in die Mischkammer zu.

Um Korrelationen zwischen der Rotorgeometrie, dem Druckaufbau in der Kammer, der Stempelbewegung und Leistungsaufnahme P_{el} zu untersuchen, wird durch einen induktiven Wegaufnehmer am Rotorschaft die aktuelle Rotorposition aufgezeichnet.

Kautschukmischungen sind thermisch sehr empfindliche Materialien, so daß die Mischguttemperatur ϑ_M einen der wesentlichsten Prozeßparameter darstellt. In der industriellen Praxis wird die Messung mit einem Stirnwandthermoelement, welches von oben in den Zwickelbereich der Rotoren hineinragt, durchgeführt. Da der Kneter teilgefüllt betrieben wird, treten an dieser Stelle häufig Probleme beim Umströmen des Fühlers auf. So konnte in Laborversuchen [26] festgestellt werden, daß zufällige Materialanlagerungen das Meß-

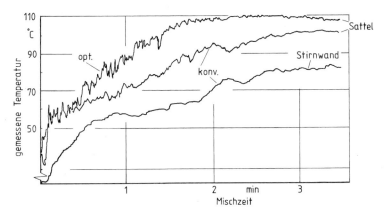

Bild 3.7 Temperaturmessung im Innenmischer mit konventionellem und optimiertem Thermofühler

ergebnis stark verfälschen können. Für die Messung bessere Strömungsverhältnisse liegen unterhalb der Rotoren - im Sattel - vor. Bild 3.7 vergleicht beide Meßorte miteinander am Beispiel der Mastikation von Naturkautschuk in der Labormaschine. Die Abweichung beider Meßwerte von nahezu 30 °C voneinander gibt einen Eindruck, welche Fehlerquellen, bedingt durch die Meßfühlerlage, entstehen können.

Darüber hinaus führt der Aufbau der Thermoelemente, die aus einem massiven Stahlkörper bestehen, zu einem weiteren Meßfehler. Aufgrund der guten Wärmeleitfähigkeit und der großen Temperaturdifferenz zwischen Meßort und Fühlerfuß wird Wärme abtransportiert. Dieser sogenannte Wärmeleitfehler kann ebenfalls bis zu 15 °C und darüber betragen [26].

Durch den Einsatz eines wärmeisolierenden, glasfaserverstärkten Harzes als Träger der eigentlichen Meßstelle wurde der Wärmeleitfehler deutlich gesenkt. Zudem verringerte sich die Trägheit des Fühlers, so daß thermische Inhomogenitäten besser aufgelöst werden. Die obere Kurve in Bild 3.7 zeigt im Vergleich zu den konventionellen Fühlern die Messung mit dem optimierten Thermoelement, welches ebenfalls im Sattel angeordnet wurde. Der Meßfehler konnte soweit verringert werden, daß nur noch 2 °C Temperaturabweichung zwischen angezeigter Endtemperatur und mit Einstich-Thermoelementen kontrollierter Auswurftemperatur im Batch registriert wurden.

3.2.2 Strömungsvorgänge im Innenmischer

Im allgemeinen versteht man unter mechanischer Homogenität die gleichmäßige Verteilung aller Füllstoffe in einer Mischung. Bild 3.8 zeigt schematisch die in hochviskosen Medien ablaufenden Mischvorgänge. Man unterscheidet distributives, laminares und dispersives Mischen [32, 33].

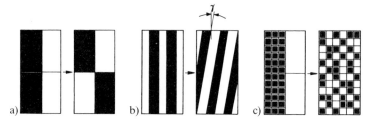

Bild 3.8 Mischarten
a) distributives Mischen (Verteilen)
b) laminares Mischen (Ausziehen)
c) dispersives Mischen (Zerteilen)

Sind bestimmte Anforderungen an die Partikelgröße gestellt, müssen im Strömungsfeld Schubspannungen erzeugt werden, die in der Lage sind, Agglomerate zu zerteilen. Außerdem müssen die zerkleinerten Partikel verteilt werden. Diese Art des Mischens ist als dispersives Mischen definiert.

Die in Bild 3.8 skizzierten anderen Arten des Mischens sind distributives und laminares Mischen. Ersteres ist ein reines Verteilen von Komponenten, ohne daß Scherung eingebracht wird. Beim laminaren Mischen bewirken Schubspannungen, daß ursprünglich parallele Schichten deformiert werden. Der Winkel γ ist ein Maß für die dadurch erzeugte Vergrößerung der Oberflächen. Dieser auch „Ausziehen" genannte Effekt bewirkt ebenfalls eine Homogenitätsverbesserung und ist in laminaren Strömungen zu beobachten. Da sich in einer solchen Strömung die Bahnlinien, auf denen sich die Fluidteilchen bewegen, nicht kreuzen, wird hierbei senkrecht zur Strömungsrichtung keine Mischwirkung erreicht. Der Mischprozeß in realen Mischmaschinen, ob Innenmischer oder Extruder, ist in der Regel eine Überlagerung aller drei Arten des Mischens.

Die Komplexität der Veränderung des Fließverhaltens einer Kautschukmischung, die schwierig darzustellenden geometrischen Verhältnisse sowie die zufällig sich einstellende örtliche und zeitliche Verteilung der Mischungseigenschaften haben es bisher verhindert, daß die Strömung im Innenmischer theoretisch korrekt berechnet werden kann. Aus diesem Grund wurden und werden Versuche unternommen, durch unterschiedlich eingefärbte Mischungen die Fließvorgänge wenigstens qualitativ sichtbar zu machen [27 bis 30].

Am Beispiel eines ineinandergreifenden Rotorsystems (Laborkneter GK-1,5 E) wurden in [31] umfangreiche Analysen zu den Strömungsvorgängen im Kneter durchgeführt. Die Rotorflügel erzeugen die Form von zweigängig rechtsgeschnittenen Schnecken. Durch den entgegengesetzt gerichteten Drehsinn bewirkt diese Geometrie, daß eine Art Zirkulationsströmung entsteht, die einen ständigen Materialaustausch zwischen beiden Kammerhälften bewirkt. Wie die weitere Auswertung der Farbversuche ergab, unterscheidet man zwei Hauptströmungsbereiche, nämlich Kammerwand-Rotorflügel sowie Zwickelbereich zwischen beiden Rotoren.

3.2.2.1 Einlaufströmung im Bereich Kammerwand-Rotorflügel

Bild 3.9 zeigt schematisch die Abwicklung des Rotors. Für den betrachteten Bereich ergab die Auswertung der Farbversuche drei charakteristische Massenströme.

Bei Punkt A tritt an der Kante des Hauptflügels I eine Stromteilung auf. Ein Teilstrom bewegt sich parallel zur Stirnwand in Richtung auf den Flügel II zu. Der zweite Teilstrom wird parallel zum Rotorflügel abgelenkt. In diesem Einlaufbereich – in dem Spalt zwischen Flügel und Wand – findet eine Überlagerung von axialer Schleppströmung und Zirkulationsströmung senkrecht zum Flügel statt. Zu diesen beiden kommt noch eine Druckströmung, welche durch den Druckaufbau vor dem Spalt induziert wird.

Im Punkt B entsteht ein weiterer Teilstrom, der parallel zur Stirnwand am Flügel I vorbeifließt.

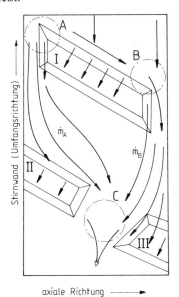

Bild 3.9 Strömungsvorgänge im Innenmischer

In allen untersuchten Fällen war der Volumenstrom, der durch den engen Spalt zwischen Flügelspitze und Wand transportiert wird, wesentlich kleiner als die beiden Teilströme, die am Flügel vorbeigefördert werden. Somit entsteht hinter dem Flügel – wie die Stromlinien andeuten – ein unvollständig gefüllter Bereich. Es ist leicht vorstellbar, daß hier zusätzliche freie Oberflächen entstehen, die für die Einarbeitungsphase der Füllstoffe und der Weichmacher von entscheidender Bedeutung sind.

Die beiden kleineren Flügel II und III bilden für die Teilströme $\dot{m}_A$ und $\dot{m}_B$ ein Hindernis, so daß durch die Ablenkung vor beiden Flügeln erneut eine typische Einlaufströmung vor den engen Spalten entsteht.

Im Punkt C treffen die Massenströme, die nicht durch die Spalte gefördert werden können, erneut aufeinander.

Diese qualitative Betrachtung der Hauptströme im Kammerwandbereich vermag zu verdeutlichen, daß hier ein komplexer Prozeß von Umlagerungen, d.h., distributives Mischen und Dehn- bzw. Schervorgänge sowie laminares Mischen stattfindet. In den engsten Spalten überlagert sich aufgrund der dort herrschenden hohen Schubspannungen dem laminaren Mischvorgang außerdem noch dispersives Mischen.

An dieser Stelle wird deutlich, daß eine Modellierung der Strömungsvorgänge im Innenmischer als Rakelströmung, wie z.B. in [34 bis 37] versucht, die Realität nur äußerst unvollständig wiedergibt. Bild 3.10 zeigt schematisch diese Modellvorstellung. Unterschieden werden zwei Kanalhöhen H_2 im tiefgeschnittenen Rotorbereich und H_1 im engsten Spalt zwischen Rotorflügel und Kammerwand und ein konvergenter Übergangsbereich. In letzterem liegt ein Druckmaximum, wie aus theoretischen Betrachtungen für strukturviskose Materialien hervorgeht.

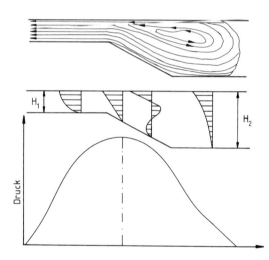

Bild 3.10 Geschwindigkeitsprofile im Einlaufbereich des Rotorflügels

Dieses Druckmaximum erzeugt zwei Druckvolumenströme, die sich den Schleppströmen in den Bereichen konstanter Gangtiefen einmal gleichgerichtet (H_1) und einmal entgegengesetzt (H_2) überlagern. Mit der Folge, daß sich im Bereich des Einlaufs in dem engen Spalt ein Wirbel ausbildet. Untersuchungen an Farbmischungen zeigen jedoch zum Teil erhebliche Abweichungen von dieser Modellvorstellung [31].

Bild 3.11 gibt beispielhaft eine Momentansituation vor dem Hauptflügel wieder. Die hellen Regionen stellen noch ungescherte Mischgutanteile dar, die umlagert sind von bereits gescherten, viskos fließenden Schichten.

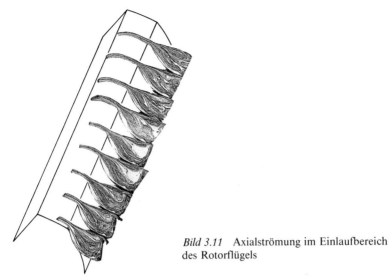

Bild 3.11 Axialströmung im Einlaufbereich des Rotorflügels

Das regellose Nebeneinander von elastischem und viskos fließendem Material veranschaulicht die Zufälligkeit, mit der sich eine Verteilung der Eigenschaften in der Mischkammer einstellt. Sichtbar wird aber auch das fast unmögliche Unterfangen, solche Detailvorgänge mathematisch zu beschreiben. Hinzu kommt, daß das sich einstellende Eigenschaftsspektrum nicht nur zeit- und ortsabhängig unterschiedlich ist, sondern daß es im statistischen Mittel von den thermischen Randbedingungen geprägt wird.

Bild 3.12 zeigt typische Schnittbilder aus dem Bereich vor dem Rotorflügel zu unterschiedlichen Zeiten und für verschiedene Kühlwasservorlauftemperaturen in Kammer und Rotoren.

Die Betrachtung einer einzelnen Probe liefert Informationen über die hier ablaufenden wesentlichen Strömungsvorgänge. Im Gegensatz zu den zitierten Modellvorstellungen kann man von einer Wirbelbildung erst nach längeren Mischzeiten (60 sec) und bei höheren Wandtemperaturen sprechen. Der überwiegende Teil des Geschehens besteht aus einer Überlagerung von Dehnvorgängen und Scherung.

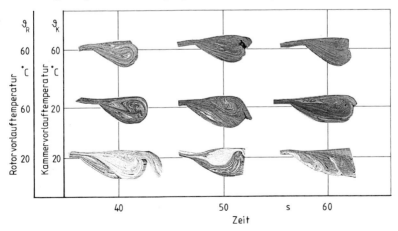

Bild 3.12 Fließvorgänge im Einlaufbereich des Hauptflügels

So ist bei der geringsten Wandtemperatur nach 40 Sekunden das Bild von elastischen Deformationen bestimmt. Innerhalb der elastischen, hellen Materialbereiche ist keine Wirbelbildung erkennbar. Deutlich sichtbar ist jedoch, wie diese Regionen ausgezogen werden und schließlich unter sehr starker Dehnung in den engsten Spalt gelangen. Auch nach 50 Sekunden existiert nur bereichsweise viskoelastisches Fließen, während der überwiegende helle Bereich ungeschert bleibt. Erst bei höheren Wandtemperaturen geschieht das Einbringen von Energie offensichtlich effektiver, so daß aufgrund der höheren Mischguttemperaturen die Wirbelbildung früher eintritt.

Für das Verständnis der Vorgänge um die Füllstoffeinarbeitung lassen sich aus diesen Schnittbildern ebenfalls Vorstellungen ableiten. Das Einarbeiten der zu Beginn frei vorliegenden Füllstoffe kann nur dann starten, wenn freie Oberflächen von diesen benetzt werden. Durch Umschichtungen und Einfaltungen werden diese Oberflächen ins Innere transportiert. Dieser Vorgang läßt sich sehr schön an den Proben der unteren Reihe beobachten. Insbesondere die letzte dieser Proben zeigt das Einstülpen elastischer Materialteile aus dem Rotorwandbereich in die schon fließende Zone. Die sichtbaren dunklen „Fäden" (auch in der ersten Probe gut ausgeprägt) zeigen ehemals freie Oberflächen. Da die bei Dehndeformationen auftretenden Schubspannungen höher sind als in den viskos fließenden Regionen, werden die Rußagglomerate bevorzugt im Bereich elastischer Deformationen abgebaut [38]. Andererseits zeigt die mittlere Probe, daß elastische Materialteile die Aufnahme von Füllstoffen behindern können, wenn sie zufällig eine ungünstige Lage innerhalb fließfähiger Schichten eingenommen haben.

3.2.2.2 Strömung im Zwickelbereich zwischen den Rotoren

Obwohl in der Literatur die Bedeutung des Zwickelbereiches für den Mischprozeß fast vollständig vernachlässigt wird, laufen hier ebenfalls komplizierte Strömungsvorgänge ab, die auf die Mischwirkung einen erheblichen Einfluß haben. Betrachtet man den Prozeß vereinfacht als Strömung im Walzenspalt eines Kalanders, so findet man die in Bild 3.13 schematisch dargestellten Strömungsverhältnisse [39] und den Druckaufbau im Walzenspalt [40, 41]. Wie in [42, 43] nachgewiesen, sind diese Ergebnisse qualitativ auch auf Elastomermischungen übertragbar.

In Einzugsrichtung betrachtet, baut sich im Spalt ein Druck auf, der kurz vor der engsten Stelle im Punkt F sein Maximum erreicht. Beim Austritt aus dem Spalt hat der Druck wie-

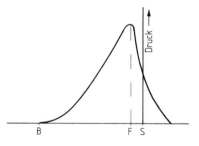

Bild 3.13 Schematische Darstellung der Strömungsvorgänge im Walzenspalt [39]
E Masseeinlauf, B Berührungsstelle Masse-Oberwalze, U Stelle der Strömungsumlenkung, F Stelle der Fließscheide, S Stelle des engsten Walzenspaltes

der auf Umgebungsniveau abgenommen. Dem Schleppvolumenstrom beider Walzen wirkt bis zur Fließscheide F ein Druckstrom entgegen. Diese Überlagerung, verbunden mit dem Haften der Schmelze an den Walzenoberflächen, führt zur Ausbildung von drei Wirbeln, dem Knetwirbel, dem Einlaufwirbel sowie zu einem Auslaufwirbel. Hinter der Fließscheide wirkt der Druckstrom in Fließrichtung, so daß ab hier eine laminare Schichtenströmung stattfindet.

Grundsätzlich sind die Verhältnisse im Zwickelbereich ähnlich, wenn sie auch aufgrund der örtlichen und zeitlichen Veränderungen instationär sind. Im Gegensatz zur Hauptflügeleinlaufzone verändern sich die geometrischen Randbedingungen. Durch den verzahnenden Eingriff der Rotorflügel entstehen konvergente Zonen hoher Deformationsgeschwindigkeiten. Abweichend vom Walzwerk ist der Einzugswinkel wegen der Eingriffsverhältnisse der Rotoren zeitlich und – in axialer Richtung betrachtet – örtlich veränderlich. Als Einzugswinkel wird der Winkel zwischen den beiden Tangenten in den Berührungspunkten des Knetes mit der Walzenoberfläche (Punkt B und E in Bild 3.13) bezeichnet [44].

Dieser korrespondiert direkt mit den Deformationsgeschwindigkeiten, die den Druckaufbau im Einzugsspalt bei gegebenem Materialzustand bestimmen [43]. Zu jedem Zeitpunkt liegen demzufolge in axialer Richtung unterschiedliche Druckprofile im Einzugsbereich vor. Hieraus resultiert ein zusätzlicher Massetransport in axialer Richtung. Stationäre Wirbel werden sich im Zwickelbereich nicht ausbilden.

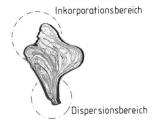
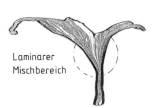

Bild 3.14 Strömungsverhältnisse im Zwickelbereich der Rotoren (Laborkneter GK-1,5E)
links: 35s Mischzeit,
rechts: 40s Mischzeit

Bild 3.14 zeigt zwei Strömungszustände an der gleichen Stelle innerhalb des Laborkneters. Beide Mischungen wurden unter gleichen Bedingungen hergestellt, allerdings mit um 5 Sekunden unterschiedlicher Mischzeit.

Die Rotorstellung zum Zeitpunkt der Probenentnahme war gleich. Innerhalb von 5 Sekunden ergibt sich ein völlig anderes Bild. Obwohl in beiden Fällen ein „Knet- und ein Einlaufwirbel", wie in Bild 3.13, andeutungsweise vorhanden ist, weist der Farbschnitt im linken Bildteil überwiegend ungeschertes helles Material auf, das unter großen Dehnungen in den engen Spaltbereich transportiert wird. Im rechten Bildteil ist das viskose Fließen – und damit auch die Wirbelbildung – stärker ausgeprägt. Jedoch auch hier sind deutliche Bereiche reiner Dehndeformationen erkennbar. Offensichtlich kommt zu den zeitlich und örtlich (in axialer Richtung) sich verändernden geometrischen Randbedingungen auch noch eine Zufallsvariable hinzu. Diese entsteht dadurch, daß sich in der teilgefüllten Maschine Kautschuk befindet, der sich in sehr unterschiedlichem viskoelastischen Zustand befindet. Je nach dem, in welchem Zustand das Material gerade vorliegt, stellen sich unter den jeweiligen geometrischen Verhältnissen im einzelnen sehr unterschiedliche Strömungsbilder ein. Allerdings zeigt die Auswertung zahlreicher Farbschnitte, daß sich im statistischen Mittel zu Beginn des Prozesses eher ein Zustand wie im linken Bildteil gezeigt einstellt. Charakteristisch hierfür ist das überwiegend elastische Materialverhalten, während nach längerem Mischen mehr und mehr ein viskoelastisches Fließen stattfindet. Weiter konnte festgestellt werden, daß die thermischen Randbedingungen einen ebenso bedeutenden Einfluß haben, wie er für den Einlaufbereich am Rotorflügel gezeigt wurde.

Im Abschnitt 3.2.2.1 wurde darauf hingewiesen, daß die Einarbeitung von Füllstoffen durch Einstülpen und Umlagern von ehemals freien benetzten Oberflächen geschieht. In weitaus größerem Maße findet dies jedoch im Zwickelbereich unterhalb des Stempels statt. Bild 3.14 läßt auch diesen Vorgang deutlich erkennen.

Kommen die Grenzschichten, die mit Füllstoff benetzt sind (mit Inkorporationsbereich bezeichnet), in die Zone hoher Deformationsgeschwindigkeiten (Dispersionsbereich), so wird dort hauptsächlich der Abbau der Füllstoffagglomerate stattfinden. Zeitlich und/ oder örtlich versetzt, existieren zudem Bereiche, in denen innerhalb ausgeprägter Wirbel laminares und distributives Mischen stattfindet.

3.2.3 Mastikationsphase des Rohpolymers

Nach dem Beschicken des Mischers läuft in diesem eine sogenannte Mastikationsphase an. Deren Zweck besteht darin, durch mechanischen Abbau der Molekülketten oder unterstützt durch chemische Mastikationshilfen eine gewünschte Viskositätsabnahme zu erzielen. Mit der Wahl der Menge und Art der zugeführten Füllstoffe und Weichmacher werden hiermit die Endeigenschaften des Kautschukproduktes im wesentlichen festgelegt. Die Bedeutung der Mastikationsphase beschränkt sich nicht nur auf die Beeinflussung des Endproduktes. So ist mit der Breite der Molekulargewichtsverteilung das Fließverhalten der Polymere eng verknüpft. Eine Verbreiterung der Verteilung bewirkt im allgemeinen eine Erhöhung der Elastizität [45]. Ebenso erschwert eine Zunahme der Verteilungsbreite das mechanische Einmischen von Ruß [46, 47]. Zusätzlich stellt die mittlere Temperatur im Mischgut einen weiteren Einflußparameter dar, der sich z. B. bei Naturkautschuk ebenfalls hauptsächlich auf den elastischen Anteil auswirkt.

Wie im letzten Kapitel gezeigt, sind die sich örtlich und zeitlich einstellenden Materialeigenschaften und damit die Strömungsformen (Scherung, Deformation) im Detail betrachtet einem Zufallsprozeß unterworfen. Nur eine Betrachtung der resultierenden Reaktionen möglichst aller relevanten Maschinenparameter liefert eine Aussage über die Summe aller statistisch verteilt ablaufenden Detailvorgänge.

Für eine gegebene Maschine lassen sich als einstellbare Größen
- Füllgrad,
- Zugabeform des Rohpolymers,
- Drehzahl,
- Stempeldruck,
- Wasservorlauftemperaturen

definieren. Zur Beurteilung des Betriebszustands bleiben
- Stempelbewegung,
- Leistungskurve,
- Massetemperatur,
- Wandtemperaturen

übrig.

3.2.3.1 Einzugsphase des Rohpolymers

Die Untersuchungen an den Farbmischungen zeigten den deutlichen Einfluß der thermischen Randbedingungen auf die Strömungsprozesse, die in der Mischkammer ablaufen. Um besser quantifizierbare Aussagen über die Prozeßabläufe zu gewinnen, wurden in [31] am Beispiel von Naturkautschuk die Auswirkungen unterschiedlicher Temperierbedingungen analysiert. Variiert wurde dabei die Drehzahl, während Zugabegeometrie des Polymers sowie Stempeldruck und Füllgrad konstant gehalten wurden.

Für eine typische Mastikationsphase gibt Bild 3.15 aus [31] den Verlauf der wichtigsten Prozeßparameter
- Leistungsverlauf,
- Stempelbewegung,
- Massetemperatur

wieder. Wie Bild 3.15 zeigt, können während des Mastizierens drei Phasen unterschieden werden.

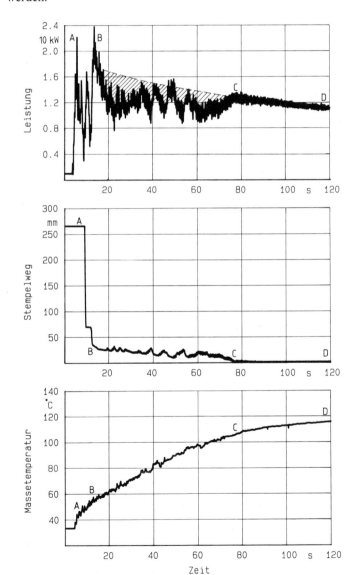

Bild 3.15 Prozeßparameter während einer typischen Mastikationsphase

Phase I (zwischen den Punkten A und B):
Bei geöffnetem Stempel wird das Rohpolymer zugegeben. Das Einziehen der Kautschukbrocken führt zu einem starken Schwanken der Leistungsaufnahme.

Phase II (zwischen den Punkten B und C):
Der mit Druck beaufschlagte Stempel hat seine Endlage noch nicht erreicht. Das Ungleichgewicht zwischen dem Volumenstrom, der zwischen den Rotoren in die Kammer gefördert wird, und dem, welcher über den Kammerwandbereich unter den Stempel transportiert wird, läßt den Stempel „tanzen". Die Leistungskurve zeigt Schwankungen, deren Frequenz mit der der Stempelbewegung korreliert. Dieser instabile Zustand ist erst beendet, wenn im Punkt C der Stempel seine Endlage gefunden hat. Korrespondierend hierzu zeigt auch die Massetemperatur bis zu diesem Zeitpunkt eine ausgeprägte Schwingung, deren Amplitude mit den in dieser Phase im Material vorhandenen thermischen Inhomogenitäten korreliert.

Phase III (zwischen den Punkten C und D):
Das Mischgut befindet sich nun in einem Zustand, der es erlaubt, daß die Volumenströme zwischen den Rotoren und dem Kammerwandbereich ausbalanciert sind. Die benötigte elektrische Leistung klingt langsam ab, da durch die Temperaturerhöhung im Material die Viskosität abnimmt. Der Stempel bleibt in seiner Endlage und die thermische Homogenität im Mischgut wird ständig verbessert.

Die wichtigste Phase für den Teilprozeß Mastikation ist die Phase II. Das Polymer wird nur dann vollständig und gleichmäßig mastiziert, wenn sich die gesamte Menge in der Mischkammer befindet. Die Masse, die nicht eingezogen wird und im Stempelschacht verbleibt, erfährt auch weniger Scherung. Die Lage des Punktes C auf der Zeitachse dokumentiert den Zeitpunkt, wenn alles Material in der Mischkammer ist. Variiert die zeitliche Lage des Punktes C, so sind Chargenschwankungen die Folge.

Die Rotoren haben eine durch die Geometrie und Drehzahl genau zu bestimmende Förderleistung. Die thermischen Randbedingungen (Gleiten oder Haften) sowie der Materialzustand (Fließgrenze) bestimmen, wie groß der tatsächliche Volumenstrom in die Mischkammer ist. Natürlich fördern die Rotoren auch Material aus dem Kammerbereich zum Einzug hin. Sind beide Volumenströme nicht gleich groß, so kommt es sowohl im Kammer- als auch im Einzugsbereich zu instabilem Förderverhalten. Dieses äußert sich in der niederfrequenten Bewegung des Stempels bzw. mit umgekehrtem Vorzeichen in der Leistungskurve. Erst bei einem ganz bestimmten Materialzustand - bei gegebenen thermischen Randbedingungen und Stempeldruck - werden die Volumenströme im Bereich zwischen den Rotoren und im Bereich der Kammerwände so ausgewogen sein, daß keine Masse im Stempelschacht verbleibt. Leistungskurve und Stempelbewegung bzw. Zeitpunkt des Aufsetzens des Stempels in seiner Endposition, charakterisieren demzufolge das Maschinenverhalten während der Einzugsphase des Mischprozesses.

3.2.3.2 Thermische Randbedingungen

Anhand der Farbversuche (Abschnitt 3.2.2) wird der Einfluß der thermischen Randbedingungen auf die Strömungsprozesse in der Maschine deutlich. Die Summe der statistisch verteilten Detailprozesse äußert sich, wie oben erläutert, integral im zeitlichen Verlauf der Prozeßparameter. Für eine 1,5 l Labormaschine und eine 110 l Produktionsmaschine sind die Auswirkungen von Wasservorlauftemperatur und Drehzahländerung auf das Einzugsverhalten des Rohpolymers in die Mischkammer in den Bildern 3.16 und 3.17 nachgewiesen. Man kann dem Bild 3.16 entnehmen, daß zunehmende Wassertemperatur und zunehmende Drehzahl die Zeit bis zum Stempelaufsetzen verkürzen. Die Zeit, die effektiv für den Mastikationsprozeß zur Verfügung steht, wird größer. Besonders im unteren Tempera-

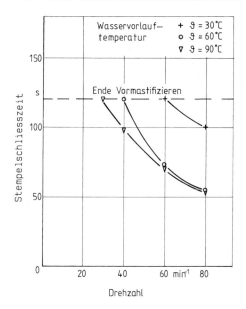

Bild 3.16 Einzugsverhalten des Rohpolymers (GK-1,5E)

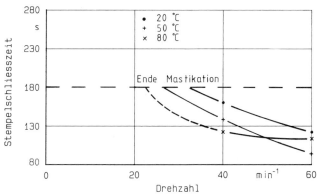

Bild 3.17 Einzugsverhalten des Rohpolymers (GK-110E)

turbereich zwischen 30 °C und 60 °C betragen die Zeitunterschiede nahezu 50% der gesamten Mastikationszeit.

Bild 3.17 zeigt anhand der Stempelschließzeit, daß auch an Produktionsmaschinen die Einzugsverhältnisse von den thermischen Randbedingungen deutlich beeinflußt werden. Bei der mittleren Drehzahl $n = 40\ min^{-1}$ führt eine Temperaturerhöhung von 20 °C auf 50 °C zu einer Schließzeitverkürzung von etwa 25 sec. Weiterhin zeigt sich, daß bei hohen Wandtemperaturen und hoher Drehzahl offensichtlich Schmierfilme durch thermische Inhomogenitäten im Wandbereich erzeugt werden. Die hierdurch verschlechterten Einzugsbedingungen führen bei einer Wandtemperaturerhöhung dann zu einer Zunahme der Stempelschließzeit.

3.2.3.3 Resultierender viskoelastischer Zustand des mastizierten Rohpolymers

Die gravierenden Unterschiede in der Stempelbewegung sind ein Maß für die Änderung des Verweilzeitspektrums, welches jede Charge in der Maschine erfahren hat. Hieraus resultiert, daß in der Scherung und Deformation, denen das Material während der Mastikationszeit ausgesetzt war, ebenfalls Differenzen vorhanden sind. Dementsprechend werden die viskoelastischen Eigenschaften der Chargen in Abhängigkeit der gewählten Mischparameter, Drehzahl und Wassertemperatur variieren.

Das mastizierte Material wurde nach der im Kapitel 2 beschriebenen Methode an einem Torsionsvulkameter geprüft. Durch Multiplikation des gemessenen Drehmomentes mit dem Sinus des Verlustwinkels bzw. mit dem Kosinus des Verlustwinkels kann eine Trennung in viskoses Drehmoment (M'') und elastisches Drehmoment (M') vorgenommen werden.

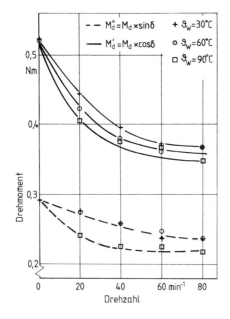

Bild 3.18 Relative Veränderung der viskoelastischen Eigenschaften des Rohpolymers (GK-1,5E)

In Bild 3.18 sind die elastischen Anteile M' (durchgezogene Linie) und die viskosen Anteile M'' (gestrichelte Linien) in Abhängigkeit der Mischparameter dargestellt.

Wie erwartet, stellen sich deutliche Unterschiede im Materialzustand ein. Im Nullpunkt für die Drehzahl sind die Werte für das Rohpolymer angegeben. Für den hier verarbeiteten Naturkautschuktyp bewirkt die Erhöhung der Drehzahl vor allem eine Veränderung der elastischen Eigenschaften. Aber auch die geänderten thermischen Randbedingungen schlagen sich nieder. So treten die größten Unterschiede im elastischen Anteil des Drehmomentes M' bei niedrigeren Drehzahlen auf, während die Erhöhung der Wassertemperatur von 60 °C auf 90 °C den viskosen Anteil des Drehmomentes M'' deutlich absenkt.

Die thermischen Randbedingungen haben Bild 3.18 zufolge einen großen Einfluß auf die Fließfähigkeit des Mischgutes. Da nach [45, 46, 47] vorwiegend die Elastizität das Einmischen von Ruß beeinflußt, werden sich in Abhängigkeit von den thermischen Randbedingungen unterschiedliche Mischungsqualitäten ergeben. Nicht reproduzierbare Wandtemperaturen sind also eine wesentliche Ursache für Chargenschwankungen.

Wie in Bild 3.19 deutlich zu erkennen, resultieren auch an der Produktionsmaschine entsprechende differierende Mastikationsergebnisse.

Die hier dargestellte Streubreite der Meßwerte verdeutlicht auch, daß die thermischen Randbedingungen – aber auch die gewählte Drehzahl – die Homogenität im Batch beeinflussen. Dies ist darauf zurückzuführen, daß bei ungünstigen Einzugsverhältnissen (nied-

3.2 Analyse des Mischprozesses 39

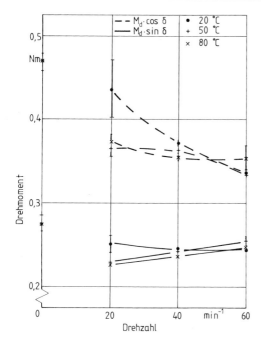

Bild 3.19 Relative Veränderung der viskoelastischen Eigenschaften des Rohmaterials (GK-110E)

rige Wassertemperatur und Drehzahl) vorwiegend ungeschertes bzw. nicht deformiertes Material unter dem Stempel verbleibt. Die Materialanteile, die eingezogen werden, erfahren deutlich mehr Scherung, so daß am Ende im Batch eine größere Streuung des viskoelastischen Zustandes auftritt, als wenn die Mischung frühzeitig eingezogen worden wäre. Der Betriebspunkt $n = 60\ min^{-1}$ und $80\,°C$ Wassertemperatur zeigt, daß auch Schmierfilmbildung zu einer größeren Inhomogenität im Mischgut führt. Bemerkenswert ist, daß diese Effekte sich hauptsächlich in den elastischen Anteilen der Vulkameterdrehmomente widerspiegeln.

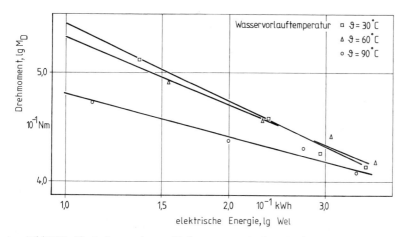

Bild 3.20 Veränderung des am Vulkameter ermittelten Drehmomentes in Abhängigkeit von der eingebrachten elektrischen Energie (GK-1,5E)

In [48] wurde nachgewiesen, daß – im doppeltlogarithmischen Maßstab aufgetragen – ein linearer Zusammenhang zwischen *Mooney*-Viskosität und zugeführter spezifischer elektrischer Energie existiert. In Anlehnung daran ist in Bild 3.20 das am Vulkameter gemessene Drehmoment über der elektrischen Energie dargestellt.

Das Ergebnis aus [14] wird auch für diese Versuchsanordnung bestätigt. Allerdings nimmt die Steigung der Geraden mit steigender Wasservorlauftemperatur ab. Neben der Verlängerung der effektiven Mischzeit bewirken höhere Wandtemperaturen einen schnelleren Temperaturanstieg im Mischgut, was die Mastikation beeinflußt [48].

Daß dieser Zusammenhang auch für die Produktion Gültigkeit hat, zeigt Bild 3.21.

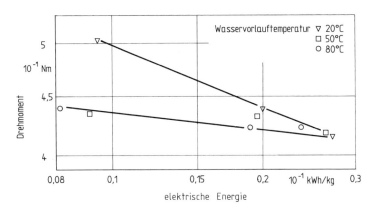

Bild 3.21 Veränderung des am Vulkameter ermittelten Drehmomentes in Abhängigkeit von der eingebrachten Energie (GK-110E)

Für die Praxis ergeben sich aus den Abschnitten 3.2.2.2 und 3.2.2.3 drei wichtige Konsequenzen:
1. Der Einsatz von Temperiersystemen und einer stufenlos einstellbaren Drehzahl führen bei entsprechender Prozeßoptimierung zu einer deutlichen Mischzeitverkürzung und damit zu einer Produktionssteigerung.
2. Unkontrollierte Veränderungen der thermischen Randbedingung, z. B. verursacht durch Anfahreffekte, führen zu Chargenschwankungen.
3. Wie aus den Bildern 3.20 und 3.21 zu entnehmen ist, erzielt man auch unter dem Mischkriterium „zugeführte elektrische Energie" nur dann reproduzierbare Eigenschaften, wenn die thermischen Randbedingungen konstant gehalten werden.

3.2.4 Inkorporation des Füllstoffes

Es ist eine allgemein bekannte Tatsache, daß Art und Menge sowie Verteilung und Größe der Rußagglomerate die mechanischen Eigenschaften der Gummiprodukte festlegen. Dies wurde und wird immer wieder in zahlreichen Arbeiten, [49 bis 56], um nur einige zu nennen, nachgewiesen. Ebenso ist es offensichtlich, daß zwischen den Mischbedingungen und den Eigenschaften ein direkter Zusammenhang besteht. So wird in [59] anhand umfangreicher Untersuchungen der bedeutende Einfluß von Füllgrad, Rotordrehzahl, Stempeldruck und Auswurftemperatur gezeigt. In [14] wird der gleiche Zusammenhang für unterschiedliche Rotorgeometrien belegt und der Nachweis erbracht, daß eine direkte Verknüpfung von Dispersionsqualität und zugeführter spezifischer Energie existiert.

Andere Arbeiten [20, 23 bis 25, 56, 57] führen aus, daß der zeitliche Verlauf einer Leistungskurve das Einarbeiten und Dispergieren des Rußes charakterisiert.

Folgt man den genannten Autoren, so lassen sich in einer typischen Leistungskurve (Bild 3.22) markante Punkte definieren. Neben der Leistungskurve zeigt Bild 3.22 den zeitlichen Verlauf der Stempelbewegung im unteren Diagramm des Bildes. Nach 30 Sekunden Mastikation wurde der Stempel geöffnet und der Ruß (hier 50 phr) eingefüllt (Punkt B). Das neuerliche Absenken des Stempels führt zu einem ersten Leistungsmaximum in Punkt C. Nach dem Durchlaufen eines Minimums erreicht die Leistung im Punkt D ein zweites Maximum, welches das Ende der Inkorporationsphase markiert. In der Zeit zwischen C und D läuft parallel teilweise der Dispersionsprozeß ab, der allerdings über den Punkt D hinaus anhält.

Erst an der Stelle E treten in der Maschine stationäre Verhältnisse auf, die darauf hinweisen, daß Einarbeitung und Dispersion beendet sind. Auffällig ist, daß die zeitliche Lage des zweiten Leistungsmaximums mit der Stempelschließzeit zusammenfällt. Dies ist kein Einzelfall, sondern dieses Verhalten wurde bei allen Betriebspunkten, bei denen Ruß eingemischt wurde, beobachtet [31, 59]. Entsprechend den Ergebnissen über das Einzugsverhalten des Polymers in der Mastikationsphase, liegen auch hier Wandgleiteffekte zugrunde. Diese werden zusätzlich zu den thermischen Effekten durch freien Ruß in der Kammer hervorgerufen. Erst wenn der Füllstoff vollständig in die Polymermatrix eingearbeitet ist, findet der Stempel seine Ruhelage. Verändert sich bei konstanter Rußzugabezeit und Mischzeit die zeitliche Lage des Punktes D, so sind bezüglich der Einarbeitungs- und Dispersionsqualität Schwankungen zu erwarten.

Untersuchungen in [59, 60] belegen anhand von Microtomschnitten, daß die Stempelschließzeit nach der Rußzugabe (= Punkt D) mit der Dispersionsqualität korreliert.

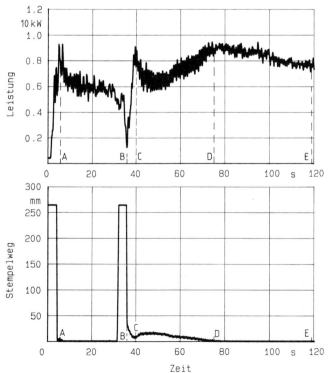

Bild 3.22 Typischer Prozeßparameterverlauf während des Einmischens von Ruß

3.2.4.1 Einfluß der thermischen Randbedingungen auf das Inkorporationsverhalten

Es ist zu erwarten, daß auch hier die Wandtemperaturen wesentlich am Ablauf des Prozesses beteiligt sind. Analog zu den Mastikationsversuchen werden bei unterschiedlichen Drehzahlen (20 min^{-1} bis 80 min^{-1}) die Variation der Wasservorlauftemperatur (30 °C, 60 °C und 90 °C) dargestellt. Außerdem wurden diese Untersuchungen für zwei unterschiedliche Rußgehalte (20 phr und 50 phr) durchgeführt [31]. Als Polymer wurde Naturkautschuk benutzt. Als an der Maschine meßbare Größe für das Inkorporationsverhalten wird der Zeitpunkt des zweiten Leistungsmaximums nach der Rußzugabe herangezogen.

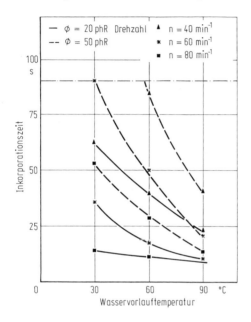

Bild 3.23 Inkorporationszeitspanne in Abhängigkeit von Drehzahl, thermischen Randbedingungen und dem Füllstoffanteil

In Bild 3.23 sind die Ergebnisse beider Versuchsreihen zusammengefaßt. Der sogenannte BIT (Black Incorporation Time, Punkt D) ist über der Wasservorlauftemperatur aufgetragen. Dargestellt sind die Drehzahlen 40 min^{-1}, 60 min^{-1} und 80 min^{-1}.

Die kleinste Drehzahl (20 min^{-1}) ist in Bild 3.23 nicht eingetragen, da keine vollständige Inkorporation während der Gesamtmischzeit von 2 min erzielt werden konnte. In der Maschine war noch freier Ruß vorhanden. Sowohl für 20 phr als auch für 50 phr Rußgehalt gilt, daß die Drehzahl und die eingestellte Wassertemperatur das Einarbeitungsverhalten enorm beeinflussen. Mit zunehmender Drehzahl nimmt die Bedeutung der Wassertemperatur jedoch ab. Dies ist bei geringerer Rußkonzentration stärker ausgeprägt als bei 50 phr.

Trotzdem ist bei der höchsten Drehzahl die Einarbeitung des Rußes (Punkt D) 40 sec früher abgeschlossen, wenn anstelle von 30 °C Wassertemperatur 90 °C eingestellt werden.

In der Praxis besitzen Innenmischer in der überwiegenden Zahl der Fälle weder Temperiersysteme, noch die Möglichkeit einer stufenlos einstellbaren Rotordrehzahl. Bild 3.23 zeigt eindeutig, daß durch den Einsatz von Temperiersystemen und variabler Drehzahl enorme Zykluszeitverkürzungen für das Inkorporieren der Füllstoffe bei gleicher Einarbeitungsqualität zu erreichen sind. Für den dargestellten Fall bringt bei 60 °C eine Drehzahlerhöhung von 40 min^{-1} auf 60 min^{-1} eine Zeitverkürzung von etwa 35 s, um eine gleichbleibende Mischungsqualität zu erzielen. Der Verarbeiter verschenkt zwei wichtige

Freiheitsgrade, die eine wirtschaftlichere Fertigung erlauben, wenn er auf den Einsatz von Temperiersystemen und variabler Drehzahl verzichtet.

Darüber hinaus entstehen durch unkontrollierte Schwankungen der Wandtemperaturen – ähnlich wie in der Mastikationsphase – Chargenschwankungen.

3.2.4.2 Resultierende Mischungseigenschaften

Die Variation von Drehzahl und Wasservorlauftemperatur verändert in einem weiten Bereich die Inkorporationszeitspanne, so daß bei konstanter Mischzeit die für die Dispersion zur Verfügung stehende Zeit dementsprechend differiert. Die im Labormischer hergestellten Chargen wurden am Vulkameter geprüft, um die Unterschiede im viskoelastischen Zustand am Ende zu charakterisieren. Am Beispiel von 50 phr Rußgehalt zeigt Bild 3.24 den Einfluß von Drehzahl und Wassertemperatur auf das Mischungsergebnis. Dargestellt sind die elastischen (durchgezogene Linie) und die viskosen (gestrichelte Linie) Anteile des Drehmomentes am Vulkameter.

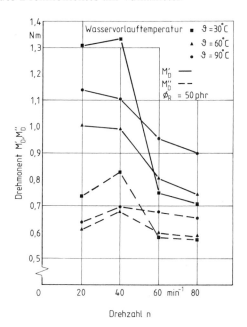

Bild 3.24 Viskoelastische Eigenschaften der Rußmischungen

Zunächst stellt man fest, daß im Materialverhalten der Chargen, die bei 30 °C hergestellt wurden, bei Übergang von 40 min^{-1} auf 60 min^{-1} ein Sprung auftritt. Dies ist auf die unvollständige Inkorporation bei den niedrigen Drehzahlen zurückzuführen. Durch den freien Ruß wird die Wandhaftung so stark unterdrückt, daß während der gesamten Mischzeit die Masse überwiegend unter dem Stempel verbleibt. Hieraus erklärt sich auch das gegenüber den anderen Betriebspunkten hohe Niveau sowohl der elastischen als auch der viskosen Anteile des Vulkameterdrehmomentes. Durch die lange Verweilzeit unter dem Stempel wird in die Polymermatrix nur geringfügig Scherung eingebracht.

Ein Anheben der Drehzahl erhöht das Schergeschwindigkeitsniveau, so daß bei gleicher Mischzeit mehr Scherung in das Material eingebracht wird. Viskosität und Elastizität nehmen also ab. Da bei einer Drehzahlsteigerung der Stempel früher schließt, d.h. die gesamte Masse sich auch früher im Mischraum befindet, wird dieser Effekt noch einmal verstärkt.

Bei konstanter Drehzahl (= konstantem Schergeschwindigkeitsniveau) findet der Stempel seine Endlage früher, wenn die Wassertemperatur erhöht wird. Die Verbesserung der Dispersionsqualität kann wie folgt erklärt werden. In [58] wurde der große Einfluß des Füllgrades auf die Dispersionsqualität anhand von Mikrotomschnitten direkt nachgewiesen. Der optimale Füllgradbereich liegt demzufolge bei etwa 60%. Eine Verringerung resultiert in einer Qualitätsminderung. Die hier vorgestellten Ergebnisse wurden mit 62% Füllgrad erzeugt. Ein tanzender Stempel bedeutet jedoch letztlich nichts anderes als eine Verringerung des theoretischen Füllgrades, da ein Teil der Mischung im Stempelschacht verbleibt. In welcher Größenordnung die Füllgradschwankungen liegen, mag eine einfache Abschätzung für einen Laborkneter veranschaulichen. Unterstellt man, daß der Bereich unter dem Stempel vollständig mit Mischgut gefüllt ist, so ergibt sich aus der Stempelfläche und dem mittleren Stempelweg die Volumenverringerung des in der Mischkammer vorhandenen Batchvolumens. Aus dieser Betrachtung errechnet sich für den Betriebspunkt $n = 60$ min^{-1} und Wassertemperatur 30 °C ein mittlerer effektiver Füllgrad von 48%, während bei 60 °C und gleicher Drehzahl 55% Füllgrad vorhanden war.

3.2.5 Einfluß der Zugabegeometrie des Polymers

Untersuchungen zeigten, daß in Abhängigkeit der zugegebenen Brockengröße des Rohmaterials die Leistungsmaxima, die beim Einziehen des Polymers auftraten, sich bis zu 50% veränderten. Die Ursache liegt in dem sich periodisch ändernden Einzugsvolumen im Zwickelbereich der Rotoren. Da sich bei minimalem freien Einzugsvolumen die engsten Spalten unter dem Stempel befinden, wird bei dieser Konstellation ab einer bestimmten Brockengröße keine Masse eingezogen. Überschreitet das Ballenvolumen das maximal zur Verfügung stehende Einzugsvolumen, können nur Teile gefördert werden, die zudem noch vom Gesamtballen abgetrennt werden müssen. Letztlich bedeutet dies, daß zur jeweiligen Maschinengeometrie eine optimale Zugabeform des Rohpolymers existiert.

Untersuchungen an drei unterschiedlichen Brockengeometrien zeigen deutliche Unterschiede in der aufgenommenen elektrischen Energie während der ersten 60 Sekunden (Bild 3.25) und in der jeweiligen Stempelschließzeit, die in Bild 3.25 über den Balken aufgetragen ist.

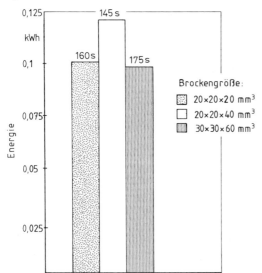

Bild 3.25 Unterschiede in der Energieaufnahme durch die Zugabegeometrie nach 60 sec (Drehzahl 40 min^{-1})

Es ist ersichtlich, daß der Quader mit den Abmaßen $20 \times 20 \times 40$ mm³ optimales Einzugsverhalten aufweist. Bei dieser Zugabegeometrie wird dem Polymer in der ersten Minute 25% mehr an Energie zugeführt. Der maximale Unterschied in der Stempelschließzeit beträgt 30 sec. Das Einzugsverhalten ist demzufolge auch durch eine entsprechende Wahl der Rohpolymergeometrie zu optimieren. Von Charge zu Charge sich ändernde Zugabegeometrien sind eine weitere Ursache für Chargenschwankungen.

3.3 Instationäre Anfahreffekte an Innenmischern

Zur Beurteilung des thermodynamischen Zustandes eines Innenmischers und der Veränderung des Energiehaushaltes der Maschine beim Anfahren bzw. bei Betriebspunktwechseln (im Folgenden als „Anfahreffekte" bezeichnet) kann eine Energiebilanz um den Kne-

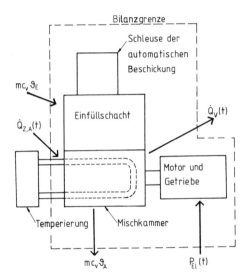

Bild 3.26 Schematische Darstellung der Leistungsbilanz am Innenmischer

ter herangezogen werden. Bild 3.26 zeigt die zugrunde liegende Leistungsbilanz. Da alle Leistungsterme zeitlich veränderliche Größen sind, führt die Integration über der Zykluszeit zu folgender Energiebilanz pro Charge:

$$mc_V (\vartheta_E - \vartheta_A) + \int_0^{t_z} [P_{el}(t) - \dot{Q}_V(t) + \dot{Q}_{Z,A}(t)] \, dt = 0$$

Für eine typische Mischung zeigt Bild 3.27 die prozentuale Aufteilung der Energieterme an einem Produktionsmischer (GK-110 E). Von der insgesamt eingesetzten elektrischen Energie werden etwa 37% benötigt, um die Mischguttemperatur auf Auswurftemperatur zu erhöhen. Über das Temperiersystem werden ca. 20% abgeführt, während sich die Verluste und Getriebeverluste auf etwa 43% belaufen.

Zur Beurteilung der Produktionskonstanz ist eine Betrachtung der Veränderung des energetischen Zustandes jedoch aussagekräftiger. In [26] wurde in der laufenden Produktion für eine Vielzahl von Betriebspunkten die Energiebilanz erfaßt. Ein besonders charakteristisches Beispiel zeigt Bild 3.28. Aufgrund von Produktionswechseln bzw. bei Produktionsbeginn finden ausgeprägte Anfahreffekte statt. Diese äußern sich in einer Veränderung der Energieterme an der Maschine.

46   3 Mischen

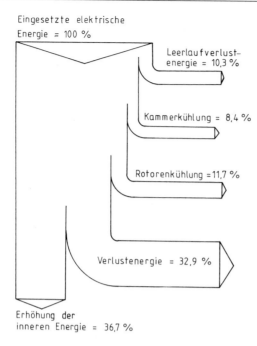

Bild 3.27 Energieflußbild eines GK-110E für eine Produktionsmischung

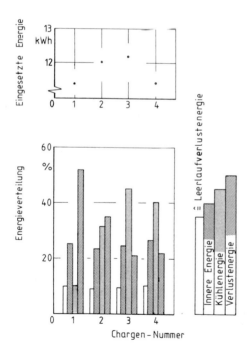

Bild 3.28 Beginn der Produktion nach einer Pause

Es bedarf keiner besonderen Erläuterung, daß als Folge solcher Anfahrerscheinungen Veränderungen in den Oberflächentemperaturen im Innern der Mischkammer auftreten.

Nach den Ergebnissen der vorangegangenen Kapitel sind Auswirkungen auf das Einzugsverhalten und das Mischergebnis zu erwarten.

Die Parameter „zugeführte Energie" sowie „Zykluszeit" in Bild 3.29 stellen ein weiteres Beispiel für das instationäre Anfahrverhalten der Maschine dar. Bei dieser Produktionsreihe wird der neue quasistationäre Zustand schon in der zweiten Charge erreicht. Immerhin beträgt jedoch der Unterschied beider Chargen in der zugeführten Energie ca. 5 kWh. Dies korreliert mit der Zykluszeitdifferenz von 135 sec.

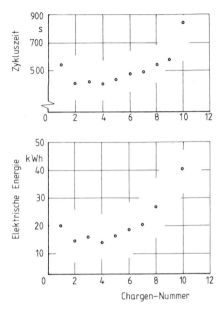

Bild 3.29   Zykluszeit und elektrische Energie bei einer Produktionsmischung

Die Mischung wurde nach dem Kriterium „Temperatur" ausgeworfen. Der Thermofühler saß bei dieser Maschine in der Stirnwand. Die hierdurch möglichen Meßfehler wurden zu Beginn von Kapitel 3 schon erläutert. Etwa ab der siebten Charge traten Probleme bei der Temperaturmessung auf. Obwohl der Maschinenführer immer bis zur angezeigten Solltemperatur mischte, benötigte er längere Zeit und dementsprechend mehr Energie, um diese zu erreichen. Die im Batch vorliegenden Temperaturen (mit Einstichthermoelement kontrolliert) lagen ab hier jedoch deutlich über dem angezeigten Wert. Die fehlerbehaftete Temperaturanzeige veränderte die Parameter „Zykluszeit" und „eingebrachte Energie" äußerst stark.

In Anlehnung an die industrielle Praxis wurden die Chargen auf einem Torsionsvulkameter geprüft. Prüfziel war die Charakterisierung des Vernetzungsverhaltens anhand des Drehmomentverlaufs bei Vernetzungstemperatur. Als aussagefähige Größe gilt nach DIN 53529 die Zeit T_{10}. Diese ist durch die Prüfzeit festgelegt, bei der gemäß der Drehmomentänderung durch Vernetzung 10% der Reaktion stattgefunden haben.

Bild 3.30 belegt sowohl für das Anfahren als auch bedingt durch den Temperaturmeßfehler die Korrelation zwischen Chargenschwankungen und den Differenzen in Zykluszeit und Energie. Außerdem zeigt auch die Meßwertstreuung, daß der instationäre Anfangszustand bei den ersten beiden Chargen eine deutlich schlechtere Homogenität im Batch erzeugt. Den gleichen Effekt bewirkt ein zu langes Mischen bei zu hohen Temperaturen. Hier bilden sich durch lokale Temperaturspitzen Anvernetzungen aus, die die Homogenität verschlechtern.

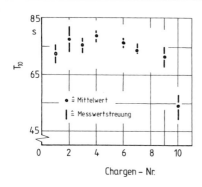

Bild 3.30 Chargenschwankungen als Folge von Zykluszeit und Energieschwankungen

Allerdings führen nicht nur Produktionsbeginn und -wechsel zu einem immer wieder auftretenden Anfahrverhalten der Maschine. Selbst kleine Produktionsunterbrechungen, etwa durch Störungen im Rohstofftransportsystem, können deutliche Unterschiede in den Wandtemperaturen herbeiführen. Am Beispiel einer fünfminütigen Pause zeigt Bild 3.31, daß sich die Wandtemperatur der inneren Kammeroberfläche um 20 °C verändert.

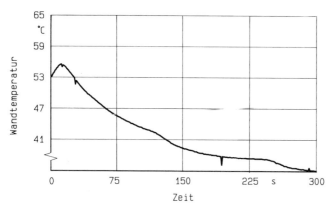

Bild 3.31 Wandtemperaturverlauf während einer Pause von 5 Minuten

Welche Pausenzeitschwankungen an Produktionsmaschinen entstehen, zeigt Bild 3.32. In dieser Analyse wurden zwei Produktionskneter gleichen Typs (GK-110 E) untersucht. Beide unterscheiden sich dadurch, daß Mischer A „von Hand" gefahren wurde, während Mischer B mit einem Prozeßrechnersystem (PPS 20, W&P) ausgestattet war. Die bei

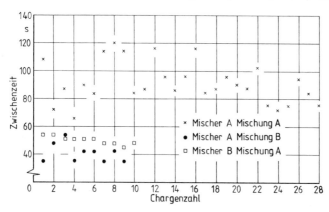

Bild 3.32 Pausenzeitschwankungen an Produktionsmaschinen

Mischer A festgestellte Schwankungsbreite der Pausenzeit zwischen den Zyklen beträgt etwa 60 sec. Dies zieht entsprechende Wandanfangstemperaturunterschiede nach sich. Deutlich wird aber auch die Verbesserung der Produktionszeiten durch den Rechnereinsatz. Die an Mischer B festgestellten Schwankungen liegen unterhalb von 10 sec.

3.4 Einfache Hilfsmittel zur Abschätzung von Betriebsparametern am Innenmischer

Die Bedeutung des Mischprozesses für die gesamte Weiterverarbeitung von Kautschuk führte dazu, daß vielfach der Versuch unternommen wurde, Ansätze zu finden, mit deren Hilfe Voraussagen über die Strömungsvorgänge und der daraus resultierenden Temperaturentwicklung, Leistungsaufnahme und Mischwirkung abzuleiten. So wurden in [36, 63] die realen Verhältnisse durch eine Rakelströmung im Flügelkammerwandbereich unter folgenden Annahmen angenähert:
- isotherme, inkompressible, schleichende und stationäre Strömung,
- newtonsches Stoffverhalten,
- Wandhaftung.

Diese Annahmen wurden in [34, 35, 38, 64] durch die Berücksichtigung strukturviskosen Materialverhaltens näher an die Realität gebracht. In [37] werden die Betrachtungen auf zusätzliche Randbedingungen
- Wandgleiten,
- Axialströmung,
- Unterfüllung des Mischers

erweitert. Die Berechnung der Geschwindigkeitsfelder im Rotorflügel-Wandbereich setzt allerdings die Messung von Druckprofilen über dem Flügel voraus. Eine allgemeingültige Lösung ist damit ebenfalls nicht gefunden worden. Eine segmentweise Betrachtung des konvergenten Einlaufbereiches vor dem Rotorflügel in [65], erlaubt eine verbesserte Beschreibung der geometrischen Verhältnisse. Allen Modellen ist gemeinsam, daß sie einen örtlich und zeitlich sehr begrenzten Ausschnitt aus dem Prozeß betrachten. Darüber hinaus wird in der überwiegenden Zahl der Fälle keine Aussage über die Wärmeübergangsverhältnisse zu den Wänden und deren Einfluß auf die Temperaturentwicklung gemacht. Lediglich in [64, 66] wird auf deren Bedeutung hingewiesen und empirisch ermittelte Wärmeübergangskoeffizienten mit berücksichtigt.

Im folgenden wird deshalb dieser bedeutsame Teilprozeß modelliert und einer Berechnung der Veränderungen der thermischen Randbedingungen unter praxisrelevanten Anforderungen zugänglich gemacht. Dieses Modell wurde in [62, 81] in die Abschätzung der Leistungsaufnahme und Materialtemperaturentwicklung integriert, so daß eine bessere Beschreibung des Prozesses möglich wird [80].

3.4.1 Thermische Randbedingungen

3.4.1.1 Modell zur Beschreibung des zeitlichen Verhaltens der Innenwandtemperatur der Mischkammer

Die Geometrie der Kammer (schematische Darstellung in Bild 3.33) wird als unendlich langer Hohlzylinder angenommen, dessen Innenradius mit dem der Kammerinnenwand identisch ist. Der Außenradius ist durch die Lage der Kühlkanäle festgelegt. In der Regel liegen diese so eng beieinander, daß es genügt, den tangierenden Radius an diese als Außenradius des Zylinders zu benutzen. Als Randbedingungen für dieses Wär-

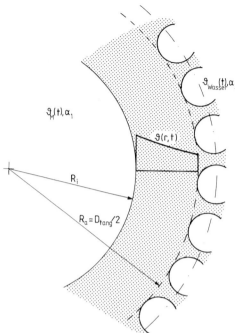

Bild 3.33 Modell zur Berechnung des zeitlichen Verhaltens der Kammerinnenwandtemperatur

meleitproblem liegen auf der Innenseite die zeitlich veränderliche Materialtemperatur und der Wärmeübergangskoeffizient α_1 zwischen Mischgut und Kammerwand vor. An der Außenseite des Zylinders strömt Wasser mit einer ebenfalls zeitlich veränderbaren Temperatur in den Kühlkanälen. Die Wassertemperatur kann als örtlich konstant angenommen werden. Wie durch Messungen bestätigt wurde [26, 67], liegen die Temperaturdifferenzen zwischen Ein- und Austritt der Temperaturzone zwischen 2 °C und 4 °C. Dies ist eine Folge der hohen Volumenströme in den Kanälen. Wasservolumenstrom und Kanalgeometrie bestimmen den wasserseitigen Wärmeübergangskoeffizienten α_2.

In [67] wird für dieses Problem eine analytische Lösung entwickelt, welche eine numerische Berechnung des zeitlichen Wandtemperaturverhaltens gestattet. Voraussetzung hierfür ist die Kenntnis der Wärmeübergangskoeffizienten zwischen Mischgut und Kammerinnenwand bzw. Rotorwand sowie auf der Wasserseite.

3.4.1.2 Abschätzung der Wärmeübergangskoeffizienten

3.4.1.2.1 *Wärmeübergangskoeffizienten auf der Wasserseite*

Zur Berechnung des wasserseitigen Wärmeübergangskoeffizienten ist es zunächst naheliegend, auf vorhandene *Nusselt*-Beziehungen für durchströmte Rohre zurückzugreifen. So wird z. B. in [69] folgender Zusammenhang angegeben:

$$\mathrm{Nu} = 3{,}66 + \frac{0{,}0677 \, (\mathrm{Re}_d \, \mathrm{Pr} \cdot d/l)^{1{,}3}}{1 + 0{,}1 \, \mathrm{Pr} \, (\mathrm{Re}_d \cdot d/l)^{0{,}83}} \left(\frac{\eta}{\eta_w}\right)^{0{,}14} \tag{1}$$

Zur Abschätzung der Größenordnung des wasserseitigen Wärmeübergangs ist Gleichung (1) ausreichend.

3.4.1.2.2 Materialseitige Wärmeübergangskoeffizienten

Für die Entwicklung eines Zusammenhangs zwischen Maschinengeometrie, Materialkenngrößen, Prozeßparameter und Wärmeübergangskoeffizienten macht man sich den Umstand zunutze, daß Kautschuk ein schlechter Wärmeleiter ist. Nach dem sogenannten *Jepson*-Effekt [70] ergibt sich hieraus die Konsequenz, daß Wärme mit den umgebenden Wänden nur in dünnen Schichten ausgetauscht wird. Innerhalb der Schicht findet während ihrer Existenzzeit eine Temperaturveränderung durch Wärmeleitung statt. An der Schichtgrenze wird die Wandtemperatur ϑ_W aufgeprägt.

Diese Art der Betrachtung wurde in [38] auf tangierende Innenmischer angewendet. Hier wird davon ausgegangen, daß die wärmetauschende Schicht solange existiert, bis der Flügel die gleiche Stelle wieder passiert und die alte Schicht durch eine neue ersetzt. Die Breite der Flügel wird nicht berücksichtigt. Bei mehreren Flügeln pro Rotor bilden die nachfolgenden Flügel die neue Schicht aus. Die Verweilzeit wird entsprechend modifiziert. In [67] wurde dieses Modell überprüft, mit dem Ergebnis, daß die berechneten Wärmeübergangskoeffizienten wesentlich höher sind als die gemessenen Werte.

Die Betrachtung wurde dahingehend geändert, daß die wärmeaustauschende Schicht nur solange existiert, wie Rotorflügel der Kammerwand gegenüberstehen.

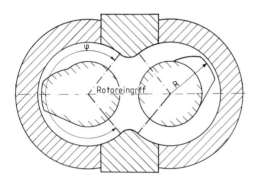

Bild 3.34 Bereichsabgrenzung für WÜK an der Kammerwand

Bild 3.34 zeigt schematisch den Bereich, für den die Betrachtungen an der Kammerwand Gültigkeit haben. Die Existenzzeit einer Schicht zwischen einem Rotorflügel und der Wand läßt sich aus dem Umfang der Kammerhälften

$$U = \frac{2 \pi \varphi}{360°} \cdot R \qquad (2)$$

und der Umfangsgeschwindigkeit der Flügelspitze

$$V_U = \frac{2 \pi R N}{60} \qquad (3)$$

abschätzen.

Aus Gleichung (2) und (3) erhält man:

$$t_V = \frac{\varphi}{3 N} \qquad (4)$$

In dieser Gleichung ist der Winkel φ in Grad und die Drehzahl N mit der Einheit 1/min einzusetzen. Die zu berücksichtigenden geometrischen Größen für die weitere Ableitung sind in der linken Hälfte von Bild 3.35 aufgeführt. Die Spaltgeometrie ist durch die Rotorflügelbreite L, die Kammerbreite B und die Höhe h festgelegt. Bevor das Material in die-

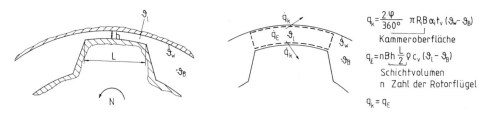

Bild 3.35 Schematische Darstellung des Modells zur Berechnung des Wärmeübergangskoeffizienten auf der Materialseite
h Spaltweite, L Rotorflügelbreite, B Kammerbreite, N Drehzahl, ϱ Dichte, c_v Wärmekapazität

sen Bereich gelangt, hat es die Ausgangstemperatur ϑ_B. Während der Zeit t_V ändert sich die mittlere Temperatur in der Schicht auf ϑ_L durch Wärmeleitung. Aufgrund des Verhältnisses von Schichtdicke zu Radius kann die Krümmung vernachlässigt werden. Für dieses Wärmeleitungsproblem existiert eine analytische Lösung [76]

$$\frac{\vartheta_W - \vartheta_l}{\vartheta_W - \vartheta_B} = \frac{8}{\pi^2} \left(\exp\left(-\frac{\pi^2 \lambda\, t_V}{4\, h^2\, \varrho\, c_V}\right) + \frac{1}{9} \exp\left(-9\,\frac{\pi^2 \lambda\, t_V}{4\, h^2\, \varrho\, c_V}\right) + \ldots \right) \tag{5}$$

Eine Energiebilanz um die Kammerwand und die Schicht (Bild 3.35) liefert die Definition des Wärmeübergangskoeffizienten.

$$\alpha_1 = 540\,\frac{\varrho\, c_V\, h\, N\, L\, n}{\pi\, \varphi^2\, R}\,(1 - 8/\pi^2\,(\exp(-s^2) + 1/9\exp(-9\,s^2) + \ldots)) \tag{6}$$

mit $s^2 = \dfrac{\pi^2 \lambda\, t_V}{4\, \varrho\, c_V\, h^2}$ $\quad$ N Drehzahl; n Zahl der Rotorflügel

Gleichung (6) verknüpft die wichtigsten geometrischen Maschinengrößen mit den Stoffwerten Wärmeleitfähigkeit, Wärmekapazität und Dichte sowie Drehzahl. Für mittlere Stoffwerte

$\lambda\; = 0{,}2$ W/mK
$c_V = 1{,}4$ kJ/kgK
$\varrho\; = 1200$ kg/m³

zeigt Bild 3.36 für drei Maschinengrößen (GK-1,5 E, GK-45 E und GK-110 E) die Abhängigkeit des Wärmeübergangskoeffizienten von der Drehzahl.

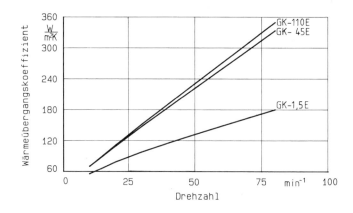

Bild 3.36 Wärmeübergangskoeffizient für verschiedene Innenmischergrößen über Drehzahl

3.4 Einfache Hilfsmittel zur Abschätzung von Betriebsparametern am Innenmischer

Für eine Abschätzung des Wärmeübergangs an die Rotoren müssen folgende Annahmen getroffen werden. Das Material bewegt sich mit der mittleren Umfangsgeschwindigkeit der Rotoren (als Blockströmung) durch den Spalt zwischen den Rotoren. Der Wärmeaustausch findet nur in diesem Bereich (Winkel $2\pi - \varphi$, Bild 3.34) statt. Die Schichtdicke ergibt sich dann als Quotient aus dem freien Volumen im Eingriffsbereich zu der Rotoroberfläche. Analog zur Kammerwand erhält man für den WÜK an den Rotoren

$$\alpha_i = \frac{\varrho\, c_V\, V}{t_V\, A} (1 - 8/\pi^2 (\exp(-s^2) + 1/9 \exp(-9\,s^2) + \ldots) \tag{7}$$

mit $s^2 = \dfrac{\pi^2\, t_V\, \lambda}{4\, \varrho\, c_P\, (V/A)^2}$

und $t_V = \dfrac{(2\pi - \varphi)}{6\, N}$.

3.4.2 Nomogramm zur Abschätzung der Veränderung der Wandtemperaturen als Folge von instationären Anfahreffekten

Besonders die in Abschnitt 3.4.1.1 hergeleiteten Beziehungen gestatten eine numerische Berechnung des Wandtemperaturverhaltens nur mit Hilfe von Personal-Computern. Mit dem geschilderten Prozeßmodell wurden deshalb am Beispiel von drei Maschinentypen (GK-1,5E, GK-45E, GK-110E) die wichtigsten Einflußparameter „Materialtemperatur", „Kühlwassertemperatur" und „Wärmeübergangsbedingungen" rechnerisch variiert und in Form von Nomogrammblättern dargestellt.

Für die Abschätzung des instationären Anfahrverhaltens ist es nicht notwendig, den exakten Verlauf der Wandtemperatur während eines Zyklus nachzubilden. Es reicht aus, wenn man charakteristische Eckwerte kennt. Diese sind die Wandtemperatur zu Beginn und am Ende des Zyklus. Unter diesem Gesichtspunkt ergibt sich als weitere sinnvolle Vereinfachung, den Materialtemperaturverlauf in Form einer Sprungfunktion anzunähern. Das heißt, die Mischguttemperatur steigt sprunghaft zu Beginn des Zyklus auf die Auswurftemperatur ϑ_{Mat} an. In Form einer dimensionslosen Übergangstemperatur Θ können die Umgebungstemperaturen (Materialtemperatur ϑ_{Mat}, Kühlwassertemperatur ϑ_{KW}) mit der Wandtemperatur ϑ_W zusammengefaßt werden.

$$\Theta_z(t) = \frac{\vartheta_{Wz}(t) - \vartheta_{KW}}{\vartheta_{Mat} - \vartheta_{KW}} \tag{8}$$

Diese dimensionslose Größe charakterisiert das zeitliche Verhalten der Kammerwandtemperatur bei gegebener Mischergeometrie und konstanten Wärmeübergangsverhältnissen. Systematische Variationen [67] von Kühlwasser- und Materialtemperaturen und Wärmeübergangskoeffizienten zwischen Kammerwand und Mischgut brachten als Ergebnis, daß eine Auftragung $\Theta(t)$, wie in Bild 3.37 schematisch dargestellt, möglich ist. Verschiedene Kühlwasser- und Materialtemperaturen bei gleichen Wärmeübergangskoeffizienten (nach Gleichung (6) proportional zur Drehzahl) erzeugen Kurvenscharen $\Theta(t)$, die so nahe beieinander liegen, daß eine Differenzierung im Rahmen der Zeichengenauigkeit nicht mehr sichtbar ist [67].

Nach Gleichung (8) müssen alle Kurven mit dem Parameter für den stationären Anfangszustand (Kammerwandtemperatur = Kühlwassertemperatur) im Nullpunkt zusammentreffen. Von diesem Zustand abweichende Wandanfangstemperaturen können auf einfache Weise dadurch berücksichtigt werden, indem man eine entsprechende Verschiebung auf der Zeitachse berücksichtigt. Da es für die Temperaturentwicklung in der Wand unerheb-

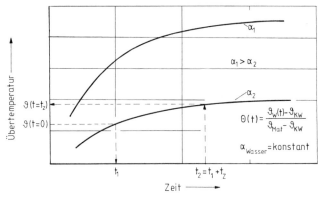

Bild 3.37 Dimensionslose Wandtemperatur für verschiedene WÜK

lich ist, auf welche Art und Weise vorher eine bestimmte Wandtemperatur erreicht wurde, kann dies formal auch dadurch berücksichtigt werden, daß man die Zykluszeit entsprechend verlängert. Die Verlängerung findet man, indem mit Gleichung (8) aus der Anfangstemperatur die dimensionslose Übertemperatur $\Theta(t=0)$ berechnet. Aus Bild 3.37 erhält man bei Kenntnis des Wärmeübergangskoeffizienten eine Zeit t_1, um die die Zykluszeit zu vergrößern ist. Die Übertemperatur am Ende des Mischzyklus erhält man aus der gleichen Kurve bei dem neuen Zeitpunkt $t_2 = t_1 + t_z$ (Bild 3.37). Das Umstellen von Gleichung (8) nach $\vartheta_W(t_z)$ liefert die gesuchte Wandtemperatur. Für die praktische Anwendung hat man somit eine Möglichkeit gefunden, für jede Maschinengröße für das Aufheizen der Wand während des Mischens ein Diagramm $\Theta(t)$ mit dem Wärmeübergangskoeffizienten als Parameter zu erzeugen, so daß alle wichtigen Einflußgrößen auf die Wandtemperatur enthalten sind.

Eine analoge Vorgehensweise für das Abkühlen der Wand in den Pausen zwischen den Mischzyklen liefert einen ähnlichen Zusammenhang, wenn hierfür die dimensionslose Übertemperatur als

$$\Theta_P(t) = \frac{200\,°C - \vartheta_{Wp}(t)}{200\,°C - \vartheta_{KW}} \tag{9}$$

definiert wird. Bild 3.38 zeigt den Zusammenhang $\Theta_P(t)$ in einer schematischen Darstellung. Auch hier ergibt sich für jede Maschinengeometrie eine Kurve.

Allerdings bleibt noch zu berücksichtigen, daß geänderte Wärmeübergangsbedingungen auf der Wasserseite die Funktionen $\Theta_z(t)$ und $\Theta_p(t)$ verzerren. Um die Anzahl der benötigten Diagramme so gering wie möglich zu halten, wurden in [67] Korrekturfaktoren

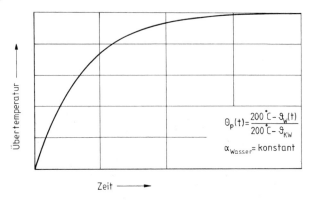

Bild 3.38 Dimensionslose Wandtemperatur für den Abkühlvorgang in den Pausen

$K_{\alpha\,1,2}(t)$ für unterschiedliche Bedingungen auf der Wasserseite berechnet. Ausgehend von Funktionen $\Theta(t)$ bei einem Bezugswert für α_{Bezug}, werden zusätzliche Kurven $\Theta(t, f_\alpha, \alpha_{\text{Bezug}})$ erzeugt.

$$f_\alpha = \frac{\alpha_{\text{Wasser}}}{\alpha_{\text{Bezug}}} \qquad (10)$$

Den gesuchten Korrekturfaktor erhält man aus der Beziehung

$$K_\alpha(t) = \frac{\Theta(t, f_\alpha \cdot \alpha_{\text{Bezug}})}{\Theta(t, \alpha_{\text{Bezug}})} \qquad (11)$$

3.4.2.1 Anwendung und Nomogrammblätter zur Abschätzung von instationären Anfahreffekten

Die Vorgehensweise zur Bestimmung der Wandtemperatur am Ende eines Zyklus mit Hilfe des Nomogramms (Bilder 3.39 bis 3.41) wird hier erläutert. Zunächst werden die benötigten Daten, die oben auf dem Blatt aufgeführt sind, bestimmt.

Die erste Größe, die festzulegen ist, ist der Faktor f_α. Dies ist notwendig, da das Nomogramm für einen Bezugswärmeübergangskoeffizienten berechnet wurde (beim GK-110E z. B. 750 W/m²K). Liegen an der zu betrachtenden Maschine andere Wärmeübergangsbedingungen vor, so liefert f_α unter Anwendung des Diagramms 1a in Bild 3.41 die Möglichkeit, diese zu berücksichtigen. Hierzu muß eine Iteration durchgeführt werden. Im ersten Schritt wird $f_\alpha = 1$ gesetzt, so daß der Korrekturfaktor $K_{\alpha 1}$ ebenfalls 1 wird. Mit der bekannten Kammerwandanfangstemperatur $\vartheta_{\text{WZ}}(0)$, der Kühlwassertemperatur ϑ_{WK} sowie der Materialtemperatur $\vartheta_{\text{MA}}(t_z)$ wird in Bild 3.41 die dimensionslose Übertemperatur $\Theta(t_1)$ zu Beginn des Zyklus berechnet. Das Diagramm 1b liefert mit Hilfe der Kurve für die jeweilige Drehzahl einen Startzeitpunkt t_1. Dieser Zeitpunkt berücksichtigt die Abweichung der Wandtemperatur vom stationären Anfangszustand, in welchem die Wandtemperatur gleich der Kühlwassertemperatur ist. Geht man mit t_1 zurück in Diagramm 1, dann erhält man mit dem vorher berechneten Verhältnis des tatsächlichen Wärmeübergangskoeffizienten zu dem Bezugswert einen Korrekturfaktor $K_{\alpha 1}$. Werte, die zwischen 0,67 und 1,33 liegen, können linear interpoliert werden. $K_{\alpha 1}$ und die entsprechende Gleichung ergeben eine korrigierte dimensionslose Übertemperatur, mit der man aus Diagramm 1b einen neuen Startzeitpunkt t_1 erhält. Zwei- bis dreimaliges Durchlaufen dieser Iteration genügt, um den richtigen Korrekturfaktor $K_{\alpha 1}$ und das dazugehörende t_1 zu ermitteln. Liegt die letzte Größe fest, kann nun die Wandtemperatur am Ende des Zyklus berechnet werden. Hierzu muß zu dem Startzeitpunkt t_1 die tatsächliche Zykluszeit t_z addiert werden. Mit dem sich ergebenden t_2 findet man in Diagramm 1b für die vorgegebene Drehzahl die dimensionslose Übertemperatur $\Theta(t_2)$ und in Diagramm 1a den Korrekturfaktor $K_{\alpha 2}$. Hieraus kann die Wandtemperatur am Zyklusende errechnet werden.

Für die Berechnung des Abkühlens der Wand in der Pause zwischen zwei Zyklen, ist die rechte Seite in Bild 3.39–3.41 vorgesehen. Auf analoge Weise – wie bei dem Mischzyklus – wird bei abweichendem Wärmeübergangskoeffizienten auf der Wasserseite ein Korrekturfaktor $K_{\alpha 1}$ berechnet. Zur Bestimmung von t_1 wird $\vartheta_{\text{WZ}}(0)$ gleich der vorher ermittelten Wandtemperatur am Ende des Zyklus gesetzt. Die Iteration liefert die dimensionslose Übertemperatur $\Theta(t_1)$ und Diagramm 2b die Zeit t_1. Zu dieser wird die Pausenzeit t_p addiert. Diese neue Zeit t_2 ergibt mit Diagramm 2b $\Theta_p(t_2)$, welche nach $\vartheta_{\text{WZ}}(t_2)$ – der Wandtemperatur am Ende der Pause – umgestellt werden kann.

56 3 Mischen

Benötigte Daten : (Maschinengröße : 1,5 l)

Drehzahl
$n = \boxed{\quad} \text{min}^{-1}$

Zykluszeit
$t_Z = \boxed{\quad} \text{s}$

Wärmeübergangskoeffizient
$\alpha_W = \boxed{\quad} \text{W/m}^2\text{k}$

Materialtemperatur
$\vartheta_{MA}(t_Z) = \boxed{\quad} \text{°C}$

Wandtemperatur
$\vartheta_{WZ}(0) = \boxed{\quad} \text{°C}$

Kühlwassertemperatur
$\vartheta_{KW} = \boxed{\quad} \text{°C}$

Pausenzeit
$t_P = \boxed{\quad} \text{s}$

$f_\alpha = \dfrac{\alpha_W}{550}$

$f_\alpha = \boxed{\quad}$

t_1 aus Diagr. 1b; 2b

$t_1 = \boxed{\quad}$

$t_2 = t_1 + t_{Z;P}$

$t_2 = \boxed{\quad}$

$K_{\alpha 1} = \boxed{\quad}$
$K_{\alpha 2} = \boxed{\quad}$

für Mischzyklus — Diagramm 1a

$\theta(t_1) = K_{\alpha 1} \cdot \dfrac{\vartheta_{WZ}(0) - \vartheta_{KW}}{\vartheta_{MA}(t_Z) - \vartheta_{KW}}$ (1a)

für Pause — Diagramm 2a

$\theta_A(t_1) = K_{\alpha 1} \cdot \dfrac{200 - \vartheta_{WZ}(0)}{200 - \vartheta_{KW}}$ (2a)

3.4 Einfache Hilfsmittel zur Abschätzung von Betriebsparametern am Innenmischer 57

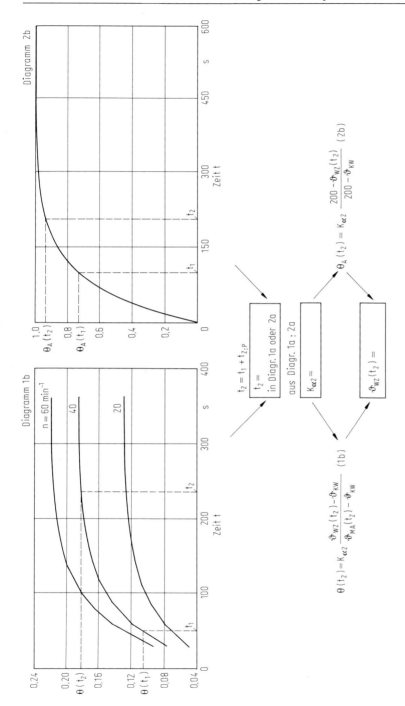

Bild 3.39 Nomogramm zur Abschätzung instationärer Effekte an einer Kneterinnenwand (GK-1,5E)

58   3 Mischen

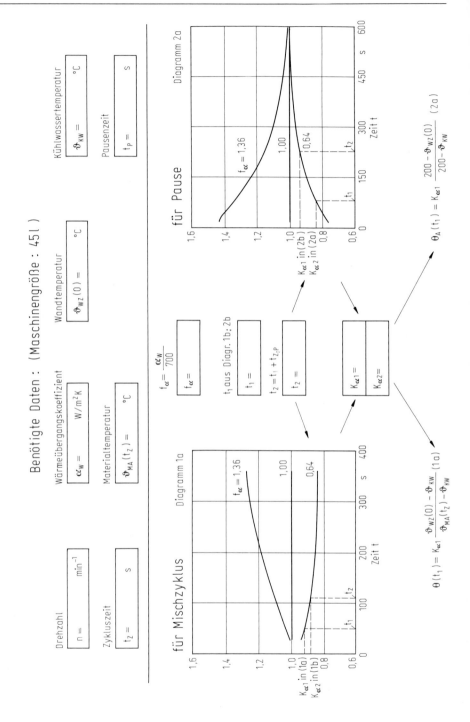

3.4 Einfache Hilfsmittel zur Abschätzung von Betriebsparametern am Innenmischer

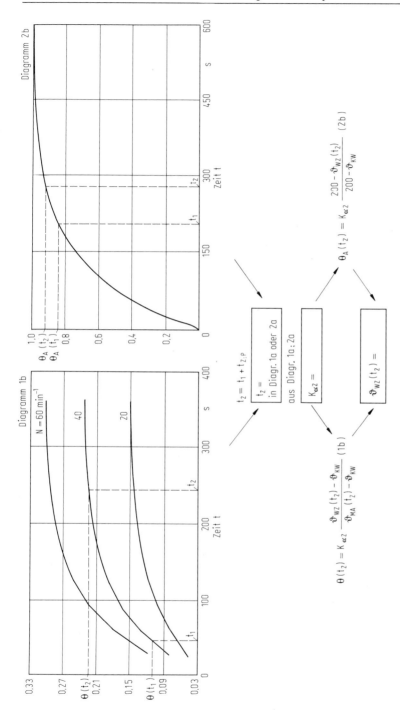

Bild 3.40 Nomogramm zur Abschätzung instationärer Effekte an einer Kneterinnenwand (GK-45E)

3 Mischen

Benötigte Daten: (Maschinengröße: 110 l)

Drehzahl
$n = $ ___ min^{-1}

Zykluszeit
$t_Z = $ ___ s

Wärmeübergangskoeffizient
$\alpha_W = $ ___ W/m^{2}K

Materialtemperatur
$\vartheta_{MA}(t_Z) = $ ___ °C

Wandtemperatur
$\vartheta_{WZ}(0) = $ ___ °C

Kühlwassertemperatur
$\vartheta_{KW} = $ ___ °C

Pausenzeit
$t_P = $ ___ s

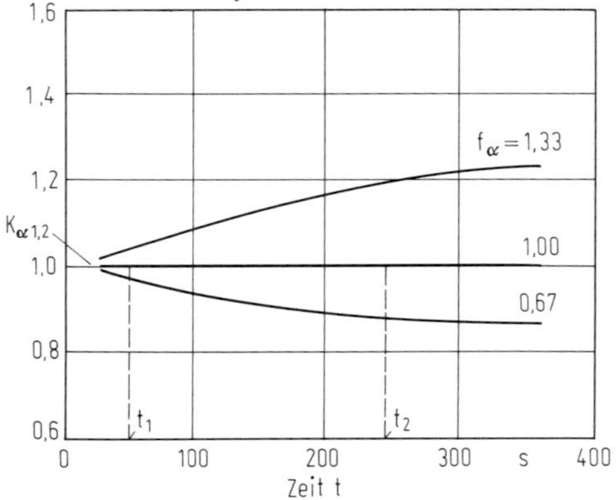

$f_\alpha = \dfrac{\alpha_W}{750}$

$f_\alpha = $ ___

t_1 aus Diagr. 1b; 2b
$t_1 = $ ___
$t_2 = t_1 + t_{Z,P}$
$t_2 = $ ___

$K_{\alpha 1} = $ ___
$K_{\alpha 2} = $ ___

Diagramm 1a — für Mischzyklus

Diagramm 2a — für Pause

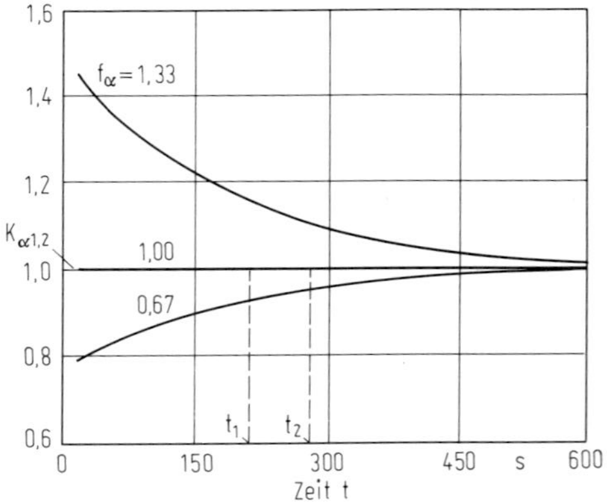

$\Theta(t_1) = K_{\alpha 1} \dfrac{\vartheta_{WZ}(0) - \vartheta_{KW}}{\vartheta_{MA}(t_Z) - \vartheta_{KW}}$ (1a)

$\Theta_A(t_1) = K_{\alpha 1} \dfrac{200 - \vartheta_{WZ}(0)}{200 - \vartheta_{KW}}$ (2a)

3.4 Einfache Hilfsmittel zur Abschätzung von Betriebsparametern am Innenmischer

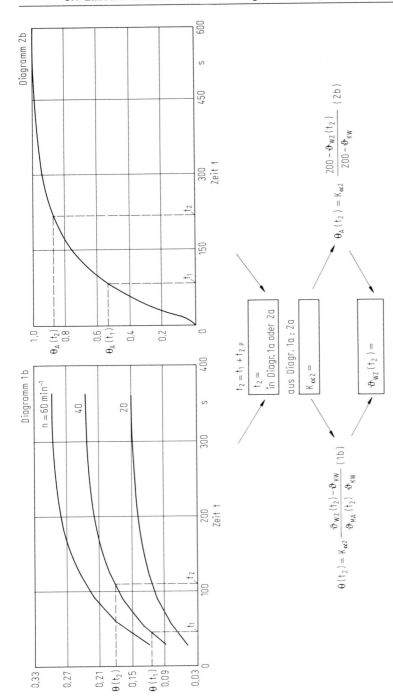

Bild 3.41 Nomogramm zur Abschätzung instationärer Effekte an einer Kneterinnenwand (GK-110E)

3.4.2.2 Anwendungsbeispiel des Nomogramms für den GK-110 E

In vorliegenden Beispiel beträgt der Wärmeübergangskoeffizient auf der Wasserseite 750 W/m²K, so daß der Korrekturfaktor $K_{\alpha 1}$ den Wert 1 annimmt.

Die Übertemperatur Θ wird mit Hilfe der Wandtemperatur zu Beginn des Zyklus, der Material- und der Kühlwassertemperatur gebildet.

$\vartheta_{WZ} = 56\,°C$,
$\vartheta_{KW} = 45\,°C$, $\quad \Theta(t_1) = 0{,}096$
$\vartheta_{MA} = 160\,°C$.

Die Drehzahl beträgt 40 min^{-1}.

In Diagramm 1b wird auf der Kurve für die Drehzahl $N = 40$ min^{-1} der Wert für die Zeit t_1 abgelesen.

$t_1 = 40$ s

Zu dieser Zeit addiert man nun die Zykluszeit t_z.

$t_z = 200$ s

Es wird also die Zykluszeit um den Zeitbetrag t_1 vergrößert, den die Kammerwand benötigt, um vom stationären Anfangszustand auf die Wandtemperatur am Zyklusanfang $\vartheta_{WZ}(t_1)$ aufgeheizt zu werden. Mit der so gewonnenen Zeit $t_2 = 240$ s, ist die Übertemperatur auf der Kurve mit der entsprechenden Drehzahl (hier $N = 40$ min^{-1}) im Diagramm abzulesen.

$\Theta(t_2) = 0{,}2236$

Für die Wandtemperatur am Zyklusende ergibt sich dann wieder nach Umstellung der Gleichung für Θ mit $K_{\alpha 2} = 1$ (da $f_\alpha = 1$)

$\vartheta_{WZ} = 70{,}7\,°C$

Bei dem entsprechenden Versuch wurden am Ende des Zyklus 69,5 °C gemessen.

3.4.3 Minimierung von Anfahreffekten

Bleiben die Randbedingungen während einer Produktionsreihe unverändert, so wird sich, wie in Bild 3.42 dargestellt, nach einer gewissen Anzahl von Mischzyklen ein quasistationärer Wandtemperaturverlauf einstellen. Dies bedeutet, daß die Anfangs- und Endtemperaturen von Pause und Mischzyklus konstant bleiben. Bis zu diesem quasistationären Endzustand nimmt die Wand je nach Ausgangspunkt Energie auf bzw. gibt Energie ab. Hieraus resultiert das in Bild 3.42 dargestellte „Hochlaufen" der Wandtemperaturen während des Anfahrens.

Das stationäre Niveau ist durch die Zykluszeit, die Pausenzeit, die Wassertemperatur und die Materialtemperatur festgelegt. Die restlichen Parameter werden in der Regel an der Maschine nicht beeinflußt. Die einfachste Möglichkeit, die thermischen Anfahreffekte zu unterdrücken, besteht darin, die Kammerwand vor Beginn der Produktion auf diesen Endzustand zu bringen.

Wie in Bild 3.42 angedeutet, kann dies z.B. mit einem Temperiersystem geschehen, indem die Wassertemperatur so angehoben oder abgesenkt wird, bis die Wand die quasistationäre Temperatur angenommen hat. Nach Beginn des Mischens muß die Temperierung so schnell wie möglich die zum quasistationären Zustand gehörende Wassertemperatur erreichen (gestrichelte Linie in Bild 3.42).

3.4 Einfache Hilfsmittel zur Abschätzung von Betriebsparametern am Innenmischer   63

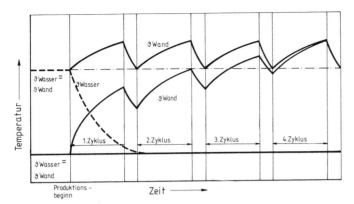

Bild 3.42 Schematische Darstellung des Wandtemperaturverlaufs bei unterschiedlichen Wandanfangstemperaturen

Dieses einfache Konzept setzt voraus, daß das quasistationäre Niveau bekannt ist. Außerdem muß die Möglichkeit einer Wandtemperaturmessung vorgesehen sein. Heutige Kneter sind mit entsprechenden Meßstellen nicht ausgerüstet.

Für die Labormaschine wurde die vorgeschlagene Vorgehensweise verifiziert [71]. Dem Bild 3.43 kann entnommen werden, daß die Wandtemperatur auf 36 °C eingestellt werden muß. Das Ergebnis für dieses Beispiel ist in Bild 3.44 wiedergegeben.

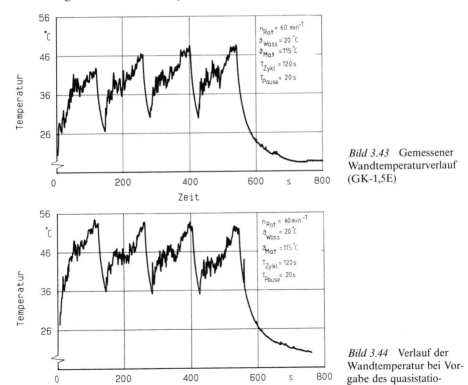

Bild 3.43 Gemessener Wandtemperaturverlauf (GK-1,5E)

Bild 3.44 Verlauf der Wandtemperatur bei Vorgabe des quasistationären Endniveaus

Das Hochlaufen der Wandtemperatur ist vollständig unterdrückt. Grundsätzlich können die für die Realisierung dieses Konzeptes benötigten Daten empirisch ermittelt werden. Dem steht allerdings neben der Mischungsvielfalt die Zahl der Variationsmöglichkeiten der Einflußparameter gegenüber.

Es bietet sich daher an, mit Hilfe einer Computersimulation, die in [71] ausführlich beschrieben ist, Einstellkriterien für Temperiersysteme zu erarbeiten und die anfallenden Daten praxisgerecht aufzubereiten. Die Vorgehensweise wird beispielhaft für einen GK-1,5 E demonstriert. Sie kann jedoch jederzeit auf andere Maschinentypen übertragen werden.

In [71] wurden systematisch alle Einflußparameter variiert und mit dem Simulationssystem die resultierenden quasistationären Zustände errechnet. Die sich ergebenden Temperaturwerte bilden dann die Vorgaben, wie das Temperiersystem anzusteuern ist. Hierbei ist es unerheblich, ob dies von Hand geschieht. Für die Zukunft wünschenswert wäre allerdings eine entsprechende Rechnersteuerung.

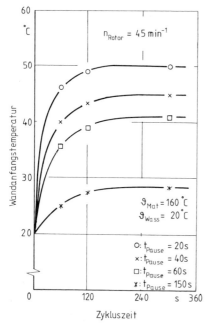

Bild 3.45 Variation der Zykluszeit

Trägt man, wie in Bild 3.45 beispielhaft für einen GK-110 E geschehen, die quasistationäre Wandtemperatur über der Zykluszeit auf, so stellt man fest, daß diese für praxisrelevante Zykluszeiten ≥ 60 sec nur noch von der Pausenzeit, der Drehzahl ($\triangleq$ Wärmeübergangskoeffizienten), der Materialauswurftemperatur und der Wassertemperatur abhängt.

Der Schluß liegt nahe, auch hier die Parameter möglichst in einer dimensionslosen Kenngröße zusammenzufassen. Definiert man als quasistationäre, dimensionslose Übertemperatur

$$\Theta_\infty = \frac{\vartheta_{W\infty} - \vartheta_{KW}}{\vartheta_{Mat} - \vartheta_{KW}} \tag{12}$$

so zeigt die Auswertung der Rechnerergebnisse [71], daß diese bei konstanter Drehzahl und Pausenzeit nahezu unabhängig von Kühlwassertemperatur ϑ_{KW} und Materialaus-

3.4 Einfache Hilfsmittel zur Abschätzung von Betriebsparametern am Innenmischer 65

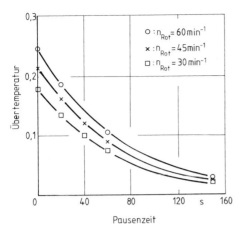

Bild 3.46 Dimensionslose, quasistationäre Wandtemperatur

wurftemperatur ϑ_{Mat} ist. Man erhält somit pro Maschinengeometrie und Wärmeübergangskoeffizient auf der Wasserseite ein Diagramm der Form $\Theta_\infty = f$ (Pausenzeit, Drehzahl). Für den GK-1,5 E ist in Bild 3.46 dieser Zusammenhang dargestellt.
Für den in Bild 3.44 gezeigten Betriebspunkt liest man mit 20 sec Pausenzeit und der Drehzahl 60 min^{-1} in Bild 3.46 für

$$\Theta_\infty = 0{,}184$$

ab. Umstellen von Gleichung (12) nach der quasistationären Wandtemperatur $\vartheta_{W\infty}$ und Einsetzen der Kühlwassertemperatur $\vartheta_{KW} = 20\,°C$ sowie der Materialendtemperatur $\vartheta_{Mat} = 115\,°C$ liefert $\vartheta_{W\infty} = 37\,°C$.
Tabelle 3.1 faßt die Versuchsergebnisse an der Labormaschine und die mit Hilfe von Bild 3.46 errechneten Wandtemperaturen zusammen. Die Pausenzeit betrug in allen Fällen 20 sec.

Tabelle 3.1 Vergleich zwischen gemessener und berechneter quasistationärer Wandtemperatur zu Beginn des Mischzyklus

Betriebsparameter GK-1,5 E				quasistationäre Wandtemperatur	
ϑ_{Wasser} °C	N_{Rotor} min^{-1}	T_{Zyklus} s	$\vartheta_{Material}$ °C	$\vartheta_{Wgemessen}$ °C	$\vartheta_{Wgerechnet}$ °C
20	40	120	93	26	31
20	60	120	115	32	37
20	40	180	97	29	32
20	60	180	117	35	38
40	60	180	127	50	56
60	60	120	133	65	73

Auf die vorgestellte Art und Weise können also recht schnell und einfach Einstellbedingungen für Temperiersysteme ermittelt werden.

3.4.4 Hinweise zur modelltheoretischen Übertragbarkeit von Betriebspunkten

Der Gedanke des „Scale-Up", das Hochrechnen von Vorgängen, die in einem kleinen Maßstab, z. B. auf einer kleinen Labormaschine, ablaufen, auf einen größeren, ist in der gesamten Verfahrenstechnik weit verbreitet und hat für sehr viele Prozesse Anwendung gefunden. Nach der allgemeinen Modelltheorie werden aus den vorhandenen oder als für wichtig erachteten Prozeßparametern dimensionslose Kenngrößen gebildet, die bei einer Übertragung von Modell auf Hauptausführung konstant zu halten sind. Die Anzahl der Kenngrößen liegt nach dem Π-Theorem fest und ergibt sich aus der Zahl der Einflußgrößen minus der Zahl der Grunddimensionen.

Dieses allgemein anwendbare Prinzip sagt aber bis zu dieser Stelle über die funktionalen Zusammenhänge zwischen den Kenngrößen noch nichts aus.

Eine Möglichkeit, diese zu ermitteln, besteht darin, systematische Versuche durchzuführen. Weiterhin können physikalisch-mathematische Modelle von Teilprozessen in dimensionsloser Form die gesuchten Zusammenhänge liefern [72].

Die Schwierigkeiten bei der theoretischen Beschreibung des Mischprozesses legten schon sehr früh den Gedanken nahe, über die Anwendung der Modelltheorie im Labor optimierte Betriebspunkte auf die Produktion zu übertragen. Eine gute Übersicht der bisher verwendeten Ansätze gibt [37]. Hiernach ergeben sich folgende Regeln für ein Scale-Up:
- einfache geometrische Ähnlichkeit,
- gleiche maximale Schubspannung,
- gleiche Gesamtscherung,
- gleiche spezifische Energie,
- gleiche Mischzeit,
- gleiche Massetemperatur,
- glciche Weissenberg- und Deborah-Zahlen,
- gleiche Gratz- und Griffiths-Zahlen.

Darüber hinaus wird in [73, 74] ein Kriterium vorgeschlagen, welches von der Dispersion der Rußagglomerate ausgeht. Dies wird aus einer statistischen Betrachtung des Zerteilens und Verteilens der Partikel hergeleitet. Untersuchungen [59] zeigen allerdings, daß die dort gewählten Randbedingungen den realen Vorgängen nur ungenügend Rechnung tragen.

Die Tatsache, daß bisher noch keine allgemeingültige Modelltheorie für Innenmischer existiert, ist vor allem darauf zurückzuführen, daß alle Ansätze nur jeweils einen Aspekt des Gesamtprozesses herausgreifen und für wesentlich annehmen. Ein umfassenderer Ansatz wird in [75] vorgeschlagen, in dem die Energiebilanz um den Mischer in die Betrachtung mit aufgenommen wird. Daß das Prinzip der „energetischen Ähnlichkeit" nicht vernachlässigt werden darf, zeigt auch die hierauf beruhende Modelltheorie für Extruder, die im Kapitel „Extrusion" eingehend erklärt wird.

Ähnlich wie dort ist am Innenmischer der Ausgangspunkt für das Scale-Up – unter Berücksichtigung der energetischen Ähnlichkeit – eine dimensionslose Energiebilanz um das Mischgut. Durch die Integration der Leistungsbilanz über der Mischzeit erhält man die Energiebilanz

$$\int_0^{t_z} \dot{E}_{\text{diss}}\, dt + \int_0^{t_z} (\dot{Q}_{\text{H, K}}\, dt) = m_B\, c_V\, (\vartheta_{\text{Aus}} - \vartheta_{\text{Ein}}) \tag{13}$$

Diese ergibt zwei dimensionslose Kennzahlen

$$\pi_1 = \frac{\int_0^{t_z} \dot{E}_{\text{diss}}\, dt}{m_B\, c_V\, (\vartheta_{\text{Aus}} - \vartheta_{\text{Ein}})} \tag{14}$$

und

$$\pi_2 = \frac{\int_0^{t_z} \dot{Q}_{H,K}\, dt}{m_B\, c_V\, (\vartheta_{Aus} - \vartheta_{Ein})}, \tag{15}$$

so daß die dimensionslose Energiebilanz lautet

$$\pi_1 + \pi_2 = 1. \tag{16}$$

Für die Übertragung liegen somit zwei Kenngrößen fest, wobei π_1 mit den viskoelastischen Eigenschaften und π_2 mit den thermischen Randbedingungen verknüpft ist. Aus der Prozeßanalyse ergeben sich zusätzliche, für das Mischergebnis bestimmende, Einflußgrößen:

ϑ_{mat}	Materialtemperatur
$\vartheta_{WandK/R}$	Wandtemperatur Kammer/Rotor
$\vartheta_{W(K/R)}$	Wassertemperatur Kammer/Rotor
α_K, α_R	Wärmeübergangskoeffizient Kammer/Rotor
N	Drehzahl
$\Phi(t)$	Füllgrad
t_z	Zykluszeit
a	Temperaturleitfähigkeit
n	Fließexponent
Geo	Geometriegrößen

Aufgrund der komplizierten Geometrie des Innenmischers lassen sich diese Einflußgrößen nicht mehr durch exponentielle Verknüpfung von Geometrieparametern, wie am Extruder noch möglich, in dimensionslose Kenngrößen überführen.

Untersuchungen an dem GK-1,5 E und dem GK-110 E [61] zeigen, daß bei Einhaltung der energetischen Ähnlichkeit eine Übertragung von einem beliebig kleinen auf einen beliebig großen Kneter nicht möglich ist. Den Nachweis liefert Bild 3.47. Hier ist über der spezifischen zugeführten elektrischen Energie die Erhöhung der spezifischen inneren Energie aufgetragen.

Nach Gleichung (14) ist der Kehrwert der Steigung der Geraden in Bild 3.47 identisch mit der Kennzahl π_1. Man entnimmt dem Diagramm sofort, daß keine Betriebspunkte existieren, für die die Forderung π_1 = konstant einzuhalten ist. Gleichzeitig ist hiermit auch erwiesen, daß eine Übertragung von Betriebspunkten grundsätzlich nur in bestimmten Größenordnungen vorgenommen werden kann.

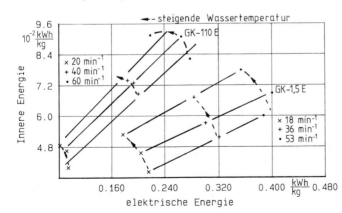

Bild 3.47 Innere Energie über elektrischer Energie

3.5 Peripherie um den Innenmischer

Zur Erzielung eines guten Mischergebnisses mit konstanter Qualität sind nicht nur Kenntnis und Beherrschung des Prozesses im Innenmischer ausschlaggebend, sondern auch die vorgeschalteten Dosiersysteme, sowie die nachfolgenden Weiterverarbeitungseinrichtungen von Bedeutung.

3.5.1 Förder- und Dosiersysteme

Bei der Vielzahl der im Einsatz befindlichen Komponenten mit unterschiedlichstem Förderverhalten und Zugabemengen kann an dieser Stelle auf Einzelsysteme und deren Vor- und Nachteile nicht eingegangen werden. Einen guten Überblick liefern [77, 78]. Grob unterschieden werden kann anhand des Aggregatzustandes der zugegebenen Stoffe in die Dosierung von Feststoffen und Flüssigkeiten.

3.5.1.1 Feststoffe

In Abhängigkeit der „Korngröße" und der Fluidität der Feststoffe kommen unterschiedliche Systeme zum Einsatz. Der meist ballenförmige Rohkautschuk wird in der Regel auf Paletten bereitgestellt und über Förderbänder, welche mit Wiegeeinrichtungen kombiniert sind, der Maschine zugeführt. Häufig ist es so, daß in der Nähe der Förderbandwaage Ballenschneideinrichtungen vorhanden sind, auf denen durch das Maschinenpersonal vor der Beschickung des Bandes die Ballen so zerteilt werden, daß das geforderte Gewicht auf der Bandwaage bereitgestellt wird. Eine Alternative ist die, daß an einer zentralen Stelle der Rohkautschuk geschnitten und in Behälter abgefüllt wird. Diese werden dann über Förderbänder oder -rollen zum Einfüllschacht des Kneters transportiert und dort ohne weiteres Abwiegen zugegeben.

Pulverförmige Feststoffe wie Ruß oder Kreide können mechanisch oder pneumatisch gefördert werden. Zuvor aber werden sie in der Regel in Groß-Silos gelagert, von wo sie in Tages-Silos abgefüllt werden, aus denen die Verwiegeeinrichtungen vor dem Kneter beschickt werden. Die wichtigsten Transportmöglichkeiten sind:
- Becherwerke,
- Bandförderer,
- Trogkettenförderer,
- Schneckenförderer,
- pneumatische Förderung.

Letztere wird unterteilt in Saug- und Druckförderung. Die wichtigsten Leistungsdaten der genannten Fördersysteme sind in Tabelle 3.2 [77] zusammengefaßt.

Wie aus der Tabelle hervorgeht, benötigt die pneumatische Förderung die höchste spezifische Antriebsleistung, zeichnet sich aber gegenüber den anderen Systemen durch erhöhte Flexibilität aus.

Zur Dosierung der Feststoffkomponenten werden überwiegend diskontinuierlich, gravimetrisch arbeitende Waagen eingesetzt. Nach [77] unterscheidet man folgende Beschickungsaggregate:
- Vibrationsrinne,
- Querschnittsregulierung im freien Fall,
- Zellenradschleuse,
- Dosierschnecke.

Diese kommen je nach Fließeigenschaften der zu dosierenden Schüttgüter zum Einsatz. So eignen sich Vibrationsrinnen gut für alle rieselfähigen, nicht schießenden Materialien,

Tabelle 3.2 Mechanische und pneumatische Transporteinrichtungen für feste Komponenten [77]

		Becherwerk	Bandförderer	Trogkettenförderer	Schneckenförderer	Pneumat. Förderung
erforderlicher Transport-Querschnitt	$\dfrac{cm^2}{m^3/h}$	50 bis 130	3 bis 30	5 bis 50	5 bis 25	1 bis 10
spezifische Antriebsleistung	$\dfrac{W}{(t/h)m}$	3 bis 10	0,5 bis 10	5 bis 50	5 bis 20	10 bis 100
maximale Länge	m	50	5000	200	50	1000
maximaler Durchsatz	t/h	>1000	10000	300	300	200
Feststoffgeschwindigkeit beim Transport	m/s	0,1 bis 2	0,4 bis 8	0,1 bis 1	0,2 bis 2	0,2 bis 15
Kostenfaktor $\dot{Q}=10\,t/h\quad l=50\,m$	%	300	100	200	130	100

welche auch mittels Querschnittsregulierung im freien Fall dosiert werden können. Im Gegensatz zur letzteren Möglichkeit kann die Vibrationsrinne auch für die Überwindung von horizontalen Strecken benutzt werden. Überwiegend kommen in der Gummiindustrie Dosierschnecken zum Einsatz, welche fast alle in Frage kommenden Schüttgüter problemlos dosieren können. Bei extrem schießenden Materialien wird der Dosierschnecke häufig eine Zellenradschleuse nachgeschaltet, weil diese Schüttgüter auch im Stillstand der Schnecke durch Spalte weiterfließen. Die eigentliche Dosieraufgabe obliegt in diesem Fall der Zellenradschleuse.

Bei der Beschickung der Waagen unterscheidet man in Grob- und Feinstromdosierung. Die Unterscheidung resultiert aus einem Kompromiß zwischen möglichst schneller Verwiegung und hoher Genauigkeit. Um den Waagenbehälter schnell zu füllen, wird zunächst bei möglichst hohem Durchsatz des Dosieraggregates 90% bis 95% des Endgewichtes zugegeben (Grobstromdosierung). Der Rest wird als Feinstrom mit verminderter Durchsatzleistung gefördert. Unabhängig vom eingesetzten Dosierverfahren besteht die Forderung, daß der Zustrom bei Erreichen des Sollgewichtes schlagartig unterbrochen werden kann. Jedes Überschreiten führt letztlich zu Chargenschwankungen.

3.5.1.2 Flüssigkeiten

Der mengenmäßige Anteil von flüssigen Mischungsbestandteilen ist bei den meisten Rezepturen relativ zum Rohkautschuk und den festen Komponenten klein. Nichts destoweniger ist auch hierbei höchste Dosiergenauigkeit erforderlich. Im Einsatz findet man bei der Flüssigkeitsdosierung das Abwiegen der erforderlichen Menge als genauestes Verfahren. Darüber hinaus gibt es die Möglichkeit der Volumenmessung, die bei schwankender Dichte allerdings leicht zu Fehlern führt. Ein anderes Verfahren ist die Durchflußmessung während einer gegebenen Dosierzeit. Die Hauptursache für Fehldosierungen bei diesem Verfahren liegt in Viskositätsschwankungen. Diese können vom Produkt selbst herrühren, aber auch durch unkontrollierte Temperaturschwankungen hervorgerufen werden.

Eine allen Dosierverfahren gemeinsame Fehlerquelle ist besonders bei sehr zähen Flüssigkeiten, daß das Dosieraggregat bei der Entleerung in den Kneter unvollständig geleert wird. Die automatische Dosierung von niedrig schmelzenden Wachsen und Paraffinen kann ebenfalls mit den Verfahren für die Flüssigkeitsdosierung vorgenommen werden.

Allerdings müssen diese Stoffe aufgeschmolzen werden und während des gesamten Vorganges im Schmelzezustand gehalten werden. Dies kann im Einzelfall zu erheblichen Problemen mit entsprechenden Fehlern führen.

3.5.1.3 Klein-Chemikalien

Wegen der zum Teil hohen Anforderungen an die Verwiegegenauigkeit werden diese Produkte überwiegend von Hand abgewogen und abgefüllt. Eine Übersicht über eingesetzte Systeme bietet [78]. So ist unterhalb eines Komponentengewichtes von 300 g eine automatische On-Line-Verwiegung nach dem heutigen Stand der Technik nicht mehr sinnvoll. Bis zu 100 g besteht die Möglichkeit, im Off-Line Betrieb automatisch bzw. teilautomatisch zu verwiegen. Sind die benötigten Komponentengrößen noch kleiner, bleibt nur noch die Handverwiegung. Allerdings befinden sich Handverwiegestationen auf dem Markt, die den heutigen Produktionsgeschwindigkeiten Rechnung tragen. Solche Systeme bestehen aus einer Vielzahl von Behältern, welche in einer Linie oder kreisförmig angeordnet sind. Bei der Befüllung der Behälter unterscheidet man in dezentrale und zentrale Sackaufschüttung. Das Produkt wird durch Öffnen von Klappen dem jeweiligen Behälter entnommen und auf verschiebbaren Waagen verwogen.

Im Sinne einer optimalen Ausnutzung und der Möglichkeit der Automatisierung solcher Stationen, ist der kreisförmigen Behälteranordnung auf Karussells der Vorzug zu geben. Zum einen resultiert hieraus die bessere ergonomische Gestaltung des Arbeitsplatzes (Abwiegen an einem Ort im Sitzen) und zweitens kann ein zentrales Füllen der Behälter, was durchaus automatisierbar ist, vorgenommen werden.

3.5.2 Nachfolgeeinrichtungen des Innenmischers

Alle Weiterverarbeitungsverfahren nach der Mischungsherstellung verlangen vorgegebene geometrische Formen, um bei der Zufuhr in Extruder, Spritzgußmaschinen, etc., einen definierten Volumenstrom zu gewährleisten. Das bedeutet, daß die unförmigen Klumpen, die den Innenmischer verlassen, zu Halbzeugen, meist Streifen oder Felle, umgeformt werden müssen. Außerdem besteht die Forderung, besonders bei beschleunigten Mischungen (Mischungen, die die Vernetzungschemikalien enthalten), möglichst schnell die Wärme zu entziehen und unterhalb einer kritischen Temperatur zu kommen, so daß im Batch keine Anvernetzung entsteht. Die relativ kurzen Mischzeiten im Kneter verlangen zudem häufig ein weiteres Homogenisieren der Mischung.

3.5.2.1 Das Walzwerk

Die genannten drei Anforderungen an Folgeaggregate zum Kneter – Abkühlen, Nachhomogenisieren und Fellausformung – werden am besten von Walzwerken erfüllt. Das Walzwerk befindet sich direkt unterhalb des Auswurfschachtes des Innenmischers und wird in der Regel im freien Fall beschickt. Walzwerke bestehen aus zwei horizontal nebeneinander angeordneten Walzen. Übliche Walzendurchmesser liegen zwischen 400 und 850 mm, bei Walzlängen (Ballenlänge) zwischen 1000 und 3000 mm. Die Motorleistung variiert von 25 kW bis 45 kW [79]. Die Verweilzeit auf dem Walzwerk ist verknüpft mit der relativ kurzen Taktzeit des Kneters, so daß zur Unterstützung der Wärmeabfuhr aus der Mischung (schon recht gut durch die große Oberfläche) die Walzen mit Kühlsystemen ausgerüstet sind. Üblicherweise wird eine Sprühkühlung eingesetzt. Bei höheren Anforderungen an die Kühlleistung wird die felltragende Walze peripher gebohrt.

Zur Erzielung einer weiteren Verbesserung der Homogenität der Mischung muß zusätzlich Scherung eingebracht werden. Diese beeinflußt hauptsächlich das dispersive Mischen.

Außerdem ist ein distributives und laminares Mischen notwendig. Auf einem Walzwerk hängt die Scherung, welche das Mischgut erfährt, im wesentlichen von der Walzenspaltweite, der Drehzahl, dem Drehzahlunterschied zwischen vorderer und hinterer Walze (Friktion) und der Verweilzeit ab. Aus diesem Grund sind Walzwerke mit einer Einstellmöglichkeit für die Spaltweite ausgerüstet. Die überwiegende Zahl der Walzwerke besitzt feste Friktionsverhältnisse (1,1 bis 1,2), weil aus Kostengründen ein Motor über Reduktionsgetriebe beide Walzen antreibt. Erst in jüngster Zeit kommen hydraulische Antriebe zum Einsatz, welche eine wesentlich höhere Flexibilität und mehr Stellmöglichkeiten besitzen.

Distributives und laminares Mischen finden überwiegend im sogenannten Knet oder Wulst statt. Dieser bildet sich oberhalb des Walzenspaltes und ist eine Folge von Wirbelbildung im Einlaufbereich in den Spalt (zur Erklärung siehe Abschnitt 3.2.2). Hier findet eine ständige Umlagerung der Mischung statt. Zusätzlich werden in diesem Bereich hohe Dehnströmungen erzeugt.

Zur Unterstützung des distributiven Mischens sind die Walzwerke mit einem sogenannten „Stockblender" ausgerüstet. Dieser ist ein zweites Walzenpaar mit deutlich kleinerem Durchmesser als die Hauptwalzen und befindet sich über der felltragenden Walze. Senkrecht zur Achse dieses Walzenpaares sind zwei Führungsrollen angeordnet, die über eine Spindel in axialer Richtung des Walzwerkes verfahren werden können. Nachdem sich auf der Hauptwalze das Fell ausgebildet hat, wird dieses entweder als Ganzes oder teilweise in Form eines Streifens zwischen den Führungsrollen dem Stockblender zugeführt. Hierbei bildet sich zwischen den oberen Walzen kein Knet, sondern die Walzen dienen lediglich als Umlenkung und Transporteinrichtung. Hinter dem Stockblender wird der Streifen dem Spalt zwischen den Hauptwalzen wieder zugeführt. Diese zusätzliche Oberflächenvergrößerung verbessert die Wärmeabfuhr, außerdem wird durch das axiale Verfahren der Führungsrollen eine Mischgutumverteilung über der Walzenlänge erreicht. Dies führt zu einer deutlichen Erhöhung der distributiven Mischwirkung eines Walzwerkes. Nach Ablauf der Verweilzeit auf der Walze wird die Mischung entweder in Streifenform oder als Fell (ca. 80 cm breit) abgenommen. Dies geschieht mit Hilfe von Rundmessern, die an die felltragende Walze hydraulisch oder pneumatisch angelegt werden.

Neben Walzwerken werden in der Gummiindustrie andere Folgemaschinen unter dem Innenmischer verwendet. Hier sind besonders die Extruder-Roller-Die-Anlagen, Slab-Extruder und Pelletizer zu nennen. Aufbau und Funktion dieser Maschinen sind in Kapitel 4 beschrieben.

3.5.2.2 Batch-Off-Anlage

Bevor die Mischung zur Weiterverarbeitung den Mischraum verläßt, ist ein letzter Arbeitsgang notwendig. Da die Chargen in der Regel zwischengelagert werden, ist darauf zu achten, daß die üblicherweise in Wig-Wag-Form abgelegten Felle nicht verkleben. Hinzu kommt, daß besonders bei Schwefelvernetzungssystemen die noch vorhandene Restwärme entzogen wird. Dies ist wichtig zu beachten, da bei solchen Vernetzungssystemen die Vernetzungsreaktion auch bei leicht erhöhter Temperatur abläuft. Bedingt durch die schlechte Wärmeleitfähigkeit der Mischungen ist im Innern des in Gitterboxen abgelegten Materials über relativ lange Zeiträume mit Temperaturen oberhalb der Raumtemperatur zu rechnen. In den äußeren Schichten dagegen liegt Umgebungstemperatur vor. Die Folge können unterschiedliche Vorvernetzungen im Batch sein, die sich nachteilig auf die Qualität der Weiterverarbeitung auswirken.

Um diese Nachteile zu vermeiden, wird das vom Walzwerk ablaufende Fell durch eine sogenannte „Batch-Off" geführt. Es durchläuft zunächst ein Wasserbad, das mit Trennmittel versetzt ist. Hierdurch wird die Klebrigkeit herabgesetzt. Danach wird das Fell einem

Kettenförderer, welcher mit Querstäben versehen ist, zugeführt. In Endlosschlaufen durchläuft das Fell die Maschine und wird dabei von seitlich angeordneten Ventilatoren angeblasen und somit abgekühlt und getrocknet. Am Ende wird es dann in der schon erwähnten Wig-Wag-Form in Gitterboxen oder auf Paletten abgelegt und der Weiterverarbeitung zugeführt.

Literatur

[1] *Lüpfert, S.:* Möglichkeiten des Minimierens der Zahl von Mischungen. In: Der Mischbetrieb in der Gummi-Industrie. VDI-Gesellschaft Kunststofftechnik, Düsseldorf, 1984, S. 49.
[2] *Rohde, E., Michel, W.:* Die Rohstoffpalette in der Gummi-Industrie und ihre technologischen Konsequenzen für den Mischbetrieb. In: Der Mischbetrieb in der Gummi-Industrie. VDI-Gesellschaft Kunststofftechnik, Düsseldorf, 1984, S. 25.
[3] *Müller, D., Bühler-Miag, Maire, U.:* Automation von Kautschukmischanlagen. Kautsch. Gummi Kunstst. 37 (1984), 10, S. 869–873.
[4] *Evans, C. W.:* Verarbeitung von Pulverkautschuken. Gummi Asbest Kunstst. 30 (1977), 8, S. 488–496.
[5] *Lehnen, J. P.:* Neue Fertigungsverfahren zur Herstellung technischer Gummiwaren aus Pulverkautschuk. Kautsch. Gummi Kunstst. 31 (1978) 1, S. 25–33.
[6] *Ryne, J. R.:* Production and Processing of Powdered Rubber, Part 1 und 2. Plast. Rubber Int. 3, No. 5.
[7] *Lehnen, J. P.:* Die Bedeutung der Pulverkautschuk-Technologie für die technische Gummiwaren-Industrie. Vortrag während der Tagung „Powdered Rubbers", April 1978, Southampton, England.
[8] *Nakajima, N., Kumler R., Harrell, E. R.:* Effect of Pressure and Shear on Compaction of Powdered Rubber with Carbon Black. Rubber Chem. Techn. 58, (1985), S. 392–406.
[9] *Hold, P.:* Continuous Mixer with Counter-Rotating Non-Intermeshing Rotors. Adv. Polym. Tech. 4 (1984) 3/4, S. 281.
[10] *Schnottale, P.:* Der Einsatz des Buss-Ko-Kneters für die kontinuierliche Herstellung von Kautschukmischungen. Kautsch. Gummi Kunstst. 38 (1985), S. 116–121.
[11] *Schmid, H.-M.:* Qualitäts- und Produktivitätsverbesserungen im Innenmischer. In: Der Mischbetrieb in der Gummi-Industrie. VDI-Gesellschaft Kunststofftechnik, Düsseldorf, 1984, S. 61.
[12] *Freakley, P. K.:* Rubber Processing and Production Organization. Plenum Press, New York, London, 1985.
[13] *Lehnen, J. P.:* Technologischer und wirtschaftlicher Stand der Kautschuk-Mischtechnik und Aspekte für die Zukunft. Kautsch. Gummi Kunstst. 38 (1985) 7, S. 621–627.
[14] *Wiedmann, W. M., Schmid, H.-M.:* Optimierung tangierender und ineinandergreifender Rotorgeometrien von Gummiknetern. Kautsch. Gummi Kunstst. 34 (1981) 6, S. 479–488.
[15] *Schmid, H.-M.:* Maschinen für das Aufbereiten und Verarbeiten von Qualitätsmischungen für technische Gummiwaren. Kunststoffe 72 (1982) 7, S. 395.
[16] Hochleistungsinnenmischer, Peripherie – Technik – Mischerlinien. Firmenschrift Werner & Pfleiderer, Freudenberg, 1986.
[17] Persönliche Auskunft von Mitarbeitern der Firma Werner & Pfleiderer, Freudenberg.
[18] *Shaw, F. et al.:* Controlling Mixers – The Key to a More Competitive Rubber Industry? Dutch Rubber Institute Conference, 1986, Delft.
[19] *Schmidt, R.:* Ermittlung von Innovations- und Rationalisierungspotential in der Kautschukindustrie. Studienarbeit am IKV, Aachen, 1987.
[20] *Nakajima, N.:* Energy Measures of Efficient Mixing. Rubber Chem. Techn. 55 (1982) 3, S. 931.
[21] *Palmgreen, H.:* Processing Conditions in the Batch-Operated Internal Mixer. Rubber Chem. Techn. 48 (1975).
[22] *Dolezal, P. T., Johnson, P. S.:* Contribution of Power Profiles to Mixing Efficiency. Rubber Chem. Tech. 53 (1980), S. 252–269.
[23] *Dizon, E.:* The Processing of Filler-reinforced Rubber. Rubber Chem. Tech. 50 (1977), S. 765.

[24] *Cotten, G.:* Mixing of Carbon Black with Rubber – Measurement of Dispersion Rate by Change in Mixing Torque. Rubber Chem. Tech. 57 (1984), S. 118–133.
[25] *Cotten, G.:* Mixing of Carbon Black with Rubber. – III. Analysis of the Mixing Torque Curve. Kautsch. Gummi Kunstst. 38 (1985) 8, S. 705–709.
[26] *Raimann, G.:* Erfassung der Leistungsgrößen an unterschiedlichen Innenmischern für Kautschuk. Studienarbeit am IKV, Aachen, 1987.
[27] *Freakley, P., Wan Idres, W.:* Visualization of Flow During the Processing of Rubber in an Internal Mixer. Rubber Chem. Tech. 53 (1979), S. 134.
[28] *Min, K., White, J. L.:* Flow Visualization Investigations of the Addition of Carbon Black and Oil to Elastomers in an Internal Mixer. Rubber Chem. Tech. 60 (1986) 5, S. 1024.
[29] *White, J. L., Dibachi, F., Suetsugu, Y., Christopher:* Flow Patterns in Front of Inserts in Cuette Flow of Polymer Melts: A Model Internal Mixer. J. Polym. Eng. 5 (1985) 1, S. 49–65.
[30] *Min, K., White, J. L.:* Flow Visualization Investigations of the Addition of Carbon Black and Oil to Elastomers in an Internal Mixer. Rubber Chem. Tech. 60 (1987) 2, S. 361.
[31] *Küsters, C.:* Untersuchungen zu den Möglichkeiten einer qualitativen Beschreibung des Mischprozesses im Innenmischer. Studienarbeit am IKV, Aachen, 1987.
[32] *Michaeli, W.:* Das Mischen von Kautschuk und Zuschlagstoffen. In: Der Mischbetrieb in der Gummi-Industrie. VDI-Gesellschaft Kunststofftechnik, Düsseldorf, 1984.
[33] *Löhr, D., Damky, W.:* Mischen in der viskosen Phase. In: Mischen von Kunststoffen. VDI-Gesellschaft Kunststofftechnik, Düsseldorf 1983.
[34] *Wagenknecht, Meißner, K., Bothmer, D., Reher, E. O., Poltersdorf:* Zur Modellierung von Strömungsvorgängen im Innenmischer unter Beachtung nicht-newtonscher Werkstoffeigenschaften. Plaste Kautsch. 34 (1987) 6, S. 238.
[35] *Meißner, K., Bergmann, J., Reher, E. O.:* Über den Mischprozeß im Innenmischer unter Beachtung viskoplastischer Werkstoffeigenschaften. Plaste Kautsch. (1980) 3, S. 147.
[36] *Meißner, K., Reher, E. O.:* Zur Modellierung des Mischprozesses hochviskoser Medien im Innenmischer. Plaste Kautsch. (1979) 5, S. 272–275.
[37] *Freakley, P. K.:* Internal Mixing: A Practical Investigation of the flow and Temperature Profiles During an Mixing Cycle. Rubber Chem. Tech. 58 (1985), S. 751–773.
[38] *Funt, J. M.:* Rubber-Mixing – Internal Mixer, Chap. 5. RAPRA Report (1977), S. 43.
[39] *Unkrüer, W.:* Beitrag zur Ermittlung des Druckverlaufes und der Fließvorgänge im Walzenspalt bei der Kalanderverarbeitung von PVC-hart zu Folien. Dissertation an der RWTH Aachen, 1970.
[40] *Eley, D. D.:* Theory of Rolling Plastics (Calculation of Roll Pressure and Thermal Effects). J. Polym. Sci. 1 (1946) 6.
[41] *Gaskell, R. E.:* The Calendering of Plastic Materials. Appl. Mech. (1950).
[42] *Bergen, J. T., Scott, J. R.:* Pressure Distribution in the Calendering of Plastic Materials. J. Appl, Mech. (1951).
[43] *Gontscharow, Modnow, S. I., Gochberg, G. S., Bekin, N. G.:* Untersuchung des viskoelastischen Verhaltens von Kautschukmischungen bei ihrer Verarbeitung auf Walzenmaschinen. Plaste Kautsch. 30 (1983) 7, S. 394–396.
[44] *Kopsch, H.:* Kalandertechnik. Hanser, München, Wien, 1978.
[45] *Markert, J.:* Einfluß auf die Molekülstruktur auf Misch- und Verformungseigenschaften einiger Synthesekautschuke. Kautsch. Gummi Kunstst. 34 (1981) 4, S. 269–275.
[46] *Mills, W.:* Compound Processibility and Molecular Weight Distribution of SBR. Rubber Chem. Tech. 49 (1976).
[47] *Smith, B. R.:* Measurement of Molecular Weight Distribution of SBR and Prediction of Rubber Processibility. Rubber Chem. Tech. 49 (1976).
[48] *Nagdi, K.:* Gummiwerkstoffe – Ein Ratgeber für Anwender. Vogel, Würzburg 1981.
[49] *Hess, W. M., Swor, R. A., Miclk, E. J.:* The Influence of Carbon Black, Mixing and Compounding Variables on Dispersion. Rubber Chem. Tech. 57 (1984) 5, S. 959.
[50] *Roebuck, H., Moult, B.:* Dispersion of Accelerator Particles. Kautsch. Gummi Kunstst. 38 (1985) 6, S. 510.
[51] *Brennan, J. J., Jermyn, T. R., Boonstra, B. B.:* Über die Wechselwirkung zwischen Rußen und Polymeren während des Mischens. Gummi Asbest Kunstst. 18 (1965).
[52] *Büng-Lin, Lee:* Progress in Multiphase Rubber Processing-Controlled-Ingredient-Distribution Mixing. Polym. Eng. Sci. 25 (1985), S. 729.

[53] *Lee, M. C. H.:* The Effects of Degree of Mixing and Concentration of Carbon Black of the Tensile Properties of Filles Elastomers. Polym. Eng. Sci. 25 (1985), S. 909.
[54] *Sture Perssen:* Dispersion of Carbon Black. Polym. Test. 4 (1984).
[55] *Myers, F. S., Newell, S. W.:* Use of Power Integrator and Dynamic Stress Relaxometer to Shorten Mixing Cycles and Establish Scale-Up Criteria for Internal Mixers. Rubber Chem. Tech. 51 (1977).
[56] *Cotten, G.:* Mixing of Carbon Black with Rubber; II. Mechanism of Carbon Black Incorporation. Rubber Chem. Tech. 57 (1984) 1, S. 118.
[57] *Buskirk, B.:* Practical Parameters for Mixing. Rubber Chem. Tech. 48 (1975).
[58] *Schmid, H.-M.:* Optimieren des Mischprozesses im Innenmischer. Kautsch. Gummi Kunstst. 35 (1982) 8, S. 674–680.
[59] *Appelhaus, P.:* Überprüfung eines Modells zur Beschreibung der Dispersion von Ruß an einem Elastomer. Studienarbeit am IKV, Aachen, 1987.
[60] *Chohan:* Dispersive Mixing in a Laboratory Internal Mixer. Interner Bericht, IKV, Aachen, 1987.
[61] *Sunder, J.:* Untersuchungen zur Übertragbarkeit von Betriebspunkten an Innenmischern unterschiedlicher Größe. Diplomarbeit am IKV, Aachen, 1987.
[62] *Jentsch, J., Unger, C.:* Kautschukmischen im Innenmischer; V. Zur Bestimmung der Homogenität von Kautschukmischungen. Plaste Kautsch. 30 (1983) 9, S. 515–517.
[63] *Bolen, W., Colwell, R.:* SPE ANTEC 14 (1958), S. 1004.
[64] *Wiedmann, W. M., Schmid, H.-M., Koch, H.:* Rheologisch-thermisches Verhalten von Gummiknetern. Kautsch. Gummi Kunstst.
[65] *Guber, F.:* Soviet. Rub. Tech. 25 (1966) 9, S. 30.
[66] *Jentsch, J., Michael, H., Flohrer, J.:* Kautschukmischen im Innenmischer; III. Zusammenhang zwischen Temperaturentwicklung und Leistungsaufnahme beim Mischen im Innenmischer. Plaste Kautsch. 30 (1983) 4, S. 216–219.
[67] *Sunder, J.:* Analyse des zeitlichen Verhaltens der Innenwandtemperatur eines Innenmischers. Studienarbeit am IKV, Aachen, 1987.
[68] *Tautz, H.:* Wärmeleitung. Springer, Berlin, Heidelberg, New York, 1972.
[69] VDI-Wärmeatlas. VDI Verlag, Düsseldorf.
[70] *Jepson, C. H.:* Ind. Eng. Chem. 45 (1953).
[71] *Raiman, G.:* Erstellung und Erprobung eines Konzepts zur Minimierung von Anfahreffekten an Innenmischern. Diplomarbeit am IKV, Aachen 1988.
[72] *Pawlowski, J.:* Die Ähnlichkeitstheorie in der physikalisch-technischen Forschung. Springer, Berlin, Heidelberg 1971.
[73] *Manas-Z., Tadmor, Z.:* Scale-up of Internal Mixers. Rubber Chem. Tech. 57 (1983), S. 583–620.
[74] *Manas-Z., Nir, A., Tadmor, Z.:* Dispersive Mixing in Internal Mixers – a Theoretical Model Based on Agglomerate Rupture. Rubber Chem. Tech. 55 (1982), S. 1250–1285.
[75] *White, J. L.:* Rheological and Energetic Considerations of the Fluid Dynamics and Scale-up of Mixing Small Particles into Polymer Melts in an Internal Mixer. Polym. Eng. Sci. 19 (1979), S. 818–823.
[76] *Bird, Steward:* Transport Phenomena Lightfoot. Wiley, New York, 1960.
[77] *Krambock, W.:* Fördern und Dosieren von Kautschuk, Füllstoffen und Weichmachern. In: Der Mischbetrieb in der Gummi-Industrie. VDI-Gesellschaft Kunststofftechnik, Düsseldorf, 1984.
[78] *Hoppe, H.:* Dosieren kleiner Schüttmengen zum Rationalisieren beim Rezeptverwiegen. In: Der Mischbetrieb in der Gummi-Industrie. VDI-Gesellschaft Kunststofftechnik, Düsseldorf, 1984.
[79] *Lehnen, J. P.:* Kautschukverarbeitung. Vogel-Fachbuch Technik – Fertigung. Vogel, Würzburg, 1983.
[80] *Grajewski, F.:* Untersuchungen zum thermodynamischen und rheologischen Verhalten von diskontinuierlichen Innenmischern zur Kautschukaufbereitung. Dissertation an der RWTH Aachen, 1988.

4 Extrudieren von Elastomeren

Dr.-Ing. Andreas Limper

Man kann davon ausgehen, daß der überwiegende Anteil der Kautschukmischungen im Laufe ihrer Verarbeitung einmal extrudiert wird. Neben der Extrusion von Halbzeugen (z. B. Laufstreifen in der Reifenindustrie) oder Fertigprodukten (z. B. Dichtprofil) werden nämlich in der Aufbereitung in vielen Fällen Extruder, z. B. zur Fellausformung oder zum Pelletisieren, eingesetzt.

Praktisch mit dem Beginn der Kautschukverarbeitung überhaupt bediente man sich der vielseitigen Schneckenmaschinen. In diesem Kapitel sollen daher verschiedene Extruderkonzepte dargestellt und die unterschiedlichen Typen von Extrusionslinien aufgezeigt werden. Eine detaillierte Beschreibung der im Extruder ablaufenden Prozesse sowie Ansätze zu deren Beschreibung befinden sich in Kapitel 5.

4.1 Extruder

Die Charakteristika eines Kautschukextruders zeigt Bild 4.1. Neben einer Wassertemperierung, welche Wassertemperaturen bis ca. 140° zuläßt, da sie in der Regel für einen Druck bis 6 bar ausgelegt ist, ist vor allem die Speisewalze ein Merkmal dieser Maschine. Zum guten Materialeinzug, in erster Linie der Streifen, ist diese Vorrichtung unverzichtbar. Wie in Kapitel 5 näher ausgeführt, kann auch die Speisewalzentemperatur beeinflussend für den Extrusionsprozeß sein. Daher wird bei Extrudergrößen ab Schneckendurchmesser 90 mm oft eine temperierte Speisewalze eingesetzt. Die Temperierung der Einzugszone erfolgt oft, im Gegensatz zu den anderen Zylinderzonen, durch eine offene Temperierung (im einfachsten Fall durchlaufendes Wasser), welche keine Möglichkeit des Aufheizens dieser Zone bietet. Der Maschinenführer steuert die Einzugszonentemperatur dann über die Durchflußmenge des Wassers. Die in Kapitel 2 erläuterte Fließgrenze einiger Kau-

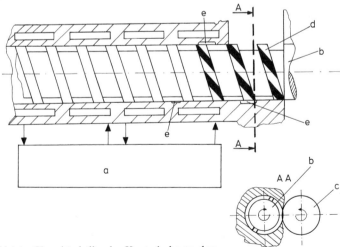

Bild 4.1 Charakteristika des Kautschukextruders
a Wassertemperiersystem, b Schnecke, c Speisewalze, d Überschneidungen der Schneckenstege, e Wendeltasche

4 Extrudieren von Elastomeren

tschukmischungen führt bei der Verarbeitung des Materials auf Schneckenmaschinen zu Problemen. Da die Schubspannung über der Höhe des Schneckenkanals nicht gleichmäßig ist, kann es in einigen Anwendungsfällen zu einem örtlichen Unterschreiten der Fließgrenze kommen (siehe auch Kapitel 5). Hierdurch werden Teilbereiche des Materials nicht geschert und somit nicht durch Friktion, sondern durch reine Wärmeleitung erwärmt. Aufgrund der schlechten Wärmeleitfähigkeit des Kautschuks geht dieser Prozeß allerdings nur sehr langsam vonstatten. Auf der anderen Seite besitzen Kautschukextruder, um das Material örtlich nicht zu überhitzen (Gefahr des Anvernetzens), relativ tief geschnittene Schnecken (Gangtiefe ca. 0,2 × Schneckendurchmesser).

Vor allem bei hochviskosen Mischungen (z. B. Naturkautschuk) und großen Extruderdimensionen ist daher die Extrusion, ausgehend von kaltem Aufgabematerial (sog. Kaltfütter-Extrusion), bei akzeptablen Leistungen nicht möglich. Die in solchen Fällen entstehenden „kalten Kerne" führen zu einem ungleichmäßigen Quellen des Materials am Werkzeugaustritt, so daß bei akzeptabler Produktqualität nur mit sehr kleinen Leistungen gefahren werden kann.

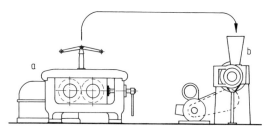

Bild 4.2 Prinzip der Warmfütterextrusion
a Walzwerk, *b* Extruder

Diese Probleme führten zu dem Konzept des warmgefütterten Extruders (Bild 4.2). Hierbei übernimmt ein sogenanntes Vorwärmwalzwerk die Aufgabe, das Material gleichmäßig auf ca. 60 bis 80 °C zu erwärmen, so daß dem Extruder ein Material zugeführt wird, dessen Fließgrenze nur noch sehr klein ist. Da die Schnecke nun die Arbeit des Plastifizierens nicht zu bewältigen hat, kann sie sehr tief geschnitten sein. Derartige „Warmfütterextruder" waren lange Zeit Stand der Technik. Die Schneckenlänge variiert hier zwischen 3 und 6 D, wegen der relativ kurzen Schneckenlänge reagieren diese Maschinen empfindlich auf Fütterschwankungen.

Warmfütterextruder sind heute fast gänzlich durch Kaltfütterextruder verdrängt worden (s. u.), welche kein Vorwärmwalzwerk benötigen und daher wesentlich wirtschaftlicher arbeiten. Heute sind warm gefütterte Extruder nur noch da im Einsatz, wo ohnehin vorgewärmte Mischungen weiterzuverarbeiten sind, etwa als Austragsextruder unter Innenmischern. In Einzelfällen werden sie außerdem zur Extrusion schwerer Profile oder von Laufstreifen eingesetzt (hohe Durchsatzmenge). Kaltfütterextruder sind grundsätzlich länger – etwa 12 bis 15 D –, bzw., falls eine Vakuumzone integriert ist, 16 bis 24 D. Die größere Schneckenlänge reicht jedoch bei größeren Extrudern, deren Schnecken eine große Gangtiefe besitzen (etwa 0,15 bis 0,2 × D), nicht zu einer gleichmäßigen Plastifizierung des Materials aus. Es hat daher eine Vielzahl von Mischteilentwicklungen gegeben, von denen einige in Bild 4.3 aufgezeigt sind. Beim sog. *Troester*-Mischteil (siehe auch Kapitel 5) sind die konventionellen Schneckengänge, welche eine „normale" Gangtiefe und Gangsteigung besitzen, mehrfach (in der Regel 6-fach) mit Schneckengängen kleinerer Gangtiefe und hoher Gangsteigung überschnitten. Der Volumenstrom wird hierbei in Teilströme aufgeteilt, welche partiell auf den Überschneidungen hohen Scherbeanspruchungen unterliegen.

Ein weiteres übliches Mischelement stellt das sogenannte *Maillefer*-Element dar, bei dem der normale Schneckengang durch einen Gang höherer Gangsteigung ergänzt wird. Hier-

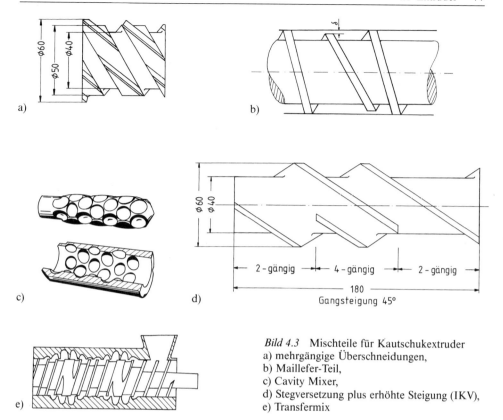

Bild 4.3 Mischteile für Kautschukextruder
a) mehrgängige Überschneidungen,
b) Maillefer-Teil,
c) Cavity Mixer,
d) Stegversetzung plus erhöhte Steigung (IKV),
e) Transfermix

durch ändern sich die Gangvolumina ständig in der Weise, daß das Material gezwungen wird, über den beide Gänge trennenden Schneckensteg zu treten. Je nach Spaltweite zwischen diesem Steg und dem Zylinder kann nun eine hohe Scherbeanspruchung in das Material eingebracht werden.

Bei dem sogenannten Cavity-Transfer-Mixer (CTM) wird das Material gezwungen, stets zwischen halbkugelförmigen Vertiefungen auf der Schnecke und im Zylinder hin- und herzuströmen, was eine intensive Stromteilung und Umlegung bewirkt. Ein Nachteil dieses Systems ist jedoch, daß es nicht selbstreinigend ist.

Ein neues Konzept des Instituts für Kunststoffverarbeitung, Aachen, (IKV, [1]) sieht eine Stromteilung durch teilweise mehrgängige Schneckenzonen vor, die derartig angeordnet sind, daß die Schneckenstege stets die Strömung an den Übergabestellen zerteilen (siehe Bild 4.3). Die Mischwirkung wird hier durch eine Verstärkung der Querströmung (Strömung senkrecht zu den Schneckenstegen, siehe Kapitel 5) durch hohe Gangsteigungen erzielt. Obwohl dieses Mischteil im Labor gute Ergebnisse hinsichtlich Selbstreinigung und Mischgüte erzielte, steht eine praktische Erprobung größeren Ausmaßes noch aus.

Ähnlich dem CTM-Mischteil ist das Prinzip des Transfermix-Extruders. Die Schneckengänge alternieren über der Schneckenlänge in der Gangtiefe, wobei in den Zylinder Nuten eingebracht sind, die analog zum Schneckengang dort tief sind, wo die Schneckengangtiefe klein ist, und umgekehrt. Hierdurch wird das Material stets vom Zylinder zur Schnecke und zurück „transferiert". Die Mischwirkung derartiger Extruder ist gut, allerdings ist auch hier die mangelnde Selbstreinigung nachteilig.

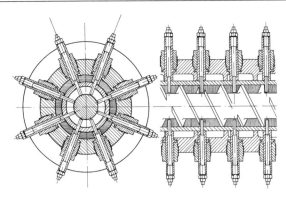

Bild 4.4 Stiftextruder

Die konsequente Weiterentwicklung der Schneckenmischteile zeigte, daß mit Mischelementen allein die Extrusion vor allem hochviskoser Kautschuktypen auf Extrudern größeren Durchmessers nicht möglich ist. Die Konsequenz war die Entwicklung des Stiftextruders, bei welchem Stifte vom Zylinder bis zum Schneckengrund reichen (siehe Bild 4.4). Die Folge ist eine ständige Stromteilung. Auf der anderen Seite werden aber auch gerade hochviskose Materialschichten (also z. B. ein nicht plastifizierter „kalter Kern" im Schneckengang) von den Stiften erfaßt und zu langen Fäden großer Oberfläche ausgezogen. Da der freie Strömungsquerschnitt im Bereich der Stifte praktisch nicht verändert ist (denn die Schneckenstege sind an diesen Stellen ja unterbrochen), ist außerdem eine zusätzliche Dissipationserwärmung im Stiftbereich nicht vorhanden. Da die Mischwirkung durch ein Ausziehen quer zur Förderrichtung erzeugt wird, werden Stiftextruder auch QSM-Extruder genannt (Querstrom-Mischextruder).

Mit diesen Maschinen sind auch bei kaltgefütterter Fahrweise nahezu die Durchsatzleistungen der anfangs erwähnten Warmfütterextruder erreichbar, weshalb sie sich einen breiten Anwendungsbereich erschlossen haben. Im Schneckendurchmesserbereich D > 90 mm sind Stiftextruder in einigen Produktbereichen (vor allem technische Gummiwa-

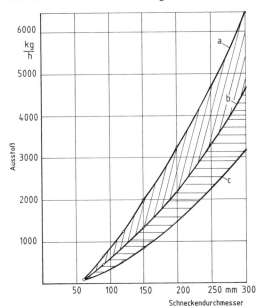

Bild 4.5 Durchsatzleistungen für Kautschukextruder
a leicht verarbeitbare Mischung, Stiftextruder, *b* schwer verarbeitbare Mischung, Stiftextruder; leicht verarbeitbare Mischung, konventioneller Extruder, *c* schwer verarbeitbare Mischung, konventioneller Extruder

ren) als Standard, andere Extruderkonzepte als die Ausnahme anzusehen. In Bild 4.5 sind die Durchsatzleistungen konventioneller und Stiftextruder für verschiedene Extruderdimensionen gegenübergestellt.

4.2 Werkzeuge

Entsprechend der Produktvielfalt finden sich bei der Kautschukextrusion verschiedenartigste Werkzeugformen. Die einfachste und verbreitetste Form ist die sogenannte Spritzscheibe (Blendenwerkzeug), bestehend aus einem Düsenkörper (Stammwerkzeug) mit einfach und schnell auswechselbarer Düsenplatte, welche entsprechend der Profilkontur durchbrochen ist [2] (Bild 4.6). Der Vorteil dieses Werkzeugs besteht in seinen sehr geringen Fertigungskosten. Der Wechsel der Düsenplatte kann außerdem sehr schnell und unkompliziert erfolgen und wird in einigen Betrieben automatisch während der Extrusion vorgenommen, z. B. durch Kassettenschieber.

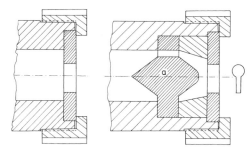

Bild 4.6 Blendenwerkzeug
a Verdrängerkörper

Nachteilig ist der hohe Einfahraufwand der Werkzeuge. Außerdem ist das Nacharbeiten des Werkzeuges, welches im Erweitern einzelner Düsenabschnitte, in der Verkürzung von Fließlängen oder dem Einbau von Strömungshindernissen besteht, eine Kunst, die nur wenige Werkzeugmacher beherrschen. Entsprechend hoch ist die Abhängigkeit der Produktion von dieser relativ kleinen Personengruppe. Im Dauerbetrieb können Anvernetzungen in Totwassergebieten zu Schwierigkeiten führen. Wohl das verbreitetste Problem ist das Loslösen einzelner vernetzter Partikel, welche sich dann auf der Profiloberfläche als Stippen bemerkbar machen.

Bei höheren Ausformgeschwindigkeiten werden aus Gründen der Betriebssicherheit Werkzeuge mit kontinuierlichem Übergang eingesetzt. Bild 4.7 zeigt ein solches Werkzeug am Beispiel eines Breitschlitzkopfes für eine Roller-Head Anlage. Eine in der Kautschukextrusion weit verbreitete Vorgehensweise ist es, Einsatzstücke („Paßstücke") in das Werk-

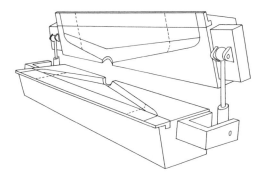

Bild 4.7 Roller-Die-Werkzeug [2]

zeug einzulegen oder die Spritzleisten („Lippen") des Werkzeuges auszutauschen. Dies wird praktiziert, wenn z. B. weniger breite oder dickere/dünnere Bahnen extrudiert werden sollen, oder wenn Mischungen mit stark verändertem Fließverhalten verarbeitet werden [3, 4].

Eine weitere Besonderheit bei der Kautschukextrusion ist es, daß Werkzeuge bei Mischungswechsel oft hydraulisch aufklappbar sind, und dabei über Auswerfersysteme beispielsweise auch der Inhalt eines Breitschlitzkopfes ausgeworfen werden kann [4]. Nach abgeschlossener Reinigung bzw. nach dem Austausch von Lippen oder Paßstücken wird das Werkzeug dann hydraulisch verschlossen und mechanisch verklammert.

Weiterhin sind im Bereich der Schlauchherstellung und Kabelummantelung vielfach Pinolenwerkzeuge im Einsatz. Das Thema Coextrusion gehört bei der Kautschukextrusion schon seit Jahren zum Stand der Technik. Neben aus harten und weichen Komponenten bestehenden Profilen werden vor allem in der Reifenindustrie Coextrusionswerkzeuge zur Laufstreifenherstellung eingesetzt [5, 6, 7].

4.3 Extruder/Werkzeug-Konzepte

In der Praxis existiert eine Vielzahl spezieller Anlagentypen, welche durch die Werkzeug/Extruder-Kombination gekennzeichnet sind. Hierbei handelt es sich oft um Anlagen, die durch Anpassung von Maschine an das Produkt oder an eine Produktgruppe eine hohe Wirtschaftlichkeit gewährleisten.

4.3.1 Pelletizer

Der Pelletizer wird oft unterhalb eines Innenmischers angeordnet. Er wird mit dem Mischgut direkt beschickt, wobei die Mischungsklumpen mit einem Stempelstopfwerk in die Einzugszone gedrückt werden. Um die thermische Beanspruchung des Extrudats gering zu halten, sind die Extruder kurze, langsamdrehende Maschinen großen Schneckendurchmessers (bis 600 mm). Die Mischung wird in der Regel durch eine Lochplatte extrudiert und ausschließlich von einem rotierenden Messer „pelletisiert", d. h. in zylindrische Stücke von ca. 10 mm Länge und Durchmesser zerteilt. Um ein Zusammenbacken der Pellets zu verhindern, wird oft Talkum aufgeblasen oder mit einem flüssigen Trennmittel benetzt. Die Abkühlung der Pellets kann wegen der großen zur Verfügung stehenden Oberfläche schneller als in einer konventionellen Fellkühlanlage erfolgen, so daß die Temperaturgeschichte der dermaßen konfektionierten Compounds in der Regel kürzer ist als die vergleichbarer Mischungen, welche z. B. unterhalb eines Innenmischers mit einem Walzwerk abgekühlt werden [8].

4.3.2 Slab-Extruder

Der Slab-Extruder hat die gleiche Beschickung wie der Pelletizer, d. h. auch er ist im Anschluß an den Innenmischer angeordnet. Im Gegensatz zum Pelletizer formt er jedoch keine Stränge oder Pellets aus, sondern einen dickwandigen Schlauch. Als Werkzeug dient hier in der Regel ein Stegdornhalter [2]. Der extrudierte Schlauch wird an einer Stelle des Umfangs geschlitzt und anschließend flachgelegt. An das Werkzeug schließt sich dann eine Kühlstrecke an. Sowohl Pelletizer als auch Slab-Extruder können noch zusätzliche Lochscheiben mit Siebvorlage vor der Schneckenspitze besitzen. In diesen Fällen sieben sie Fremdpartikel oder Anvernetzungen aus der Mischung (sogenanntes „strainern").

4.3.3 Extruder – Roller Die

Diese Anlage ist ebenfalls oft unter Innenmischern zu finden. Das Werkzeug stellt hier einen Breitschlitzverteiler z. B. entsprechend Bild 4.7 dar, der jedoch ein Fell großer Dicke extrudiert. Außerdem ist das Werkzeug in seiner Außenkontur so gearbeitet, daß es dichtend in einen Walzenspalt eingefahren werden kann (siehe Bild 4.8). Die unmittelbar vor dem Werkzeug angeordneten, angetriebenen und temperierten Walzen besitzen eine eigene Schleppleistung und vermindern so den vom Extruder aufzubringenden Druck. Neben dem Einsatz zur Fellausformung unter Innenmischern sind Roller-Die-Anlagen (manchmal auch Roller-Head-Anlagen genannt) auch in anderen Anwendungsbereichen zu finden. Da der Breitschlitzverteiler eine gleichmäßige Beschickung des Walzenspalts gewährleistet, ist die Gewähr für eine gute Produkttoleranz gegeben. Da hier kein umlaufender Knetspalt im Walzeneinlauf besteht, ist es so möglich, z. B. blasenfreie dicke Bahnen herzustellen (5 bis 40 mm Dicke). In diesem Produktbereich hat sich dieses Maschinenkonzept eine dominante Marktstellung erobert. In der Reifenindustrie hat sich außerdem der Einsatz dieser Anlage zur Herstellung von Innenlinern [9] bewährt. Die Walzen werden zu diesem Zweck mit profilierten Hülsen versehen, die in kurzer Zeit gewechselt werden können. In diesem Fall ist gerade mit diesem Verfahrenskonzept die Ausformung sehr feiner Lippen möglich. Nachteile des Roller-Die-Prinzips sind die hohen Investitionskosten und die sich durch das Walzenprinzip ergebende Einengung der Produktpalette.

Bild 4.8 Roller-Die-Anlage (Werbild Troester)

4.3.4 Einwalzenkopf-Anlagen

Der Einwalzenkopf besteht aus einer Kombination von Breitschlitzdüse und Merkmalen der Roller-Die-Anlage (siehe Bild 4.9). Eine Düse sorgt hier ebenfalls für die Querverteilung des Materials, an ihrem Ende ist aber nur eine Walze angebracht, während die andere Oberfläche des Profils durch eine profilierte Leiste ausgeformt wird. Diese Leiste wird hydraulisch verklammert und ist so befestigt, daß sie nach Entlastung der Hydraulik

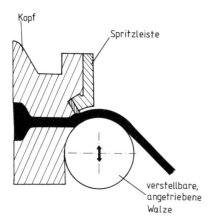

Bild 4.9 Einwalzenkopf-Anlage

leicht ausgewechselt werden kann. Hierdurch ist eine hohe Flexibilität hinsichtlich der Ausformung der durch die Leiste geformten Oberfläche gegeben. Da die Walze höhenverstellbar ist, ist außerdem eine Dickenverstellung leicht möglich. Die Schleppwirkung der Walze vermindert auch hier den Druckverbrauch des Werkzeuges. Dies führt zu höheren Ausstoßleistungen bei niedrigerer Ausstoßtemperatur (siehe Bild 4.10): hier ist der Vergleich von realisierten Massedurchsätzen und gemessenen Massetemperaturen bei Extrusion mit einem Einwalzenkalander (EWK) und einem normalen Werkzeug aufgezeichnet [9]. Die Stärken des EWK liegen eindeutig in dem guten Preis-Leistungs-Verhältnis, welches vor allem Produkte mit lang auslaufenden Spitzen und/oder großen, dicht nebeneinanderliegende Dickenunterschieden wirtschaftlich herstellen läßt [9].

Die Ausformung fasergefüllter Mischungen ist mit dem EWK-Prinzip nicht zu empfehlen; sie fordert den Einsatz der Roller-Die-Anlage.

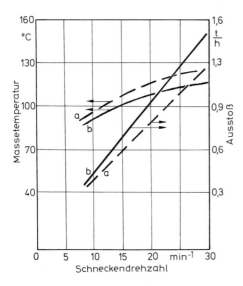

Bild 4.10 Vergleich EWK – konventionelles Werkzeug
a konventionelles Werkzeug, b EWK

4.3.5 Huckepack-Anlagen

Vor allem die Anforderungen der Reifenindustrie führten zur Entwicklung von Huckepack-Extrusionsanlagen, die aus zwei (Duplex), drei (Triplex) oder vier (Quadroplex) Extrudern bestehen (siehe Bild 4.11). Charakteristikum dieser Anlagen ist das gemeinsame Speisen eines Werkzeugkopfes durch mehrere Extruder. Da die einzelnen Materialien schon im Werkzeug unter Druck zusammengeführt werden, ist es, im Gegensatz zu konventionellen Verfahren, möglich, luft- und porenfreie Verbindungen der Schichten zu erreichen. Die Lage der einzelnen Komponenten zueinander ist durch die Werkzeuggestaltung fixiert und somit sehr genau einzuhalten. Das sehr komplexe Extrusionswerkzeug ist in der Regel hydraulisch zu öffnen und daher leicht zu reinigen. Die Trennfläche muß allerdings im Betrieb durch eine mechanische Verklammerung zugehalten werden. Trotzdem ist der Platzbedarf von Huckepackanlagen sehr gering.

Bild 4.11 Triplex-Anlage (Werkbild Troester)

4.3.6 Scherkopf-Anlagen

Der Scherkopf (siehe Bild 4.12) befindet sich noch vor dem Werkzeug, trotzdem ist er im Sinne seiner Bestimmung schon der Vernetzungsstrecke zuzurechnen. Insofern nimmt dieses Aggregat eine Sonderstellung zwischen Extrusionsanlage und Vernetzungsstrecke ein. Das Prinzip des Scherkopfs ist dadurch gekennzeichnet, daß der Extruder die Masse über einen rotierenden Dorn fördert. Die durch die Rotation eingebrachte Dissipationsenergie führt zu einer starken Temperaturerhöhung, welche bis zu 100 °C betragen kann. Einflußparameter sind neben der Dorndrehzahl die über eine externe Temperierung einstellbare Dorntemperatur, die Länge des Scherkopfes sowie die Spaltweite. Außerdem wird natürlich die mittlere Verweilzeit im Scherkopf durch den Massedurchsatz des Extruders vorgegeben [10]. Die Temperaturerhöhung im Scherkopf nimmt daher mit steigendem Massedurchsatz ab.

Scherkopfanlagen werden angefahren, indem die Dorndrehzahl bis zum Auftreten erster Anvernetzungen (erkennbar an schlechter Produktqualität) stufenweise erhöht wird. Nach

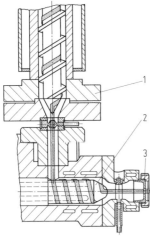

Bild 4.12 Scherkopf
links: Prinzip
1 Extruder, *2* Scherdorn, *3* Werkzeug
oben: Scherkopf-Anlage (Werkbild Krupp)

einer Drehzahlabsenkung wird dann der Prozeß stabilisiert. In der Regel ist am Scherkopf noch ein Temperaturregelkreis aufgebaut. Als Eingangsgröße dient hier die Temperatur vor der Dornspitze, der Regler regelt diese dann über die Dorndrehzahl konstant. Eine derartige Drehzahlvariation beeinflußt allerdings auch den Druckverbrauch des Scherkopfes, so daß es zu Massendurchsatzänderungen des Extruders kommen kann. Der Stellbereich des Reglers ist dabei innerhalb eines engen Bereichs um den Arbeitspunkt begrenzt.

Die Temperaturerhöhung im Scherkopf läßt in den folgenden Vernetzungsstrecken (in der Regel Heißluftkanäle, entsprechend Abschnitt 4.4.2) oftmals eine Aufheizstation (siehe Abschnitt 4.4) entfallen, so daß diese kürzer wird. Da die Energieeinleitung durch Dissipation außerdem sehr effektiv ist, ist das Scherkopf-Verfahren sehr wirtschaftlich. Durch die schon im Kopf startende Vernetzung ist außerdem die Spritzquellung bei Verwendung eines Scherkopfes gering. Das Verfahren ist besonders zur Herstellung von dickwandigen Produkten geeignet, da die Aufheizung schnell und homogen erfolgt. Nachteilig sind zum einen die höheren Investitionskosten, zum anderen die höheren Anforderungen an das Bedienungspersonal der Anlage.

4.4 Vernetzungsstrecken

Um die ausgeformte Kautschukmischung in ein dreidimensionales Netzwerk zu überführen, wird in einem abschließenden Prozeßschritt die Vernetzung (oder Vulkanisation) durchgeführt. Da dies (bis auf die u. a. Strahlenvernetzung) eine chemische Reaktion ist, ist sie wirtschaftlich nur bei höheren Temperaturen (180 bis 300 °C) zu realisieren. Der Prozeß läuft dabei in zwei Stufen ab:
1. Aufheizen auf Vulkanisationstemperatur.
2. Halten der Temperatur, bis die Reaktion weitgehend abgeschlossen ist.
In einem nachfolgenden Schritt wird das Produkt dann abgekühlt.
Für das Aufheizen des Produkts wird, ausgehend von den in Kapitel 2 genannten Stoffdaten ($C_v = 2000$ J/kg K), nur relativ wenig Energie benötigt, z. B. für eine Profillinie mit $\dot{m} = 200$ kg/h und einem $\Delta\vartheta$ von 100 °C

$$P = \dot{m} \cdot c_v \cdot \Delta\vartheta$$

etwa 11,1 kW. Installiert sind in der Regel aber bis zu 20fache Leistungen, wovon im Dauerbetrieb bis zur Hälfte benötigt wird. Wie Untersuchungen des IKV zeigen, liegen die Wirkungsgrade von Vulkanisierstrecken bei ca. 4 bis 30% [12]. Hieraus kann geschlossen werden, daß bei den Vernetzungsverfahren das Halten der Temperatur in der Strecke außerordentlich viel Energie erfordert. Die Verminderung von Energieverlusten an die Umgebung ist daher als wirksames Mittel zur Kosteneinsparung anzusehen. Wie aber z. B. in [11] verdeutlicht wird, haben kontinuierlich arbeitende Verfahren gegenüber diskontinuierlichen Verfahren (z. B. Dampfrohr, Bild 4.13) den grundsätzlichen Vorteil, höhere Wirkungsgrade zu liefern.

Die Anwendung kontinuierlich arbeitender Verfahren, bei welchen das Produkt im Durchlauf erhitzt und vernetzt wird, wird durch in das Extrudat eingeschlossene Luft und Feuchtigkeit eingeschränkt. Wird das Extrudat drucklos erhitzt, führen diese Bestandteile zu Lunkern und Blasen im Produkt. Abhilfe bieten hier Entgasungsextruder und kontinuierliche Verfahren, die unter Druck arbeiten. Hier sind aber wegen der Abdichtung der Vernetzungsstrecke gegen die Umgebung nur einfache Geometrien (z. B. Kabel) vernetzbar. Trotz dieser Einschränkungen haben sich kontinuierliche Vernetzungsverfahren in der Praxis heute durchgesetzt. Gegenüber diskontinuierlichen Verfahren bieten sie trotz in der Regel höherer Investitionskosten wirtschaftliche Vorteile wie verringerte Lagerhaltung, geringerer Transportaufwand etc.

Die Verfahren der kontinuierlichen Vulkanisation lassen sich zum einen durch die Art der Wärmeeinbringung, zum anderen durch die Möglichkeit zur druckbeaufschlagten Vernetzung unterscheiden [11]. Die optimale Wärmeeinbringung ist dabei eng mit der Produktgeometrie verknüpft. Es ist leicht einzusehen, daß z. B. sehr dicke Profile über reine Wärmeleitung nur langsam zu erwärmen sind. Ein weiteres Kriterium zur Auswahl des Verfahrens ist das eingesetzte Vernetzungssystem. Peroxide, welche durch Zerfall die eigentliche Vernetzungsreaktion initiieren sollen, reagieren mit Luftsauerstoff, so daß eine Vernetzung peroxidischer Mischungen stets unter Luftausschluß erfolgen sollte, um klebrige Extrudatoberflächen zu vermeiden. Enthält eine Mischung viele flüchtige Bestandteile, ist andrerseits unbedingt unter Druck zu vulkanisieren.

Die Vulkanisationstemperatur bestimmt aber, wie oben erwähnt, nicht nur die Reaktionsgeschwindigkeit, sondern auch die Art der bevorzugt ablaufenden Reaktion (vor allem bei der Verwendung von Schwefel). Sie ist daher ebenfalls entscheidend für die Produkteigenschaften.

In Bild 4.13 sind die heute standardmäßig eingesetzten Verfahren der kontinuierlichen Vulkanisation aufgeführt. Besondere Bedeutung in der Praxis haben das Salzbad, Mikro-

Verfahren	Druck [bar]	Peroxid-vernetzung
Stahlbandpresse	>1	mögl.
Dampfrohr	>1	mögl.
Heißgas	≥1	mögl.
Heißluft	~1	nicht mögl.
Salzbad	≥1	mög.
Wirbelbett	~1	nicht mögl.
Mikrowelle	~1	nicht mögl.
Scherkopf	~1	mögl.
Strahlenvernetzung	~1	–

Bild 4.13 Verfahren der kontinuierlichen Vulkanisation

wellen (UHF) und Heißluftkanäle erlangt, dies gilt vor allem für die Profilextrusion. Im Bereich von Platten und Bändern besitzt ferner die Stahlbandpresse noch eine Bedeutung. Wegen der einfachen Möglichkeit der Abdichtung werden im Kabelbereich druckbeaufschlagte Verfahren wie das Dampfrohr und das Salzbad unter Druck eingesetzt, gleiches gilt für die Schlauchherstellung.

4.4.1 Flüssigkeitsbadvulkanisation (LCM = Liquid Curing Method)

Wie Bild 4.14 anhand eines Prinzipbildes zeigt, wird bei diesem Verfahren das Extrudat mittels eines Stahlbands unter die Oberfläche einer Flüssigkeit getaucht. Wegen der geringen Eintauchtiefe findet die Vulkanisation in diesem Medium drucklos statt. In der Regel wird als Flüssigkeit ein eutektisches Salzgemisch eingesetzt, weshalb dieses Verfahren auch oft Salzbadvulkanisation genannt wird. Als Salzgemisch wird am häufigsten eine Mischung aus

53% Kaliumnitrat (KNO3)
40% Natriumnitrit (Na NO2)
 7% Natriumnitrat (Na NO3)

eingesetzt (Schmelzpunkt 143 °C). Die Dichte dieser Lösung beträgt 1,9 g/cm³. Mischungen aus je 50% Kaliumnitrat und Natriumnitrit werden ebenfalls verwendet, weisen aber einen wesentlich höheren Schmelzpunkt (ca. 219 °C) auf. In seltenen Fällen werden auch

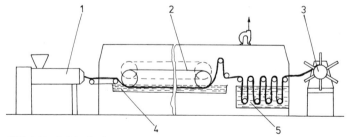

Bild 4.14 Salzbadanlage
1 Extruder, *2* Stahlband, *3* Wickler, *4* Salzschmelze, *5* Kühlbad

Metallegierungen aus Blei/Zinn (z. B. 40/60) oder Zink/Zinn (10/90) eingesetzt. Deren hohe Dichte kann jedoch zu Produktverformungen führen (s. u.). Organische Flüssigkeiten wie Glycerin, Silikonöl u. ä. werden ebenfalls nur selten verwendet, da sie das Produkt gut benetzen und daher leicht ausgetragen werden.

Auch die Emission von Salzen aus Salzbädern stellt ein immer gewichtigeres Problem beim Betrieb derartiger Anlagen dar. Da die Kühlstrecken oft als offener Kreislauf gefahren werden, kann es hier zu einer starken Abwasserbelastung kommen. Als Abhilfemaßnahmen haben sich bewährt:

a) Abblasen der Profile nach dem Austritt aus dem Bad mit Druckluft, welche auf Badtemperatur (mindestens höher als der Schmelzpunkt der Salzschmelze) vorgeheizt ist.

b) Anbringung von mindestens einem geschlossenen Kühlbad nach der Salzwanne.

Die höhere Dichte der Flüssigkeit, verglichen mit dem Extrudat, führt zu einer Auftriebskraft, welche durch das Stahlbad kompensiert wird. Vor allem bei Hohlkammerprofilen oder bei Moosgummi kann diese Kraft aber zu Verformungen des Produktes führen. Die hohe Temperatur der Bäder bewirkt außerdem eine starke thermische Belastung der Extrudatoberfläche, weshalb reversionsbeständige Vulkanisiersysteme notwendig sind.

Die große Menge und relativ hohe Wärmekapazität des wärmeübertragenden Mediums verleiht der Vulkanisieranlage eine große Trägheit. Schnelle Wechsel der Betriebspunkte sind nicht möglich, wegen der langen Aufheizzeiten stellen einige Verarbeiter ihre Salzbäder auch bei mehrtägiger Stillegung nicht ab, sondern lassen diese auf niedrigerem Temperaturniveau stehen.

LCM-Anlagen werden etwa mit einer Länge von 20 m gebaut, wobei bei dünnen Produkten Liniengeschwindigkeiten bis 30 m/min erreicht werden. Nach [11] liegt bei etwa runden Profilen die obere Grenze für eine rationelle Fertigung bei einem Querschnitt von 500 mm^2.

Bei Schläuchen und Kabeln besteht die Möglichkeit, das Salzbad an beiden Enden abzudichten. Hier wird in einigen Fällen in einem druckbeaufschlagtem Rohr, welches mit einer Salzschmelze gefüllt ist, vulkanisiert (PLCM-Verfahren, pressurized liquid curing method). Der Kontakt der Salzschmelze zum Extruderkopf wird dabei durch ein Stickstoffpolster verhindert. Gegenüber dem Dampfrohr (siehe Abschnitt 4.4.4) ist besonders vorteilhaft, daß hierbei Druck und Temperatur unabhängig voneinander einstellbar sind. Während es bei konventionellen Salzbädern eher die Ausnahme ist, wird bei diesem Verfahren in der Regel die Salzschmelze umgepumpt, wodurch sich ein besserer Wärmeübergang ergibt. Generell zeichnen sich salzbadvulkanisierte Produkte durch eine gute Oberflächenqualität aus.

4.4.2 Heißluftvulkanisation

Die Vulkanisation mit heißer Luft ist vor allem als diskontinuierliches Verfahren unter Einsatz von Heizkesseln verbreitet. Es gibt aber auch Anwendungen der kontinuierlichen Heißluftvulkanisation. Im Gegensatz zum diskontinuierlichen „Freiheizen" ist hier aber eine druckbeaufschlagte Fahrweise nicht möglich. Da Luft eine geringe Wärmekapazität hat, sind die Wärmeübergangskoeffizienten in Heißluftstrecken relativ niedrig. Kann man z. B. bei Salzbädern und Dampfröhren von einer durch das Medium aufgeprägten Oberflächentemperatur sprechen, so werden bei diesen Vulkanisationsstrecken nur Wärmeübergangskoeffizienten im Bereich bis max. 500 W/m^2 K erreicht. Die Aufheizzeiten sind daher lang, was entweder eine geringe Liniengeschwindigkeit oder eine lange Heizstrecke erfordert. Weitere Einschränkungen dieses Verfahrens ergeben sich durch die Anwesenheit von Luftsauerstoff. Dieser verhindert (bis auf die Ausnahme Silikonkautschuk) den Einsatz von Peroxidbeschleunigern (siehe auch Abschnitt 4.4). Weiterhin ist an der Produktoberfläche mit Oxidationen zu rechnen. Da einige Kautschukpolymere, vor allem Naturkautschuk, hier zu verstärkter Reversion neigen, sind die Vulkanisationstemperaturen eingeschränkt. In der Kabelindustrie wird dieses Problem oftmals dadurch gelöst, daß die Vulkanisierstrecke als geschlossenes System mit Heißgas (z. B. Stickstoff) betrieben wird [11]. Dies ist jedoch wegen der Dichtungsproblematik bei Profilen nicht möglich. Da, wie eingangs erwähnt, das Verfahren drucklos arbeitet, ist der Einsatz von Vakuumextrudern zu empfehlen. Bei der Vulkanisationstemperatur kommt es allerdings trotzdem zum Ausdampfen niedermolekularer Bestandteile wie Weichmacher etc. Damit der Vulkanisationskanal nicht durch an den Wänden auskondensierende Mischungsbestandteile verschmutzt bzw. außer Funktion gesetzt wird, ist es notwendig, diese abzuführen. Dies kann zum einen durch ein offenes System geschehen, bei welchem Luft aufgeheizt wird, welche dann durch den Heizluftkanal und sodann an die Umgebung geleitet wird. In der Regel sind dem Austritt an die Umwelt noch Abluftreinigungsverfahren vorgeschaltet, welche z. B. in [19] umfassend beschrieben sind. Eine weitere Möglichkeit besteht darin, zumindest einen Teilluftstrom als geschlossenes System zu betreiben.

Zur Energieersparnis ist unbedingt zu empfehlen, die Abluft über einen Wärmetauscher zur Aufheizung der Zuluft zu fahren. Wie Untersuchungen des IKV [12] zeigen, lassen sich so die Wirkungsgrade derartiger Anlagen etwa verdoppeln. Ein weiterer Vorteil eines „geschlossenen" Systems besteht darin, daß sich Luftgeschwindigkeit und Abluftmenge quasi unabhängig voneinander einstellen lassen. Hierdurch ist eine Steigerung des Wärmeübergangskoeffizienten und somit eine effektivere Wärmeeinbringung möglich. Letztlich stellt sich hier aber das Problem der Aufkonzentration niedermolekularer Bestandteile in der Luft. Ein Lösung kann in einem Kondensatabschneider und/oder einer Verbrennung dieser Bestandteile im Kreislauf gesehen werden. Weitere Maßnahmen zur Steigerung der Effektivität derartiger Anlagen sind in der Bauweise der Heizstrecken zu sehen. Vor allem die etagenweise Anbringung mehrerer Transportbänder, welche in horizontaler Richtung „zick-zack" durchfahren werden, hilft die Anlagenlänge zu verkürzen und Verluste an die Umgebung zu vermeiden. Dies ist selbstverständlich nur bei entsprechenden Produkten (z. B. ohne Stahleinlage) möglich. Wegen der genannten Einschränkungen, vor allem hinsichtlich der Wärmeeinbringung, ist das Verfahren nur für Produkte mit geringen Wandstärken einsetzbar.

4.4.3 Mikrowellen-Aufheizung

Die Beschränkungen des Heißluftverfahrens durch die mäßige Wärmeeinbringung lassen sich aufheben, indem man die Prozeßschritte „Aufheizen" und „Temperatur-Halten" voneinander trennt. Das Aufheizen des Profils sollte dabei nicht nur von außen, sondern möglichst auch von innen erfolgen. Hierzu ist sowohl die Mikrowellen-Aufheizung als auch der Scherkopf (siehe Abschnitt 4.3.6) geeignet.

Das Prinzip der Mikrowellenaufheizung beruht dabei auf der dielektrischen Erwärmung des Produkts. Elektrisch nicht leitende Substanzen werden im hochfrequenten Feld einer Polarisation unterworfen. Man unterscheidet prinzipiell drei Polarisationsformen [13]:
- Elektronenpolarisation
- Dipolpolarisation
- Grenzflächen- oder Ionenpolarisation (Anhäufung freier Ionen an der Grenzfläche zwischen Stoffen verschiedener Leitfähigkeit und Dielektrizitätskonstante).

Bei unpolaren Substanzen ist nur die Elektronenpolarisation wirksam, welche aber nur bei extrem hohen Frequenzen stattfindet. Da für die UHF-Erwärmung aber in Europa nur eine Frequenz von 2450 MHZ (= 12,2 cm Wellenlänge) freigegeben ist, ist eine derartige Vorwärmung praktisch nicht möglich.

Reiner Naturkautschuk oder Butadien-Styrol-Kautschuke, die unpolar sind, sind daher im UHF-Feld nicht erwärmbar. Da Kautschukmischungen aber stets Mehrkomponentensysteme darstellen, ist über die Auswahl entsprechend geeigneter übriger Mischungskomponenten oftmals die Einstellung einer mikrowellen-erwärmbaren Rezeptur möglich. Generell gut erwärmbar sind z.B. Nitrilkautschul und Chloroprenkautschuk, weshalb bei unpolaren Mischungen ein Verschneiden mit diesen Polymeren eine Optimierung im Hinblick auf die Mikrowelle darstellt [13]. Eine bessere Erwärmbarkeit wird weiterhin durch den Zusatz von Ruß gewährleistet. Helle Füllstoffe stellen des öfteren ein Problem bei der Rezeptierung dar, da sie in der Regel weniger stark erwärmbar sind. Hier kann entweder auf den Einsatz polarer Weichmacher oder von Faktis, besser aber auf Füllstoffverteiler wie z.B. Diethylenglykol oder Triethanolamin zurückgegriffen werden [13]. Eine interessante Möglichkeit ist die Verwendung mikrowellengeeigneter Peroxide, deren Anwendbarkeit in [14] nachgewiesen wird. Mikrowellenanlagen bestehen aus einem Generator des hochfrequenten Feldes (Magnetron) und dem sogenannten Applikator; dies ist die Kammer, in der das Produkt dem elektrischen Wechselfeld ausgesetzt wird. Die Leitung der UHF-Wellen zum Produkt erfolgt dabei über Hohlleiter [15, 16]. In der Resonator- oder Behandlungskammer kommt es zum Aufbau eines Mikrowellenfeldes, d.h. zur Ausbildung örtlicher Energiemaxima und -minima. Bei ungünstiger Gestaltung der Kammer kann dies zu einer ungleichmäßigen Produkterwärmung führen. Um Wärmeverluste des Profils an die Umgebung zu vermeiden, werden die Kammern in der Regel mit Heizungen versehen. Austretende Weichmacherdämpfe etc. werden außerdem durch einen Strom vorgewärmter Luft abgeführt.

Zur vollständigen Ausvernetzung ist noch eine Temperaturhaltestrecke notwendig. In der Regel ist dies ein Heißluftkanal (siehe Abschnitt 4.4.2). Wegen der schnellen Durchwärmung des Profils ist schnell eine gute Standfestigkeit des Produktes erreicht, weshalb Stützeinrichtungen bei komplexen Profilen oft entfallen können [11]. Wegen des guten Wirkungsgrades von UHF-Anlagen kann etwa das 1,5fache der in Abschnitt 4.4 dargestellten Leistung (d.h. 11 KW für 200 kg/h bei $\Delta\vartheta = 100\,°C$) als zu installierende Leistung für ausreichend angesehen werden (siehe auch [11]).

4.4.4 Dampfrohrvulkanisation

Die schwierige Abdichtung komplexer Profilgeometrien macht es auch hier nicht möglich, druckbeaufschlagt kontinuierlich zu fahren. Einzig in der Kabel- und Schlauchextrusion werden kontinuierliche druckbeaufschlagte Dampfrohre betrieben [13]. Bei Profilen behilft man sich durch den Aufbau quasi-kontinuierlicher Anlagen, wie in Bild 4.15 dargestellt. Hierbei wird der Extruder kontinuierlich betrieben, und beschickt wechselweise mehrere Dampfrohre, welche diskontinuierlich gefahren werden.

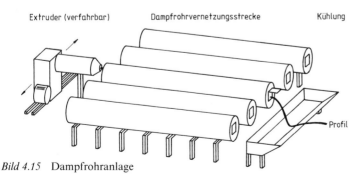

Bild 4.15 Dampfrohranlage

Grundsätzlich zeichnet sich die Dampfvulkanisation durch extrem hohe Wärmeübergangskoeffizienten aus, da die Kondensationswärme eine gute Wärmeeinbringung gewährleistet. In der Regel wird mit Sattdampf gearbeitet, dabei werden Drücke bis ca. 25 bar realisiert, was einer Temperatur von 233 °C entspricht. Nachteilig bei dieser Vulkanisationsform ist das evtl. Auftreten von Kondensatflecken. Der naheliegende Gedanke zur Lösung dieses Problems und zur Entkopplung von Druck und Temperatur ist die Verwendung von Heißdampf (d. h. überhitztem Dampf). Hierbei ist jedoch die Temperaturregelung wesentlich schwieriger, zudem stellt Heißdampf ein sehr aggressives System dar, das einerseits die Dampfrohre selbst stark angreift, andererseits auch zu Reversionsproblemen an der Profiloberfläche selbst führt [13].

Diskontinuierliche Dampfrohre, welche, wie eingangs erwähnt, in der Profilextrusion eingesetzt werden, werden in Längen von 20 bis 60 m gebaut. Da die Liniengeschwindigkeiten im Durchschnitt etwa 10 m/min betragen, ist die Füllzeit eines Rohres etwa 2 bis 6 min.

Die Dampfrohre selbst kühlen in den Vernetzungspausen, d. h. in den Phasen: Herausfahren des vernetzten Profils und Einfahren des unvernetzten Profils, zwar um ca. 100 °C ab, die Restwärme kann aber ausreichen, um eine drucklose Vulkanisation oder ein Auftreiben des Profils zu bewirken. Das ständige Hochheizen und Abkühlen der Stahlrohre führt außerdem zu einem erheblichen Energieverlust, welcher sich in dem schlechten Wirkungsgrad derartiger Anlagen niederschlägt. Trotz der deshalb relativ hohen Energiekosten lassen die niedrigen Investitionen für eine derartige Anlage sie oft wirtschaftlich betreiben. Nach [11] liegt eine typische Anwendung in der Herstellung großvolumiger Bauprofile.

4.4.5 Weitere Vernetzungsverfahren

In der Literatur und der Fachpresse sind noch eine Fülle weiterer Verfahren benannt, welche zur Vernetzung eingesetzt werden [11, 17]. Ohne Anspruch auf Vollständigkeit seien hier erwähnt:

- *Vulkanisation unter Blei [13]*

Das Extrudat wird vor der Extrusion mit einem Bleimantel umgeben, der nach der Extrusion entfernt wird. Dieses Verfahren wird im Bereich der Schlauch- und Kabelfertigung eingesetzt. Untersuchungen in jüngster Zeit zeigen, daß es vor allem bei kleineren Schläuchen möglich ist, Blei durch PVDF zu ersetzen [18].

- *Fließbett-Verfahren*

Das Extrudat wird durch ein Bett von Glaskügelchen gefahren, die in einem Heißluftstrom schweben. Dies führt zu einer guten Wärmeübertragung von der Luft zum Produkt. Die Oberfläche erhält eine sandartige Struktur. Nachteilig bei diesem Verfahren ist vor allem die schlechte Entfernungsmöglichkeit der Kugeln vom Profil.

- *Strahlenvernetzung [11, 13]*

Hierbei werden die zur Vernetzung notwendigen Radikalen an der Polymerkette selbst erzeugt. Die Radikalenbildung durch Dehydrierung erfolgt dabei durch energiereiche Strahlen. Industriell eingesetzt werden Gamma-Strahlen (Cobalt 60 Quelle) sowie beschleunigte energiereiche Elektronen (z. B. *v. d. Graaff*-Generator). Gegenüber chemischen Vernetzungsverfahren ergeben sich die Vorteile

- kalte Vernetzung,
- kein Vulkanisationssystem nötig,
- Vernetzung aller Polymeren möglich.

Dem stehen sehr hohe Investitionskosten gegenüber.

Literatur

[1] *Menges, G., Grajewski, F., Limper, A., Greve, A.:* Mischteile für Kautschukextruder. Kautsch. Gummi Kunstst. *40* (1987) 3, S. 214-218.
[2] *Michaeli, W.:* Extrusionswerkzeuge für Kunststoffe – Bauarten, Gestaltung und Berechnungsmöglichkeiten. Carl Hanser Verlag, München, Wien, 1979.
[3] *Gohlisch, H.-J.:* Rationalisierungsmaßnahmen in der Extruder- und Kalandertechnik. Kautsch. Gummi Kunstst. *33* (1980) 12, S. 1016-1021.
[4] *Anders, D.:* Roller-Head-Anlagen – Neue Entwicklungen und Einsatzgebiete. Vortrag DKG-Tagung, Wiesbaden, 1983.
[5] *Anders, D.:* Die Coextrusion von Kabeln und Profilen. Kunststoffberater *10* (1983) 10, S. 44-47.
[6] *Anders, D.:* Duplex- und Triplexanlagen zur Herstellung von Lauf- und Seitenstreifen. Gummi Asbest Kunstst. *36* (1983) 11, S. 596.
[7] *Johnson, P.S.:* Developments in Extrusion Science and Technoloy. Rubber Chem. Techn. *56* (1983), S. 574.
[8] *Lehnen, J.P.:* Kautschukverarbeitung. Vogel Verlag, Würzburg, 1983.
[9] *Targiel, G.:* Der Extruder, eine Alternative zum Kalander? In: Extrudieren von Elastomeren. VDI-Verlag, Düsseldorf, 1986, S. 89.
[10] *May, W., Anisic, L.:* Stand der Scherkopftechnologie. In: Extrudieren von Elastomeren. VDI-Verlag, Düsseldorf, 1986, S. 213.
[11] *Sommer, F.:* Verfahren der kontinuierlichen Vulkanisation. In: Extrudieren von Elastomeren. VDI-Verlag, Düsseldorf, 1986.
[12] *Greve, A.:* Wirtschaftlichkeit von Energie-Einsparungsmaßnahmen in der Kautschukaufbereitung und Extrusion. Diplomarbeit am IKV, Aachen, 1988, S. 185.
[13] *Hofmann, W.:* Kautschuk-Technologie. Vorlesungsumdruck RWTH Aachen, 1972.
[14] *Menges, G., Ludwig, R.:* UHF-Vulkanisation von hellen Kautschuken. Forschungsbericht des IKV, Aachen, Archiv Nr. 8715.
[15] *Bickel, H.D.:* Kabel und isolierte Leitungen. VDI-Verlag, Düsseldorf, 1984.
[16] *Focht, H.:* Gummi Asbest Kunstst. *32* (1979), S. 622.
[17] *Hensen, F., Knappe, W., Potente, H. (Hrsg.):* Handbuch der Kunststoff-Extrusionstechnik, Band 2: Extrusionsanlagen. Carl Hanser Verlag, München, Wien, 1986.
[18] *Bischoff, D., Woest, C.:* Verbesserung von Arbeitsplatzbedingungen bei Schlauchherstellungsverfahren. Schriftenreihe der Bundesanstalt für Arbeitsschutz Fb 434. 1985.
[19] *Schmidt, K., Stimpel, J.:* Abluftreinigung bei der kontinuierlichen Vulkanisation. In: Extrudieren von Elastomeren. VDI-Verlag, Düsseldorf, 1986, S. 245.

5 Verfahrenstechnische Analyse der Kautschukextrusion

Dr.-Ing. Andreas Limper

Trotz ihrer wichtigen Stellung in der Produktion werden Extrusionsprozesse heute nur selten verfahrenstechnisch durchleuchtet. Wie schon im vorgehenden Text erwähnt, werden Produktionsprobleme oftmals durch Mischungsänderungen gelöst. Da dies aber zum einen zu einer noch größeren Mischungsvielfalt führt und zudem Versuche auf Laboranlagen nicht ohne weiteres auf Produktionsanlagen übertragbar sind, ist die Analyse der verfahrenstechnischen Prozesse in den letzten Jahren mehr und mehr in den Vordergrund getreten. Wegen der enormen Durchsatzleistungen von Extrusionsanlagen (z. B. 200 bis 1000 kg/h in der Profilextrusion) erfordert das Einfahren eines neuen Produktes sehr viel Material, das nicht in jedem Fall (Profile mit Metalleinlage, Anvulkanisationen) wieder verarbeitet werden kann. Hinzu kommen die hohen Personal- und Maschinenkosten, die eine derartige Vorgehensweise erfordert.

Neben einer schnellen Zuordnung von Produktionsproblemen zu bestimmten Ursachen ist für den Kautschukextrudeur auch die Übertragbarkeit von Modellversuchen auf Anlagen von hohem Interesse. Ziel ist hier, Mischungsentwicklung und Produktionsoptimierung auf Laborextrudern zu betreiben und die optimierten Betriebspunkte auf die entsprechende Produktionsanlage hochzurechnen. Eine sinnvolle Datenübertragung zwischen verschiedenen Maschinen und verfahrenstechnische Analysen erhöhen die Flexibilität des Verarbeiters. Aber auch durch die Optimierung der Anlagen sind beträchtliche Einsparungen möglich. Wie in [1] gezeigt wird, sind dabei schon allein über den Energieverbrauch pro kw reduzierte Leistung im Jahr bis zu 1000,- DM (3-Schicht-Betrieb) einzusparen. Angesichts der zur Zeit benötigten Leistungen (z.B. bei Profillinien mit 200 kg/h bis zu 180 kw) sind hier noch erhebliche Rationalisierungsreserven nutzbar. Dieses bedingt jedoch die Kenntnis der verfahrenstechnischen Prozesse sowohl in der Einzugs- wie auch in der Austragszone unterschiedlicher Extrudertypen. Ziel dieses Kapitels ist es daher, die im Extruder ablaufenden Teilprozesse aufzuzeigen und Modelle vorzustellen, welche es erlauben, hier gezielte Optimierungen vorzunehmen.

5.1 Prozeßanalyse der Einzugszone

Die Einzugszone hat die Aufgabe, das Material in den Extruder einzuziehen, es hierbei zu verdichten und möglichst gleichförmig den weiteren Schneckenzonen zuzuführen. Um diesen Anforderungen gerecht zu werden, weist die Einzugszone bestimmte Besonderheiten auf, die in Bild 5.1 zu erkennen sind. Um dem Material einen bestimmten Förderwinkel aufzuprägen, ist im Zylinder üblicherweise eine Wendeltasche vorhanden. Überschneidungen der Schneckenstege sorgen für einen guten Materialeinzug, der noch durch den Einsatz einer Speisewalze unterstützt wird. Ein grundsätzlicher Unterschied besteht dabei im Einzugmechanismus der üblichen Aufgabeform des Kautschuks (Streifen oder Granulat). Granulat fällt in die freien Schneckengänge. Seine Förderung ist dabei in erster Linie von der Rieselfähigkeit abhängig. Diese wird wiederum von der Füllstandshöhe, der Viskosität und der Oberflächenbeschaffenheit des Aufgabegutes direkt oder indirekt beeinflußt. Bewegt sich die Granulatgröße etwa im Größenordnungsbereich der Gangtiefe, d. h.

$$0,5 \cdot \text{Gangtiefe} < \text{Kantenlänge Granulat} < \text{Gangtiefe}$$

so kann Granulat von Kaltfütterextrudern problemlos verarbeitet werden [2, 4]. Zu kleines Granulat (etwa beim Einsatz größerer Extruder) kann zu starken Förderschwankungen und Inhomogenitäten führen. Die Ursache hierfür ist in einem Abrollen der Granulatkör-

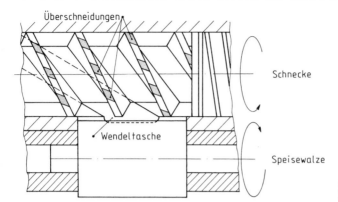

Bild 5.1 Einzugszone von Kautschukextrudern

ner aufeinander während der Förderung zu sehen. Hierdurch werden zu geringe Scherkräfte in die Mischung eingebracht, und in der Mitte des Schneckenganges wird die Entstehung eines ungescherten, komprimierten, sogenannten „kalten Kerns" begünstigt. Die eventuell späte Kompression des Materials begünstigt außerdem das Einschließen von Luftblasen. (Die gleichen Probleme können übrigens bei der Förderung von Pulverkautschuk in Kaltfütterextrudern beobachtet werden.)

Streifen hingegen werden von der Schnecke in Zusammenarbeit mit der Speisewalze über Form- bzw. Kraftschluß dem Extruder zugeführt [2]. Wie in [5] verdeutlicht, spielt dabei vor allem die von der Speisewalze an der Streifenoberfläche aufgeprägte Schubspannung eine wichtige Rolle [3, 5]. Über eine Variation des Reibungskoeffizienten kann nun der Schubspannungsaufbau an der Grenzfläche Speisewalze/Streifen gegenüber einem trokkenen Streifen verändert werden. Bild 5.2 zeigt, daß zum Beispiel ein mit Trennmittel benetzter Streifen ein grundsätzlich verändertes Förderverhalten aufweist [2]. Zum einen nehmen die Förderschwankungen sehr stark zu, da die Haftungsmechanismen auf der Speisewalze nicht konstant sind, zum anderen sorgt die Ablagerung des Trennmittels am Schneckengrund hier für die Ausbildung eines niedrig-viskosen „Schmierfilms", der den

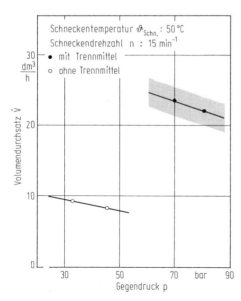

Bild 5.2 Einfluß des Benetzungssystems auf das Durchsatzverhalten

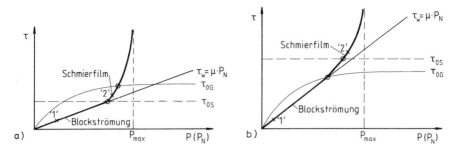

Bild 5.3 Arbeitspunkte der Speisewalze für a) niedrigviskoses Material und b) hochviskoses Material

Durchsatz erhöht. Wegen der obengenannten Pulsationen sind derartige Betriebspunkte für die Produktion nicht geeignet. Die unterschiedliche Talkumierung von Granulat wirkt sich hingegen nur geringfügig auf das Durchsatzverhalten aus. Da hier der Einzugsmechanismus ein anderer ist, wirkt die Talkumierung über eine Verringerung der Haftung auf der Schneckenoberfläche leicht durchsatzsteigernd, dieser Effekt verliert jedoch mit besserer Mischwirkung der Schnecke (hier: steigendem Gegendruck) an Bedeutung. Neben diesen Einflußgrößen der Oberflächenbeschaffenheit des Aufgabeguts spielen beim Streifeneinzug auch die Fördermechanismen der Speisewalze eine wichtige Rolle. Das Förderverhalten wird dabei entscheidend von der eingebrachten Schubspannung τ (Bild 5.3) geprägt [3]. Inwieweit sich durch die Schubspannung ein Materialtransport gegen den Druck P_1 realisieren läßt, hängt von folgenden Parametern ab:
- Viskosität der Mischung,
- Schubspannung, ab welcher Wandgleiten des Materials auftritt.

Die letztgenannte Schubspannung τ_{0G} ist dabei weniger temperatur- als vielmehr druckabhängig. Bild 5.3 zeigt, daß τ_{0G} mit steigendem Normaldruck P_N (und damit ebenfalls steigendem Druck P_1) ansteigt. Dies bedeutet, daß bei geringen Normaldrücken ein Gleiten des Materials auf der Speisewalze wahrscheinlicher wird. Bei höheren Normaldrücken werden dabei die Einflüsse der Viskosität des Materials immer wichtiger. Tritt kein Gleiten auf, so sind zwei Fördermechanismen denkbar. Unterhalb der Fließgrenze des Materials wird der Streifen durch die Speisewalze in Form einer Blockströmung gefördert. Beim Überschreiten der Fließgrenze tritt hingegen eine Scherströmung auf, die Geschwindigkeit des Streifens ist also kleiner als die der Speisewalze. Diese Geschwindigkeitsdifferenz ist umso größer, je niedriger die Viskosität des verarbeiteten Materials ist. Bild 5.3 verdeutlicht die Betriebszustände bei der Förderung hoch- und niedrigviskosen Materials. In der Regel wird bei niedrigviskosem Material zunächst die Fließgrenze erreicht (τ_{0S}). Das kann zur Ausbildung eines Schmierfilms an der Walzenoberfläche führen. Zur Überwindung eines höheren Druckes P_1 sind daher überproportional große Schubspannungen nötig. Hochviskose Materialien können hingegen eher zum Gleiten als zum Scheren neigen.

In der Praxis ist in der Regel der dem Extruder durch den Streifen zugeführte Massestrom größer als der von der Schnecke zu fördernde Durchsatz. Es kommt zur Ausbildung eines Knetes. Die infolge der Knetbildung erhöhten Drücke P_1 und P_N beeinflussen in der erläuterten Weise die weitere Fördermenge. Es findet ein ständiger Wechsel von Knetaufund Knetabbau statt, was zu starken Schwankungen des Massestroms führen kann, die sich bis ins Werkzeug fortsetzen. Über eine Temperierung der Speisewalze kann die Oberfläche des Streifens gezielt temperiert werden. Da τ_{0G} nur wenig, τ_{0S} aber stark temperaturabhängig ist, kann durch eine unterschiedliche Speisewalzentemperatur daher deren

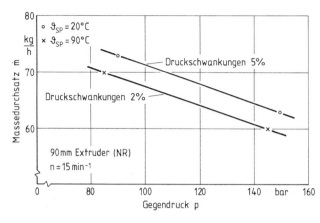

Bild 5.4 Durchsatzverhalten für verschiedene Speisewalzentemperaturen

Verhältnis verändert werden. Bild 5.4 zeigt am Beispiel eines 90 mm-Extruders, daß über eine Absenkung der Speisewalzentemperatur eine Durchsatzerhöhung von etwa 7% möglich ist [5, 6]. Da durch die Absenkung der Temperatur jedoch auch die Grenzen für Gleit- und Scherströmungen näher zusammenfallen, erhöht sich auch die Neigung zu Pulsationen.

Die bisher dargestellten Abhängigkeiten des Einzugsverhaltens beinhalten noch nicht die Einflüsse der Temperierung der Zylinderwand. Grundsätzlich steigt bei Kautschukextrudern der Durchsatz mit fallender Zylinderwandtemperatur [6, 7, 8]. In der Einzugszone sind die Verhältnisse komplexer, da hier die Zylinderwandtemperatur sowohl Auswirkungen auf die Strömung im Schneckengang als auch in der Wendeltasche hat. Der in der Wendeltasche geförderte Volumenstrom nimmt bei kälterer Zylinderwand ab, da in diesem Falle hohe Druckgradienten (bzw. Schubspannungen) zur Förderung notwendig sind. Auf der anderen Seite wächst die Durchsatzleistung des Systems Schnecke/Zylinder mit

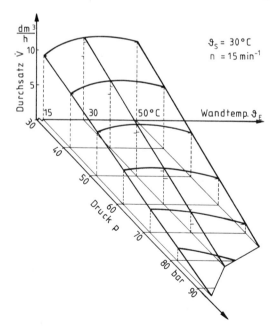

Bild 5.5 Gegendruck-Durchsatz-Charakteristik für verschiedene Zylinderwandtemperaturen

fallender Wandtemperatur. Die Überlagerung beider Effekte führt bei einer bestimmten Zylinderwandtemperatur zu einer maximalen Förderleistung, siehe Bild 5.5 [8]. Die Lage des Maximums ist dabei vom Anteil der Wendeltaschenströmung zur gesamten Förderleistung abhängig. Bei sehr hohen Gegendrücken in der Einzugszone ist die Wendeltasche ohnehin unwirksam, so daß eine Zylindertemperaturabsenkung in jedem Fall durchsatzsteigernd wirkt. In Bild 5.5 ist dies zu erkennen, ebenso das Auftreten eines Durchsatzmaximums bei geringeren Gegendrücken. Die Funktion der Wendeltasche ist je nach Mischung unterschiedlich. Im Falle wandhaftender Mischungen stellt sie einen zusätzlichen Volumenstrom bereit, der von dem in den Schneckengängen geförderten Material durch Schleppen mitgefördert wird. Im Falle von im Einzug wandgleitenden Mischungen erhöht die Wendeltasche die Reibung auf der Zylinderseite. Die durchsatzsteigernde Leistung der Wendeltasche nimmt in beiden Fällen mit zunehmendem Abstand vom Einzug ab. Auf der einen Seite können die zum Schleppen notwendigen Schubspannungen bei höherer Temperatur nicht mehr übertragen werden, auf der anderen Seite findet mehr und mehr ein Übergang vom Wandgleiten zu einer Scherströmung statt. Die Wendeltasche läuft daher in der Einzugszone aus.

Zur Schneckentemperatur ist zu sagen, daß mit steigender Schneckentemperatur wegen der erhöhten Schleppleistung der Schnecke die Durchsatzleistung des Extruders in der Regel ansteigt. Bezüglich des Einzugsverhaltens gelten hier qualitativ dieselben Mechanismen wie auf der Speisewalze. Da jedoch schneckenseitig infolge der Überschneidungen das Material formschlüssig eingezogen wird, sollte die Schneckentemperatur im Blick auf maximalen Durchsatz und weniger auf gutes Einzugsverhalten festgelegt werden. (Dies bedeutet in der Regel: So kalt wie für den Einzug nötig und so warm wie möglich.)

Durch eine unterschiedliche Schneckengestaltung ist in der Regel ein weitaus stärkerer Einfluß auf das Förderverhalten möglich als durch Variation der Betriebs- oder Materialparameter. So zeigen Untersuchungen unterschiedlicher Einzugsgeometrien [9], daß durch Geometrievariationen im Bereich der Überschneidungen bis zu 30% Durchsatzsteigerungen meßbar sind. Hierbei hat vor allem das Viskositätsniveau einen großen Einfluß auf die Wirksamkeit derartiger Maßnahmen. Die Ergebnisse zeigen, daß es sich durchaus lohnen kann, in bestimmten Fällen die Schnecke auszutauschen.

5.2 Prozeßanalyse der Förderzone (Austragszone)

Die Hauptaufgabe der Förderzone besteht darin, den Druck zum Überfahren des Werkzeugs aufzubauen. Natürlich müssen hierbei auch qualitative Aspekte, wie Pulsationsfreiheit, thermische und mechanische Homogenität und das Vermeiden von örtlichen Überhitzungen in Betracht gezogen werden. Die optimale Erfüllung aller Anforderungen ist in der Praxis unmöglich, da zum Beispiel für einen hohen Massedurchsatz in der Regel tiefgeschnittene Schnecken zum Einsatz kommen, was jedoch stets zu Lasten der Homogenität geht und zu steigender Pulsationsneigung führt [6, 7, 8]. Neben der Gestaltung der Schnecke sind selbstverständlich auch hier die thermischen Randbedingungen von entscheidender Bedeutung für die Qualität eines Betriebspunktes. Dem Verarbeiter steht damit ein wirksames Hilfsmittel zur Verfügung, um die Betriebsparameter im Hinblick auf einen optimalen Betriebspunkt nachzuregeln.

Wie schon bei der Diskussion der Prozesse in der Einzugszone erwähnt, führt eine Absenkung der Zylinderwandtemperatur stets zu einer Durchsatzerhöhung, während auf seiten der Schnecke der umgekehrte Einfluß zu beobachten ist. Diese Durchsatzveränderungen sind mit Hilfe des sogenannten „Zwei-Platten-Modells" zu erklären. Bild 5.6 verdeutlicht, daß hier die Strömung im Schneckengang durch zwei Platten modelliert wird, von denen die Bewegte die Zylinderwand und die in Ruhe befindliche die Schnecke darstellt.

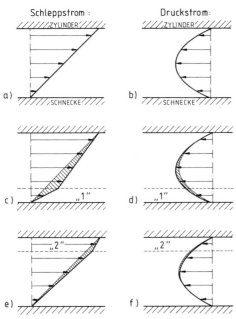

Bild 5.6 Zwei-Platten-Modell
(nicht isoterm/isotherm)
a) und b) isotherme Strömung,
c) und d) Schicht „1" wärmer,
e) und f) Schicht „2" kälter

Die Berechnung des geförderten Volumenstroms kann nun getrennt für den Schlepp- und den Druckstrom durchgeführt werden, wobei beide Volumenstromanteile additiv überlagert werden:

$$\dot{V} = \dot{V}_S \pm \dot{V}_P$$

Obwohl diese Überlagerung nur für Newton'sche Stoffe zulässig ist, soll sie zur qualitativen Beurteilung des Einflusses der thermischen Randbedingungen auf das Förderverhalten an dieser Stelle herangezogen werden.

Bei isothermen Verhältnissen (Bild 5.6) ergibt sich in der Schleppströmung eine lineare Geschwindigkeitsverteilung, während der Druckstrom das bekannte parabelförmige Geschwindigkeitsprofil zeigt. Bei Annahme einer wärmeren Schicht in Schneckennähe erniedrigt sich hier die Viskosität. Da bei der Schleppströmung die Schubspannung über der Höhe konstant ist, muß daher (gegenüber isothermen Verhältnissen) in dieser Schicht eine höhere Schergeschwindigkeit vorliegen. Die Schleppströmung erhöht sich daher gemäß Bild 5.6. Die Druckströmung in der schneckennahen Schicht erhöht sich ebenfalls. Die Summation beider Anteile führt zu einer gegenüber dem isothermen Fall veränderten Durchsatzleistung. Welche der beiden Komponenten überwiegt, hängt vor allem davon ab, wie ausgeprägt die Druckströmung ist, also wie stark der Druckgradient (bzw. Druck an der Schneckenspitze) ist. Außerdem ist die Dicke der von der Schneckentemperatur beeinflußten Schicht von entscheidender Bedeutung. Zur Erzielung eines maximalen Durchsatzes sollte nur ein dünner Bereich vom Schneckengrund heißer (und damit niedrigviskoser) sein, so daß zwar die Schleppleistung erhöht, nicht aber die Druckströmung wesentlich verändert wird. Bei hohen Druckgradienten im Schneckenkanal (d.h. in der Regel bei hohem Gegendruck) findet grundsätzlich ein stärkerer konvektiver Wärmetransport im Schneckenkanal statt. Hierdurch wird ein Rückstrom schneckennaher Schichten bewirkt, welche zur Zylinderoberfläche hin fließen. In solchen Fällen ist daher eine Verminderung der oben diskutierten nicht isothermen Effekte zu erwarten, da nun eine heiße Schnecke sowohl zu einer wärmeren Schicht am Schneckengrund als auch in Zylinder-

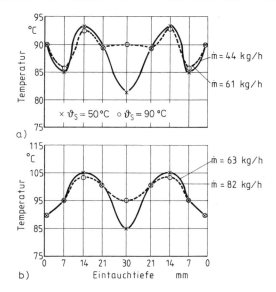

Bild 5.7 Temperaturprofil vor der Schneckenspitze für verschiedene Schneckentemperaturen für $n = 30 \text{ min}^{-1}$ (a) und $n = 45 \text{ min}^{-1}$ (b)

nähe führt. Die Versuchsergebnisse an einem 60 mm Extruder zeigen dann auch eine Durchsatzerhöhung, vor allem bei geringen Gegendrücken (bis 150 bar) und bei Mischungen, deren Viskosität stark temperaturabhängig ist [7]. So zeigten Messungen bei der Verarbeitung einer Silikonkautschukmischung keinen Einfluß der Schneckentemperatur auf den Durchsatz, während bei einer EPDM-Mischung eine Durchsatzänderung von etwa 0,5%/°C Schneckentemperatur zu beobachten war.

Aufgrund der geringen Verweilzeit bei höherem Durchsatz ist kein oder nur ein geringes Ansteigen der Massetemperatur durch Erhöhung der Schneckentemperatur zu erwarten. Wie Bild 5.7 durch Vergleich zweier Temperaturprofile – bei Variation der Schneckentemperatur – verdeutlicht, kann die Schneckentemperierung vor allem in zweierlei Hinsicht gezielt eingesetzt werden:
- Durchsatzveränderung,
- Verbesserung der thermischen Homogenität.

Wie Bild 5.6 verdeutlicht, lassen sich die Durchsatzerhöhungen durch Veränderung der Zylinderwandtemperatur analog zu dem Einfluß der Schneckentemperatur erklären. Durch das Erhöhen der Viskosität in Wandnähe sinkt die Schergeschwindigkeit hier ab,

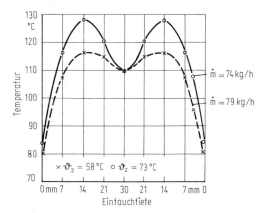

Bild 5.8 Temperaturprofil vor der Schneckenspitze für verschiedene Zylindertemperaturen

so daß sich ein fülligeres Schleppströmungsprofil ergibt. Außerdem verringert sich die Druckströmung im wandnahen Bereich, so daß hier ein weiterer Durchsatzanstieg verursacht wird. Die Durchsatzveränderung durch Absenken der Zylinderwandtemperatur ist jedoch gegenüber einer entsprechenden Maßnahme auf seiten der Schnecke stets weniger ausgeprägt. Bild 5.8 zeigt dies am Beispiel einer EPDM-Mischung, die auf dem 60 mm Versuchsextruder verarbeitet wurde. Die ebenfalls aufgeführten Temperaturprofile zeigen aber auch auf, daß hier eine erhebliche Homogenitätsverschlechterung zu erwarten ist. Stehen mehrere Zylinderzonen zur Temperierung zur Verfügung, sollten daher die einzugsnahen Zonen auf maximalen Durchsatz (d.h. kalt), die werkzeugnahen hingegen auf gute Homogenität (d.h. warm) eingestellt werden. Natürlich kann der Extrusionsprozeß ebenso wie in dem Einzugsteil durch eine Variation der Schneckengeometrie signifikant verändert werden. Dies wird in Abschnitt 5.4 ausführlich diskutiert.

5.3 Mischelemente

Neben der Forderung nach einem hohen Druckaufbau bei möglichst geringer Temperaturentwicklung besteht natürlich auch stets die Erforderlichkeit einer ausreichenden thermischen und mechanischen Homogenität des dem Werkzeug angelieferten Schmelzestroms. Im allgemeinen versteht man unter mechanischer Homogenität die gleichmäßige Verteilung aller Füllstoffe in einer Mischung. Da dem Kautschukextruder in der Regel schon compoundierte Mischungen zugeführt werden (vor allem dem Kaltfütterextruder), ist seine Hauptaufgabe bezüglich der Homogenität in einer guten Temperaturgleichmäßigkeit der Masse vor der Schneckenspitze zu sehen. Da es in tiefgeschnittenen Schneckengängen größerer Kautschukextruder stets zur Ausbildung „kalter" und „warmer" Bereiche kommt, muß hier eine stete Durchmischung der einzelnen Schichten erfolgen. Diese mechanische Homogenisierung ist wegen der schlechten Wärmeleitfähigkeit des Kautschuks wesentlich wirkungsvoller als der durch Temperaturunterschiede ablaufende Wärmeaustausch. Die Mischwirkung im Extruder wird durch drei Mischarten charakterisiert, welche in Kapitel 3 dargestellt sind. Diese sind das:

- distributive Mischen, d.h. Verteilen,
- dispersive Mischen, d.h. Zerteilen,
- laminare Mischen, d.h. Ausziehen.

Der reale Mischprozeß in allen Extrudern und auch Innenmischern ist in der Regel eine Überlagerung aller drei Arten des Mischens. Die schon in den vorangegangenen Kapiteln mehrfach erwähnte Fließgrenze τ_0 hat natürlich auch Auswirkungen auf die im Extruder ablaufenden Mischvorgänge. Bild 5.9 soll die Konsequenzen eines derartigen Materialverhaltens für die Homogenität an einem einfachen Modell verdeutlichen. Es zeigt, daß das Material durch die Fließgrenze zunächst nur in Nähe der Zylinderwand geschert wird. Durch die Querströmung (senkrecht zu den Schneckenstegen) wird das dissipativ erwärmte Material zum Schneckengrund transportiert, so daß sich in der Mitte des Kanals

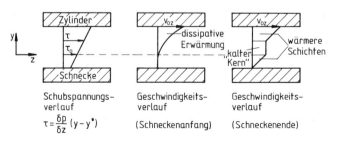

Bild 5.9 Einfluß einer Fließgrenze auf die Strömung im Schneckenkanal

ein sog. „kalter Kern" ausbildet. Die Schnecke bzw. Schneckenelemente müssen daher zusätzlich solche mechanischen Inhomogenitäten beseitigen. Hierzu eignen sich bevorzugt zwei Vorgänge. Erstens müssen Dehneffekte auftreten, um durch Ausziehen neue Oberflächen bei geringerer Schichtdicke zu erzeugen. Dieser Vorgang wird mit dem Stichwort „Laminares Mischen" umrissen. Große Oberfläche und kleine Dicke der Schicht führen zu einer schnelleren Erwärmung und damit zum Abbau der Fließgrenze, so daß das gesamte Material geschert werden kann. Eine zweite Möglichkeit besteht darin, die erzeugten Schichten umzulagern. Parallel zu dem laminaren Mischvorgang muß distributives Mischen stattfinden. Die Tatsache, daß es rund 100 Patente [10] für Mischteile, bevorzugt für Thermoplastextruder, gibt, zeigt, daß insbesondere in der Kunststoffverarbeitung sehr viel Entwicklungsarbeit auf diesem Gebiet geleistet wurde. Eine Vielzahl möglicher Mischteilgeometrien für die Kautschukextrusion wurde in [11] untersucht. Die grundsätzliche Erfahrung dieser Arbeiten war, daß es nicht möglich ist, den „kalten Kern" durch reine Scherelemente abzubauen. Aufgrund seiner hohen Elastizität stellt sich der kalte Kern auch nach Scherteilen nahezu auf seine ursprünglichen Dimensionen zurück. In derartigen Mischelementen kann es dann lediglich zu einer Überhitzung der ohnehin schon wärmeren Schichten kommen. Diese Überlegungen führten zur Entwicklung des Stiftextruders [12].

Bild 5.10 Schnitt durch eine Stiftebene eines Stiftextruders

Die hier in den Zylinder eingebrachten Stifte sind in der Lage, gerade die kälteren Bereiche der Strömung zu Stromfäden auszuziehen, Bild 5.10. Hierdurch erfolgt eine erhebliche Oberflächenvergrößerung, und damit ist ein intensives Erwärmen dieser Bereiche möglich. Wie in [12] gezeigt wird, können hiermit erhebliche qualitative Verbesserungen der Homogenität erreicht werden. Erst diese Entwicklung ermöglichte es, auch schwer zu verarbeitende Mischungen auf großen Extrudern nach dem Kaltfütterprinzip zu verarbeiten.

Neben dieser homogenisierenden Wirkung beeinflussen die Stifte selbstverständlich auch Massetemperatur und Massedurchsatz. Bezüglich der Massetemperatur wird durch das Umströmen der Stifte einerseits zusätzliche Dissipationsenergie eingebracht, andererseits wird aber auch im Stiftbereich die Kontaktfläche Stahl/Kautschuk erheblich vergrößert (etwa 15 bis 20%). Da der Wärmeaustausch bei kleineren Extrudern ($D<90$ mm) ohnehin intensiv ist, ist hier der Einfluß des verbesserten Wärmeaustauschs gering, so daß die zusätzliche Dissipation überwiegt. So konnte *Harms* [12] an einem 45 mm-Extruder eine mit zunehmender Verstiftung leicht steigende Massetemperatur feststellen. Eigene Untersuchungen [13] zeigen für einen 60 mm-Extruder, daß sich hier beide Einflüsse aufheben, die Massetemperatur ändert sich also durch die Stifte nicht. An größeren Maschinen werden diese Ergebnisse bestätigt, hier führt der verbesserte Wärmeaustausch unter Umständen sogar zu einem leichten Absinken der Massetemperatur durch die Stifte [13].

Ebenfalls zwiespältig ist der Stifteinfluß auf den Massedurchsatz: Die Stifte setzen der Strömung zum einen einen Widerstand entgegen und wirken damit durchsatzmindernd. Dieser Einfluß macht sich vor allem dann bemerkbar, wenn die Massetemperatur niedrig ist. So wirken die Stifte in einem in [14] geschilderten Beispiel eines 150 mm-Extruders bei kleiner Drehzahl durchsatzmindernd, während bei höheren Drehzahlen und somit Massetemperaturen sogar leicht erhöhte Durchsätze durch die Verstiftung zu beobachten sind. Die gleichen Effekte sind feststellbar, wenn das Material schon in der Einzugszone, etwa durch eine überschnittene Geometrie gemäß Bild 5.1, vorplastifiziert ist und somit vorgewärmt die Stiftebenen erreicht. Die Durchsatzsteigerungen sind in diesen Fällen vor allem durch die gute thermische Homogenisierung zu erklären, die verhindert, daß sich wärmere Schichten an der Zylinderwand anlagern und die Schleppleistung der Schnecken verschlechtern. Im Falle zum Wandgleiten neigender Mischungen erhöhen die Stifte außerdem die Haftung an der Zylinderwand.

Die vorstehenden Betrachtungen haben ihre Gültigkeit für identische Schnecken, die einmal mit und einmal ohne Stifte gefahren werden. Es gilt zu bedenken, daß ein Stiftzylinder aus qualitativen Gründen höhere Drehzahlen als ein konventioneller Extruder zuläßt; außerdem sind hier größere Gangtiefen ohne Qualitätseinbußen realisierbar.

Vor allem die Möglichkeit einer förderwirksameren tiefgeschnittenen Schnecke läßt hier die Realisierung hoher Massedurchsätze bei niedrigerer Massetemperatur und guter Homogenität zu. Die obigen Betrachtungen zeigen, daß dies vor allem für Schneckendurchmesser ab 90 mm interessant ist. Der Einsatz anderer Mischteile, welche auf der Schnecke angebracht sind und daher ein leichteres Handling der Maschinen bei Schneckenwechsel oder Reinigung erlauben, scheint sinnvoll im Übergangsbereich reiner Förderschnecken zum Stiftextruder, d.h. bei Schnecken bis etwa 120 mm Schneckendurchmesser und für Mischungen, welche keine ausgeprägte Fließgrenze besitzen, d.h. die relativ „weich" sind. Bei der Auswahl derartiger Mischelemente, welche beispielhaft in Bild 5.11 dargestellt sind, sollte berücksichtigt werden, daß in der Praxis häufig Mischungswechsel anfallen, weshalb eine selbstreinigende Schnecke notwendig ist. Mischteile sollten daher grundsätzlich förderwirksam sein.

Überwiegend distributives Mischen ohne zusätzliche Scherung kann auf sehr einfache Weise dadurch bewirkt werden, daß auf der Schnecke die Stege unterbrochen und gegeneinander versetzt fortgesetzt werden (siehe Bild 5.11a). Da die Querströmung die distributive Mischwirkung begünstigt, ist eine sequentiell erhöhte Gangsteigung ebenfalls mischwirksam. Eine Kombination aller Mischarten erreicht man durch das mehrgängige Überschneiden einer „konventionellen" Schneckengeometrie.

Wird z.B. eine normale zweigängige Schnecke mit 1-D-Gangsteigung mehrgängig mit einer größeren Steigung überschnitten, kommt zu dem laminaren Mischvorgang die Aufteilung der Strömung an den Stegunterbrechungen hinzu. Außerdem findet ein Materialaustausch zwischen den tiefgeschnittenen Bereichen und den flachgeschnittenen Überschneidungen statt. Die größere Gangsteigung, mit der die normalen Schneckenstege überschnitten sind, führt zu einer bereichsweisen Vergrößerung der Gangbreite. Dadurch werden dort quer zur Strömungsrichtung die Materialschichten zusätzlich gedehnt und besser verteilt. Hinzu kommt, daß in dem flachen Kanal mehr Scherung eingebracht wird, so daß auch dispersives Mischen auftreten kann.

In einem am Institut für Kunststoffverarbeitung, Aachen (IKV) durchgeführten Forschungsvorhaben [15] wurden die in Bild 5.11 aufgezeigten Mischteile experimentell untersucht. Es zeigte sich für einen 60 mm-Extruder, daß alle drei Mischteile qualitativ gleichwertige Ergebnisse erzielen. Die Homogenisierung ist hier stets dann am wirksamsten, wenn das Mischteil an der Schneckenspitze angebracht wird. Da in kleineren Maschinen oft ein höheres Schubspannungsniveau herrscht und außerdem ein günstiges Volumen-Oberflächenverhältnis vorhanden ist, sind diese Ergebnisse nicht ohne Einschränkungen auf größere Maschinen übertragbar. Hier dürfte vor allem die maximal einbringbare Schubspannung eine Rolle spielen. Da die flachen Überschneidungen von

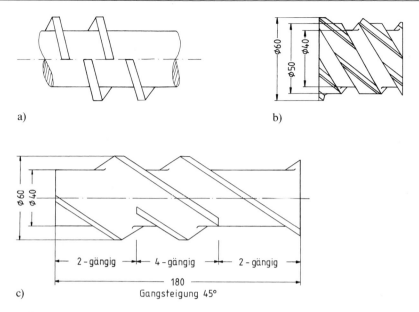

Bild 5.11 Mischelemente
a) Stegversetzung
b) mehrgängige Überschneidungen
c) Stegversetzung, erhöhte Querströmung

Mischteil b in Bild 5.11 hohe Schergeschwindigkeiten bewirken, wird dieses in der Praxis oft zum Zwecke der Homogenisierung eingesetzt. Erfahrungen an einem 90 mm-Extruder zeigen aber auch, daß hier mit Massetemperaturerhöhungen von 5 bis 15 °C zu rechnen ist. Die praktische Erprobung von Mischteil c in Bild 5.11 auf einer größeren Maschine steht noch aus, interessant ist aber die Möglichkeit, dieses so auszulegen, daß es druckneutral wirkt (siehe Abschnitt 5.4).

5.4 Modellierung von Teilprozessen der Kautschukextrusion

Da die Einzugszone von komplexer geometrischer Struktur ist, ist ein Prozeßmodell hier nur äußerst aufwendig zu formulieren [5, 7, 16]. Hinzu kommt, daß der Kautschuk eine erhebliche Temperaturerhöhung erfährt. Die Beschreibung der Viskosität über diesen Temperaturbereich (20 bis 80 °C) beinhaltet jedoch viele Schwierigkeiten. Als ein weiteres Problem sind die hier eventuell auftretenden Gleiteffekte anzusehen. Aus diesen Gründen soll an dieser Stelle die Modellierung für die Austragszone im Mittelpunkt der Betrachtungen stehen.

5.4.1 Prozeßmodell für die Austragszone

In der Austragszone des Extruders herrschen für eine theoretische Beschreibung wesentlich günstigere Bedingungen. Da die Einzugszone einen Druck von ungefähr 20 bis 30 bar aufbaut, ist hier von einer vollständigen Gangfüllung auszugehen. Außerdem spielen wegen des höheren Massetemperaturniveaus Wandgleiteffekte keine Rolle. Die Beschreibung der Viskositätsfunktion des Materials ist in diesem Temperaturbereich wesentlich besser möglich, außerdem ist im Verlauf der Förderung in der Austragszone in der Regel kein Umwandlungspunkt (z.B. Glas- oder Schmelztemperatur) zu berücksichtigen. Die Beschreibung des Fördervorgangs kann daher mit den relativ einfachen Beziehungen für Schmelzextruder erfolgen [7, 17, 18].

Hierbei wird die Strömung durch das sogenannte „Zwei-Platten-Modell" (vergleiche Bild 5.6) angenähert [19, 20]. In seiner einfachsten Form arbeitet dieses mit den Randbedingungen:
- Wandhaften,
- inkompressibles Fluid,
- laminare Strömung,
- isotherme Strömung, d.h. kein Temperaturgradient über der Gangtiefe,
- Strömung zu den Schneckenstegen (Quer- oder Transversalströmung) wird vernachlässigt,
- Vernachlässigung des Stegeinflusses auf Schlepp- und Druckströmung.

Für den derartig vereinfachten Strömungsfall sind in der Literatur zahlreiche Lösungen zu finden [19 bis 23]. Es soll daher an dieser Stelle auf eine detaillierte Herleitung verzichtet werden. Zum Verständnis der folgenden Berechnungen ist es jedoch erforderlich, zumindest einige Grundbegriffe zu erläutern.

Das schon in den vorangegangenen Kapiteln mehrfach angesprochene Zwei-Platten-Modell für die Strömungsmodellierung beruht auf der kinematischen Umkehr des realen Prozesses. Hier wird von einem Beobachter, welcher sich am Schneckengrund befindet und mit der Schnecke rotiert, ausgegangen. Für diesen befindet sich also die Schnecke in Ruhe, während der Zylinder rotiert. Diese Art der Betrachtung hat den Vorteil, zu mathematisch noch handhabbaren Lösungsansätzen zu führen. Im eindimensionalen Fall wird zunächst nur der in Kanalrichtung schleppende Anteil der Zylinderschleppgeschwindigkeit

$$v_u = \pi \cdot D \cdot N \tag{1}$$

also

$$V_{oz} = \pi \cdot D \cdot N \cdot \cos\varphi \tag{2}$$

betrachtet (Bild 5.12). Eine wichtige Kenngröße für viele Schneckenberechnungen stellt der Schleppstrom dar, welchen man aus der Impulsbilanz im Schneckenkanal für die Randbedingung $dp/dz = 0$ erhält (Koordinaten siehe Bild 5.12). Es gilt:

$$\frac{d\tau}{dy} = \frac{dp}{dz}; \frac{dp}{dz} = 0 \Rightarrow \tau = \bar{\tau} \tag{3}$$

Dies bedeutet, daß im Falle reinen Schleppens (z.B. Gegendruck = 0) die Schubspannung im Kanal konstant ist. (Während sie im Falle einer Druckänderung in z-Richtung des Schneckenkanals vom Schneckengrund an linear ansteigt).

Führt man nun für τ die Stoffunktion

$$\tau = \eta_{(\dot\gamma)} \cdot \dot\gamma \tag{4}$$

bzw.

$$\tau = \Phi_{(\vartheta)} \cdot \dot\gamma^n \tag{5}$$

ein, so ist zu erkennen, daß da

$$\dot\gamma = \frac{\bar\tau}{\eta} \tag{6}$$

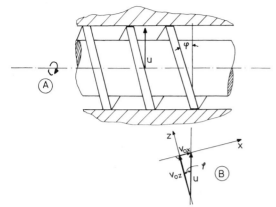

Bild 5.12 Koordinatensystem für
2-Platten-Modell
A Reale Schneckenrotation,
B kinematische Umkehr

bzw.

$$\dot{\gamma} = \left(\frac{\bar{\tau}}{\Phi_{(9)}}\right)^{\frac{1}{n}} \qquad (7)$$

in jedem Fall mit konstanter Schergeschwindigkeit im Schneckengang, d.h. mit konstanter Geschwindigkeitsänderung über der Kanalhöhe zu rechnen ist. Mit der Randbedingung $v = 0$ für $y = 0$ (gleichbedeutend mit der Annahme von Wandhaftung am Schneckengrund) mit $v = v_{oz}$ für $y = H$ (= Wandhaftung am Zylinder) ergibt sich mit

$$v = \int \dot{\gamma} \, \mathrm{d}y = \dot{\gamma} y. \qquad (8)$$

Für den Volumenstrom ergibt sich schließlich

$$\dot{V}_S = v_{oz} \cdot B \cdot \frac{H}{2} \qquad (9)$$

Dieser Volumenstrom, der sogenannte Schleppstrom, beinhaltet keinerlei Stoffgrößen und kann daher als Charakteristikum für jede Schnecke leicht berechnet werden.

Um nun den Druckaufbau entlang einer Schnecke berechnen zu können, wird Gleichung (3) mit Hilfe der Bedingung $\mathrm{d}p/\mathrm{d}z \neq 0$ gelöst. Für den hier zunächst diskutierten eindimensionalen Strömungsfall läßt sich die Lösung der entsprechenden Gleichungen für verschiedene Fließexponenten analytisch berechnen [7, 23, 24, 25] und in dimensionsloser Form darstellen, Bild 5.13. Die in Bild 5.13 auftauchende Kennzahl π_v stellt dabei lediglich das Verhältnis des realen Volumenstroms zum Schleppstrom dar, d.h.

$$\pi_v = \frac{\dot{V}}{\dot{V}_s} \qquad (10)$$

Mit Hilfe des Diagramms in Bild 5.13 läßt sich nun π_p ermitteln. Bei Kenntnis der Viskositätskonstanten Φ kann hieraus der Druckgradient $\mathrm{d}p/\mathrm{d}z$ berechnet werden:

$$\frac{\mathrm{d}p}{\mathrm{d}z} = \frac{\pi_p \cdot 6 \cdot v_{oz}^n}{H^{n+1}} \cdot \Phi \qquad (11)$$

Da die Viskositätskonstante Φ stark temperaturabhängig ist, kann eine entsprechende Berechnung entlang der Schnecke nur schrittweise erfolgen. Die Aneinanderreihung der Druckgradienten ergibt schließlich den Druckaufbau in der Austragszone. Die Veränderung der Massetemperatur und der Viskosität ergibt sich dabei gemäß der in Abschnitt 5.4.4 dargestellten Energiebilanz.

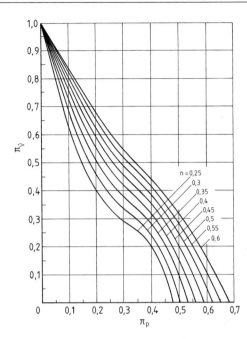

Bild 5.13 Dimensionslose Darstellung der Durchsatzcharakteristik von Einschneckenextrudern

Eine Überprüfung der Gültigkeit dieses Ansatzes durch Versuche am Kautschukextruder [17, 18, 26] führte zu dem Ergebnis, daß die rein eindimensionale Betrachtung zu berechneten Massedurchsätzen führt, die höher liegen als die realen Werte. Dies ist auf die Querströmung zurückzuführen, die bei der Herleitung vernachlässigt wurde. In [17, 18] wurde daher mit einer gegenüber Gleichung (2) verringerten Umfangsgeschwindigkeit

$$v_{oz} = \pi (D-H) \cdot N \cdot \cos\varphi \tag{12}$$

gerechnet, woraus sich eine gute Beschreibbarkeit der Praxis ergab.

5.4.2 Berücksichtigung der Querströmung

In den Betrachtungen des letzten Abschnitts wurde ausschließlich die Strömung in Richtung des Schneckenkanals betrachtet. Wie Bild 5.12 aber zeigt, wird vom Zylinder aber auch Material senkrecht zu den Schneckenstegen, d.h. in x-Richtung geschleppt. Analog zu Gleichung (2) errechnet sich die Schleppgeschwindigkeit v_{ox} zu:

$$v_{ox} = \pi \cdot D \cdot N \cdot \sin\varphi \tag{13}$$

Typische Strömungsprofile in x-Richtung für unterschiedliche Strukturviskositäten zeigt Bild 5.14. Die Scherung in x-Richtung bedeutet für die Materialschichten eine zusätzliche Viskositätsabsenkung, was schließlich auch die Strömung in z-Richtung beeinflußt. Eine geschlossene Lösung, welche die Kopplung der Geschwindigkeitsprofile in x- und z-Richtung berücksichtigt, ist nur mit äußerst aufwendigen Mitteln durchführbar [27, 28]. Eine dimensionslose Darstellung der Ergebnisse, analog zu Abschnitt 6.4.1, ist hier schwierig, da sich für jeden Gangsteigungswinkel φ eine Lösung $\pi_v = f(\pi_p)$ ergibt. Da viele Schnecken mit dem Steigungswinkel 17,66°, d.h. $S = 1\,D$, ausgeführt werden, ist die Lösung für diese Steigung in Bild 5.15 dargestellt. Für die Ermittlung von π_p für alle anderen Gang-

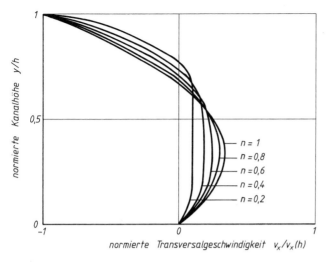

Bild 5.14 Querströmungsprofil für unterschiedliche Fließexponenten [21]

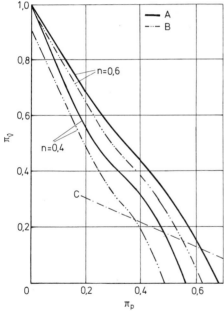

Bild 5.15 Vergleich der Durchsatzberechnungen mit und ohne Querströmungsberücksichtigung
A eindimensionale Strömung,
B Berücksichtigung der Querströmung,
C Grenze der Näherung (Gl. 5.17)

steigungswinkel können folgende Approximationen benutzt werden, welche auf Ergebnissen von [7, 29, 30] beruhen. Für den Bereich $0{,}6 < \pi_v < 1$ gilt nach [29] folgende Näherung:

$$\pi_v = a + b \cdot \pi_p \tag{14}$$

mit

$$a = \frac{n^{0,94}\,(2 - \cos\varphi) - (\cos\varphi)^{n-1} + \cos\varphi^n}{n^{0,94}}, \tag{15}$$

$$b = -\frac{(\cos\varphi)^{n-1}}{n^{0,94}}. \tag{16}$$

Für $(0{,}43 - 0{,}48\ n) < \pi_v < 0{,}6$ kann mit folgendem Ansatz gearbeitet werden [7]:

$$\pi_p = -p - \sqrt{p^2 - q} \qquad (17)$$

mit

$$p = \frac{b(0{,}11 + 0{,}8n) + 0{,}6ab}{0{,}6b^2},$$

$$q = \frac{(0{,}462 - 0{,}48n) + 0{,}3a^2 + (0{,}11 + 0{,}8n)a - \pi_v}{0{,}3b^2}$$

Für Durchsätze kleiner als

$$\pi_v < 0{,}42 - 0{,}48n \qquad (18)$$

kann schließlich mit

$$\pi_p = \frac{\bar{\pi}_v - \pi_v + (1 + (10n)^{1{,}75} \cdot 0{,}105)\bar{\pi}_p}{(1 + (10n)^{1{,}75} \cdot 0{,}105)} \qquad (19)$$

gerechnet werden [7].
$\bar{\pi}_p$ wird dabei mit der Beziehung für $\pi_v = \bar{\pi}_v = (0{,}43 - 0{,}48n)$ ermittelt.
Der Vergleich mit numerischen Lösungen für $\varphi = 0°$ und $\varphi = 17{,}6°$ [27, 29] sowie für $\varphi = 15°$ [3] läßt bei Benutzung der o. a. Beziehung Fehler bis maximal 5% erkennen. Hieraus läßt sich auf eine Gültigkeit der Gleichungen auch für andere Steigungswinkel schließen, so daß Approximationsansätze für den gesamten Durchsatzbereich $1 < \pi_v < 0$ existieren.

5.4.3 Berücksichtigung der Randeinflüsse

Nachdem mit den im letzten Abschnitt angegebenen Formeln eine Durchsatzberechnung mit dem Zwei-Platten-Modell möglich ist, muß nun die Einbeziehung der realen Schneckengeometrie in die Modellierung erfolgen.
Im Zwei-Platten-Modell ist dabei weder der Einfluß der Gangkrümmung noch der Einfluß der Schneckenstege auf das Förderverhalten berücksichtigt. Die Gangkrümmung übt einen leichten steigernden Effekt auf die Durchsatzleistung aus und ist nach [22] nur von dem Verhältnis der Gangtiefe zum Schneckendurchmesser (H/D) abhängig. Der Faktor F_K zur Berücksichtigung dieses Einflusses kann dabei mit

$$F_K = 1 + 0{,}34 \left(\frac{H}{D}\right) - [1736 - 16666 \left(\frac{H}{D}\right)^3 + 23300 \left(\frac{H}{D}\right)^2 - 10943 \left(\frac{H}{D}\right)]^{-1} \qquad (20)$$

abgeschätzt werden.
Der Einfluß der Stege ist komplexer Natur: Einerseits vermindern sie die Schleppleistung, auf der anderen Seite aber auch die Druckströmung, wobei je nach Betriebspunkt der eine oder andere Einfluß überwiegt. Zur Analyse dieser Effekte sind in [32, 33] Finite-Elemente-Rechnungen für reine Schlepp- bzw. reine Druckströmungen in Rechteckkanälen durchgeführt worden.
Die Faktoren F_S (Veränderung der Schleppleistung) und F_p (Veränderung des Druckstroms) sind dabei vom Verhältnis Gangtiefe und Gangbreite (H/B) und dem Fließexponenten abhängig und lassen sich nach [34] folgendermaßen annähern:

$$F_S = -0{,}16 + 1{,}16 \cdot e^{\tilde{n}\left(\frac{H}{B}\right)} \qquad (21)$$

$$\bar{n} = -0.89n^3 + 1.46n^2 - 0.33n - 0.8 \tag{22}$$

$$F_p = 1 - 0.64 \cdot \left(\frac{H}{B}\right) \cdot n^{-0.355} \tag{23}$$

Da im realen Fall eine Überlagerung von Schlepp- und Druckströmung stattfindet, ist auch eine Einbeziehung beider Faktoren in die Durchsatzberechnung erforderlich. Eine rein multiplikative Verknüpfung ist, wie Ergebnisse für eine kombinierte Druck- und Schleppströmung zeigen [32], unzulässig. Zur Lösung des Problems soll an dieser Stelle die sukzessive Berücksichtigung beider Faktoren vorgestellt werden, welche Bild 5.16 verdeutlicht [7]. Ausgehend von einem vorgegebenen Volumendurchsatz $\dot{V}$ kann zunächst der „reale" dimensionslose Schleppstrom, d. h.

$$\pi_{V_{real}} = \frac{\dot{V}}{\dot{V}_S} \tag{24}$$

berechnet werden. Dabei wird der Schleppstrom mit Gleichung (9) angesetzt. Die Einbeziehung der Stege in die Schleppleistung liefert

$$\pi_{V,1D} = \frac{1}{F_S} \cdot \pi_{V_{real}} \tag{25}$$

d. h. im Falle unendlich ausgedehnter Platten (eindimensionale Betrachtung) ist die Schleppleistung um $1/F_S$ erhöht. Mit Hilfe der Beziehungen (5.14)–(5.19) kann nun der dimensionslose Druckgradient $\pi_{p,1D}$ bestimmt werden, d. h. der bei eindimensionaler Betrachtung überfahrbare Druckgradient. Da die Stege jedoch auch die Druckströmung vermindern, muß hier zur Ermittlung des realen Druckgradienten $\pi_{p_{real}}$ eine weitere Korrektur vorgenommen werden [7]:

$$\pi_{p_{real}} = \pi_{p,1D} \cdot \left(\frac{1}{F_p}\right)^n \tag{26}$$

Mit Hilfe dieses Wertes kann dann unter Benutzung von Gleichung (11) der Druckgradient dp/dz bestimmt werden:

$$\frac{dp}{dz} = \frac{\pi_{p_{real}} \cdot 6 \cdot v_{oz}^n}{H^{n+1}} \Phi \tag{27}$$

Bild 5.16 faßt noch einmal die Berechnung mit Berücksichtigung der Randeinflüsse zusammen. Bei der Berechnung des Druckaufbaus ist zu beachten, daß die reale Länge des abgewickelten Schneckenganges dz stets größer ist als die axiale Schneckenlänge dx, d. h.

$$dz = \frac{dx}{\sin\varphi} \tag{28}$$

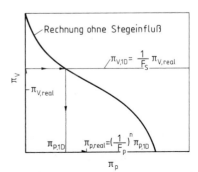

Bild 5.16 Berücksichtigung des Stegeinflusses für kombinierte Druck- und Schleppströmung

5.4.4 Berechnung der Entwicklung der mittleren Massetemperatur

Wie schon erwähnt, ist zur Berechnung des Druckaufbaus der Austragszone deren Aufteilung in Elemente notwendig, wobei jedem Element eine mittlere Massetemperatur $\bar{\vartheta}_m$ zugeordnet wird. Die Berechnung der Temperaturentwicklung erfolgt dabei über die in Bild 5.17 dargestellte Leistungsbilanz

$$E_d - \dot{Q}_z - \dot{Q}_s = \dot{m} \cdot c_v \cdot (\vartheta_a - \vartheta_e) \tag{29}$$

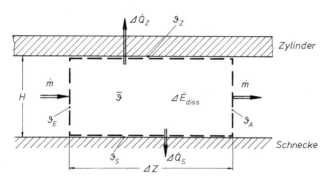

Bild 5.17 Leistungsbilanz im Volumenelement

Der konvektive Wärmeübergang zu Schnecke und Zylinder wird dabei nach [35] beschrieben:

$$\dot{Q}_s = \alpha_s \cdot A_s \cdot (\bar{\vartheta}_m - \vartheta_s) \tag{30}$$

$$\dot{Q}_z = \alpha_z \cdot A_z \cdot (\bar{\vartheta}_m - \vartheta_z) \tag{31}$$

Die Berechnung der Wärmeübergangskoeffizienten geht auf einen Vorschlag von [36] zurück, der den Wärmetransport zur Zylinderwand folgendermaßen modelliert: An der Zylinderwand lagert sich eine Materialschicht einer bestimmten Temperatur an, welche Wärme durch Leitung mit der Wand austauscht. Diese Schicht wird bei jeder Schneckenumdrehung ausgetauscht. Wie [37] zeigt, kann der „Jepson-Effekt" zur Beschreibung des Wärmeübergangs bis

$$\frac{NH^2}{a} \geq 144 \tag{32}$$

benutzt werden. Für Kautschukextruder ist diese Bedingung immer erfüllt, wenn man von den üblichen Stoffwerten (Kapitel 2) ausgeht, d. h.:

$$a \approx 10^{-7} \cdot \frac{m}{s} \tag{33}$$

Durch die Analyse experimenteller Untersuchungen wird in [37] der Wärmeübergang an Zylinder und Schnecke folgendermaßen beschrieben:

$$\alpha_s = 1{,}02 \, \lambda \left(\frac{N}{aH}\right)^{\frac{1}{3}} \tag{34}$$

$$\alpha_z = \beta \lambda \left(\frac{N}{a}\right)^{\frac{1}{2}} \tag{35}$$

Der Koeffizient β beschreibt den Einfluß des Schneckenspiel δ. Die in [37] hergeleitete Funktion für β hat den Nachteil, daß sie schwer zu programmierende Error-Funktion enthält. Praktizierbar ist die Näherung nach [34], die die Funktion $\beta = f(\delta)$ sehr genau beschreibt:

$$\beta = -0{,}0083 \cdot \left(\delta \cdot \sqrt{\frac{N}{a}}\right)^3 + 0{,}105 \left(\delta \cdot \sqrt{\frac{N}{a}}\right)^2 - 0{,}5067 \cdot \left(\delta \cdot \sqrt{\frac{N}{a}}\right) + 1{,}13 \tag{36}$$

Setzt man in diese Gleichung übliche Extruderdrehzahlen und übliche Stoffwerte ein, so ergibt sich stets ein Wert von $1 \pm 5\%$. Angesichts der möglichen Genauigkeit der Ermittlung der thermischen und rheologischen Stoffwerte ist es daher sicherlich möglich, β zu eins abzuschätzen, d. h.

$$\beta \stackrel{!}{=} 1 \Rightarrow \alpha_z = \lambda \left(\frac{N}{a}\right)^{\frac{1}{2}} \tag{37}$$

Zur Lösung von Gleichung (29) muß nun noch die dissipierte Leistung bestimmt werden:

$$E_d = V \, \Phi \, \bar{\gamma}^{1+n} \tag{38}$$

Wie [17, 18] zeigen, gilt für die mittlere Schergeschwindigkeit im Volumenelement

$$\bar{\gamma} = \frac{\pi \cdot D \cdot N}{H} \tag{39}$$

Die Auflösung von Gleichung (29) zur Ermittlung der Austrittstemperatur ϑ_a erfordert nun noch die Vorgabe einer Massetemperatur $\bar{\vartheta}_m$. Unter der Voraussetzung einer kleinen Elementlänge wird diese zu

$$\bar{\vartheta}_m = \frac{\vartheta_a + \vartheta_e}{2} \tag{40}$$

abgeschätzt [17, 18]. Die in Gleichung (29) aufgestellte Energiebilanz ist daher iterativ lösbar, wodurch sich für jedes Element eine mittlere Massetemperatur $\bar{\vartheta}_m$ ergibt, welche die Bestimmung von $\Phi_{(9)}$ erlaubt und somit auch eine Durchsatzberechnung gemäß Abschnitt 5.4.1 bis 5.4.3 gestattet. Die praktische Überprüfung der Gültigkeit der dargestellten Beziehung erfolgte durch Extrusionsversuche an unterschiedlichen Kautschukextrudern [7]. Zur Berechnung der Durchsatzleistung und der Temperaturentwicklung wurde dabei das in Form eines Rechenprogramms vorliegende Prozeßmodell von [7, 8] benutzt, welches um die in den Abschnitten 5.4.2 bis 5.4.3 dargestellten Korrekturen erweitert wurde. Außerdem wurde eine Berechnung von Kompressions- und Dekompressionszonen [38, 39] sowie die von Zonen variabler Gangsteigung [34] eingefügt, so daß beliebige Kombinationen von Schneckenzonen analysierbar sind.

Bild 5.18 verdeutlicht durch den Vergleich gemessener und berechneter Werte an einem 90 mm-Extruder, der zur Kabelummantelung eingesetzt wird (Zwei-Zonen-Schnecke, d. h.

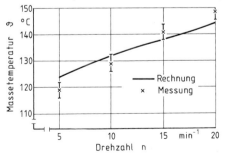
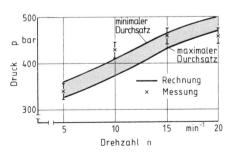

Bild 5.18 Vergleich zwischen Rechen- und Meßwerten für Kabelextruder

Kompressionszone und Meteringzone), die gute Übereinstimmung von Theorie und Praxis. Da der Massedurchsatz hier in der Produktion gemessen wurde, konnte er nur in Grenzen von etwa 5% angegeben werden. Die dargestellten Berechnungen wurden daher für die obere und die untere Grenze der Meßwerte durchgeführt.

Wie zu erkennen ist, wird vor allem die Entwicklung der Massetemperatur gut beschrieben. Bezüglich des Druckaufbaus ist zu sagen, daß das Prozeßmodell in seiner einfachsten Form eine isotherme Strömung beschreibt (d.h. die Massetemperatur ist über der Höhe jeden Elements konstant). Es ist daher einsichtig, daß die Beschreibung des Druckaufbaus um so genauer erfolgt, je eher diese Bedingung erfüllt ist.

Wie Bild 5.18 zeigt, ist in der Praxis normalerweise mit kleinen Fehlern zu rechnen. Erst extreme Eingriffe in das Temperaturprofil (heiße Schnecke, sehr kalter Zylinder) führen hier zu nennenswerten Fehlern. Wie in derartigen Fällen ebenfalls eine Berechnung der Betriebsparameter möglich ist, wird am Ende dieses Kapitels aufgezeigt.

5.4.5 Nomographische Lösung

Das oben angesprochene Rechenprogramm ermöglicht zwar die Berechnung von Kautschukextrudern, seine Anwendung in der Praxis wird jedoch dadurch eingeschränkt, daß nur wenige Firmen – sowohl von der Rechnerausrüstung, als auch von der personellen Besetzung her – in der Lage sind, es zu benutzen. Es wurde daher ein wesentlich einfacheres Hilfsmittel zur Extruderberechnung entwickelt, das ebenfalls Aussagen über die Druck- und Temperaturentwicklung erlaubt. Ausgangspunkt hierfür ist die Betrachtung der Temperaturentwicklung im Schneckenkanal. Während die Temperatur in der Einzugszone stark ansteigt, nähert sich die Massetemperatur (unter der Voraussetzung einer konstanten Zylindertemperatur) in der Austragszone asymmetrisch der sogenannten „Gleichgewichtstemperatur" ϑ^*.

Bei Erreichen dieser Temperatur ist die durch Dissipation in das Material eingebrachte Energie gleich den über Schnecke und Zylinder abfließenden Wärmeströmen. Je nach Gegendruck wird diese Temperatur nach unterschiedlichen Schneckenlängen erreicht. Messungen am 10 D langen Versuchsextruder zeigten [8, 13, 26], daß dieser Zustand in den meisten Fällen schon in der Austragszone oder zumindest an ihrem Ende erreicht wurde. Bedenkt man, daß in der Praxis wesentlich längere Extruder üblich sind, ist davon auszugehen, daß hier in der Regel die Gleichgewichtstemperatur erreicht wird.

Unter der Voraussetzung des Gleichgewichtszustandes vereinfacht sich die in Bild 5.17 dargestellte Leistungsbilanz am Volumenelement zu:

$$E_d = \dot{Q}_s + \dot{Q}_z \qquad (41)$$

Wie in [13] näher dargestellt wird, kann hieraus die Gleichgewichtstemperatur iterativ bestimmt werden. Eine schnelle Berechnung ist ebenfalls mit dem in [13] entwickelten Nomogramm möglich, welches sich im Anhang dieses Buches befindet. Da der Druckgradient dp/dz mit der Entwicklung der Massetemperatur gekoppelt ist, muß auch dieser asymptotisch auf einen Grenzwert $(dp/dz)^*$ zulaufen, der bei Erreichen der Gleichgewichtstemperatur vorliegt. In der Praxis beginnt dabei die Druckentwicklung stets erst am Ende der Einzugszone.

Mit Hilfe der Durchsatzgleichungen, die zu Anfang des Kapitels erwähnt wurden, kann – bei Kenntnis der Gleichgewichtstemperatur ϑ_m^* – der Druckgradient $(dp/dz)^*$ berechnet werden.

Dem Nomogramm ist dazu ein entsprechendes Diagramm beigefügt, so daß sich für jeden Durchsatz der „überfahrbare" Druckgradient ergibt. Ist so der Druckgradient vor der Schneckenspitze ermittelt, wird dieser über die gesamte Schneckenlänge (d.h. inklusive

Einzugszone) extrapoliert. Da der Druckgradient in der Praxis in Schneckenzonen, wo $\vartheta_M < \vartheta_M^*$ ist, größer ist als der für die Gleichgewichtstemperatur abgeschätzte, wird entlang der Schnecke teilweise mit einem zu geringen Gradienten gerechnet. Dieser Fehler wird jedoch näherungsweise dadurch kompensiert, daß man diesen Gradienten auch über Schneckenzonen, welche in der Praxis wenig Druck aufbauen (Einzugszone), extrapoliert. Wie Vergleiche mit dem Prozeßmodell zeigen, liegen die so abgeschätzten Gegendrücke etwa 10% von den Ergebnissen des aufwendigeren Rechenprogramms entfernt.

Bei unterschiedlicher zonenweiser Temperierung des Zylinders kann der Einsatz des Nomogramms auch zonenweise erfolgen, zu jeder Zylindertemperatur existiert also eine Gleichgewichtstemperatur. Diese wird zwar nicht in jedem Fall erreicht, eine Abschätzung der Massetemperatur ist jedoch trotzdem möglich. Je nach Gegendruck (und damit Verweilzeit in beiden Zonen) wird sich die Massetemperatur näher am Wert ϑ_m^* der werkzeug- oder der einzugsnahen Zone einstellen.

5.4.6 Berechnung von Mischteilen und Stiftzonen

Die bisher dargestellten Beziehungen gelten nur für reine Förderzonen. Die in Abschnitt 5.3 angesprochenen Mischteile sind wegen ihrer unregelmäßigen Geometrie und den sehr komplexen Strömungsvorgängen, welche dort ablaufen, nicht oder nur näherungsweise beschreibbar [15]. Die Ausführungen dieses Kapitels sollen sich daher darauf beschränken, die Mischwirkung in normalen Förderelementen zu quantifizieren, sowie beispielhaft die Druckbedarfsrechnung an einem typischen Mischteil aufzeigen. Analysiert man die Mischwirkung einer Schnecke, so ist hier wiederum der dimensionslose Volumenstrom π_V eine charakteristische Größe.

Die Mischqualität in einem Extruder hängt nach [40] von der Verteilung der Schergeschwindigkeit über der Kanalhöhe und der Verweilzeitverteilung ab. In dieser Arbeit werden beide Funktionen miteinander zu einer Gesamtscherung verknüpft, die ein Maß für die Mischwirkung darstellt. Eine analytische Lösung dieses Problems ist jedoch nur für newtonsche Schmelzen möglich.

In [41] wird ein Ansatz vorgestellt, welcher die Verweilzeitverteilung in Schmelzeextrudern approximiert (durch die sogenannten Weibullfunktionen). Wie dort gezeigt wird, hängt die Breite der Verweilzeitverteilung (dort auch Quermischgrad genannt) sehr stark vom Werte π_V ab.

Die Varianz σ^2 der Verteilungsfunktionen beschreibt dabei die Mischwirkung des Extruders. σ^2 verändert sich zwischen Null und Eins, wobei $\sigma^2 = 1$ dem idealen Mischer entspricht und für $\sigma^2 = 0$ keine Mischwirkung erzielt wird. Die angegebenen Beziehungen sind nur noch von dem dimensionslosen Volumenstrom π_V (d.h. dem auf die Schleppleistung bezogenen Durchsatz) abhängig. In [42] werden hierfür die folgenden Approximationsbeziehungen angegeben.

$$\sigma^2 = 1 - \Theta_1 \sqrt{\frac{\pi_V}{2}} \tag{42}$$

$$\Theta_1 = 0{,}75\ \pi_V^{0{,}23(1-n)} \tag{43}$$

Qualitativ verdeutlichen die obigen Gleichungen jedoch, daß eine Verringerung von π_V in allen Fällen zu einer Verbesserung der Mischwirkung führt.

Bei der Auslegung von Mischteilen ist also darauf zu achten, daß sich bei konstantem Durchsatz und möglichst gleichem Druckaufbau im Mischteil ein niedriger dimensionsloser Volumenstrom einstellt. Wie die folgenden Betrachtungen zeigen, kann dies dadurch geschehen, daß das Mischteil eine größere Gangsteigung erhält als der Rest der Schnecke.

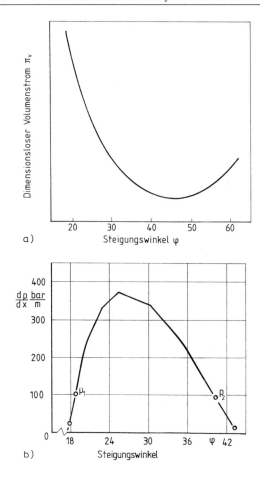

Bild 5.19 Schleppstrom und Druckaufbau (für konstanten Massedurchsatz) für verschiedene Gangsteigungswinkel

Bild 5.19 zeigt π_V in Abhängigkeit des Steigungswinkels φ. Für einen gegebenen Schneckendurchmesser D und die Kanaltiefe H führt (bei konstanter Drehzahl und konstantem Durchsatz) eine Vergrößerung des Steigungswinkels zu einer Verminderung von π_V. Die Kurve $\pi_V = f(\varphi)$ durchläuft bei 45° ein Minimum. Nach dem vorher Gesagten erzielt also ein Mischteil mit dem Steigungswinkel 45° (und gleicher Gangtiefe wie der Rest der Schnecke) die höchste Mischwirkung, die mit einer solchen Geometrievariation erreichbar ist.

Bild 5.19 verdeutlicht ebenfalls (für einen vorgegebenen Massedurchsatz) beispielhaft die Auswirkung einer derartigen Steigungsvariation auf den realisierbaren Druckgradienten. Dieser ist hier als eine Funktion der Schneckensteigung dargestellt. Wie zu erkennen ist, existieren im dargestellten Fall zu jedem Druckgradienten zwei mögliche Steigungswinkel (bei gleichem Durchsatz).

Weiterhin wird deutlich, daß bei zu großem Steigungswinkel mit Durchsatzeinbußen zu rechnen ist. Eine Vergrößerung der Gangsteigung auf ca. 40° (P_2) würde eine der normalen Schnecke (P_1) vergleichbare Durchsatzleistung erbringen. Wie Bild 5.19 aber verdeutlicht, ist hier mit einer erheblichen Homogenitätsverbesserung durch die erhöhte Querströmung zu rechnen. Es ist also ein effektives Mischteil möglich, welches keine Durchsatzeinbuße mit sich bringt.

5.4 Modellierung von Teilprozessen der Kautschukextrusion

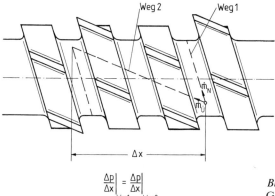

$$\left.\frac{\Delta p}{\Delta x}\right|_{Weg1} = \left.\frac{\Delta p}{\Delta x}\right|_{Weg2}$$

Bild 5.20 Schematische Aufteilung des Gesamtmassenstromes

Auf die Möglichkeiten zur Auslegung eines überschnittenen Mischteils wird in [43] eingegangen. Wesentlich ist hier die Voraussetzung, daß der Druck an der Stelle 2 und an der Stelle 1 für beide in Bild 5.20 dargestellten Fließpfade der gleiche sein muß. Hieraus ergeben sich die zwei unterschiedlichen Druckgradienten: $(\delta p/\delta z)_{\varphi_1}$ und $(\delta p/\delta z)_{\varphi_2}$. Die in Abschnitt 5.4.4 und 5.4.5 aufgestellten Beziehungen werden nun für die Gänge der Überschneidungen ebenso angesetzt wie für den Schneckenkanal an sich. Bei Variation des Durchsatz- bzw. Volumenstromverhältnisses ergibt sich eine Lösung, bei welcher die Druckänderung auf beiden Fließwegen gleich ist. In Bild 5.21 sind Berechnungsergebnisse für drei unterschiedliche Betriebspunkte bei zwei verschiedenen Viskositätsniveaus dargestellt. Sie zeigen die Aufteilung des Gesamtmassestromes in die in den Überschneidungen (Index $Ü$) und im „normal" geschnittenen Bereich (Index N) strömenden Anteile. So ist in Bild 5.21 [43] zu erkennen, daß je nach Viskosität bei Druckgradienten von 280 bis 350 bar/m mit Rückströmungen in den Überschneidungen zu rechnen ist (Druckgradienten, oberhalb denen $\dot{m}_ü < 0$ wird).

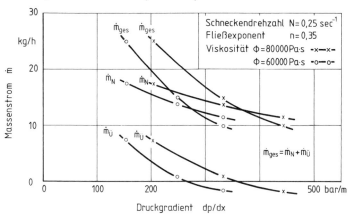

Bild 5.21 Durchsatzverhalten von Mischteil

Im Falle von Stiftextrudern können die in Abschnitt 5.4.3 bis 5.4.5 erwähnten Modelle ebenfalls benutzt werden. Allerdings sind die Stiftebenen von der wirksamen Schneckenlänge abzuziehen, so daß man quasi mit einer kürzeren Schnecke rechnet. Bei der Massetemperaturberechnung sind die Verhältnisse komplizierter, da man einerseits die größere wärmeaustauschende Fläche, andererseits die Dissipation durch die Stifte in Betracht ziehen muß.

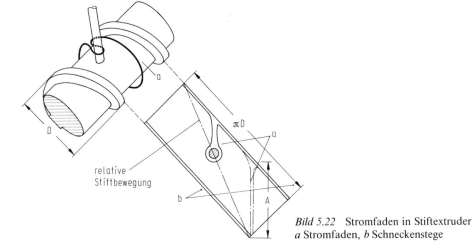

Bild 5.22 Stromfaden in Stiftextruder
a Stromfaden, b Schneckenstege

Die Beurteilung der Mischwirkung der Stifte ist durch Betrachtungen nach [44] möglich, die davon ausgehen, daß die Stifte Stromfäden so lang ausziehen, bis diese an der nächsten Stiftebene abgeschert werden, siehe Bild 5.22. Wird nun der Abstand der Stiftebenen verringert, so nimmt die Länge der ausgezogenen Stromfäden ab. Daraus ergibt sich, daß zur Erzielung der gleichen Mischgüte bei abnehmendem Ebenenabstand die Anzahl der Stifte pro Ebene ansteigen muß. Nach [12, 44] gilt hier folgender Zusammenhang

$$A \sim \frac{D}{Z} \qquad (44)$$

Außerdem kann in [12, 44] gezeigt werden, daß die erzeugten Stromfäden exponentiell mit der Anzahl der Stiftebenen Y ansteigen.

$$St \sim Z^Y \qquad (45)$$

Somit kann zur Homogenisierwirkung der Stifte festgehalten werden, daß diese mit sinkendem Ebenenabstand sinkt, und daß die Anzahl der Stiftebenen wesentlich einflußreicher ist als die Anzahl der Stifte pro Ebene.

5.4.7 Beurteilung der thermischen Homogenität

Liefern die oben angeführten Ansätze auch Grundlagen zur Berechnung der mittleren Massetemperatur im Schneckengang, so ist mit ihnen jedoch keine Aussage über die Temperaturverteilung möglich. Oft sind es aber gerade Temperaturspitzen, die zu Anvernetzungen im Werkzeug und zu Ausschuß führen.

Eine Berechnung der realen Strömungsverhältnisse unter nicht-isothermen Bedingungen ist ungeheuer aufwendig und daher zur Zeit wenig praxisnah. Ebenso ist die Berechnung der Temperaturverteilung im Schneckenkanal heute kaum möglich. Da es das Ziel dieses Buches ist, einfache Mittel zur Abschätzung von Betriebsparametern vorzustellen, wurde hier nach einfachen Wegen gesucht, die Temperaturverteilung zumindest näherungsweise zu erfassen.

Die Vorgehensweise ist dabei halbempirisch; es wird davon ausgegangen, daß die nach den oben geschilderten Methoden berechnete mittlere Massetemperatur im Kanal vorliegt, was auch die Gegenüberstellung von Meß- und Rechenwerten bestätigt. Um nun von der mittleren Massetemperatur zur Temperaturverteilung zu gelangen, wird der empirische Ansatz

$$\vartheta = a + by + cy^2 \qquad (46)$$

benutzt [7, 34].
Unter Einführung der Randbedingungen

$$\int_0^H \vartheta \cdot dy = \bar\vartheta_m H$$

$$y = 0 \Rightarrow \vartheta = \vartheta_s, \quad y = H \Rightarrow \vartheta = \vartheta_z$$

ergibt sich die Lösung

$$\vartheta = \vartheta_s + 2(3\,\bar\vartheta_m - 2\vartheta_s - \vartheta_z)\left(\frac{y}{H}\right) - 3(2\bar\vartheta_m - \vartheta_s - \vartheta_z)\left(\frac{y}{H}\right)^2 \qquad (47)$$

Wie die praktische Überprüfung des Ansatzes zeigt, ist hiermit eine einfache und doch gute Abschätzung des Temperaturprofils möglich [7].

5.4.8 Nichtisotherme Durchsatzberechnung

Wie schon anfangs ausgeführt wurde, ist durch Variation der thermischen Randbedingungen ein starker Eingriff in das Durchsatzverhalten des Extruders möglich. Diese Eingriffe kann das bisher vorgestellte Prozeßmodell für die Austragszone des Extruders nur unvollkommen erfassen, da es zwar den Einfluß der thermischen Randbedingungen auf die mittlere Massetemperatur, nicht aber auf das Geschwindigkeitsprofil beschreibt.

Eine modellhafte Aufteilung des Volumenstroms in Druck- und Schleppströmung läßt dabei auch die getrennte Betrachtung der Auswirkungen nichtisothermer Verhältnisse auf beide Durchsatzanteile zu.

Die Beeinflussung der Druckströmung durch nichtisotherme Verhältnisse ist – wie die Arbeiten [45] und [46] zeigen – relativ schwach und kann durch Rechnen mit einer anderen mittleren Massetemperatur näherungsweise erfaßt werden. Das isotherme Prozeßmodell gibt insofern die Veränderungen des Druckstroms bei Variation der Zylinder- oder Schneckentemperatur tendenziell richtig wieder.

Die Schleppströmung hingegen wird – wie eigene Untersuchungen beweisen – sehr stark mit Variation der thermischen Randbedingungen verändert; dies gilt vor allem für die Schneckentemperatur [7, 47, 48]. Dieser Einfluß ist im isothermen Rechenmodell nicht erfaßt.

Eine gekoppelte Berechnung von Temperatur- und Geschwindigkeitsfeldern ist dabei – wie oben ausgeführt – sehr aufwendig und soll aus den genannten Gründen hier nicht vorgenommen werden. Aber auch mit einfachen Mitteln ist es möglich, den Einfluß der thermischen Randbedingungen qualitativ und quantitativ richtig zu erfassen. Ausgangspunkt ist hierbei die oben durchgeführte getrennte Betrachtung für Druck- und Schleppstrom. Da die nichtisothermen Verhältnisse vor allem den Schleppstrom verändern, wird allein dieser nichtisotherm berechnet, was mit einfachen Mitteln möglich ist [7].

Wie schon in Abschnitt 5.4.3 erwähnt, ist im Fall reinen Schleppens die Schubspannung über der Kanalhöhe konstant. Dies gilt auch im nichtisothermen Fall. Gleichung (7) kann daher schichtweise angesetzt werden:

$$\bar\gamma_i = \left(\frac{\bar\tau}{\Phi_i}\right)^{\frac{1}{n}} \qquad (48)$$

Die Integration über einer Schicht, analog zu Gleichung (8), führt zur Berechnung der Geschwindigkeitsänderung in dieser; die Schleppgeschwindigkeit v_{oz} muß die Summation aller Geschwindigkeitsänderungen von $y=0$ bis $y=H$ sein, d.h. für N_s Elemente der Dicke Δy:

$$v_{oz} = \bar{\tau}^{\frac{1}{n}} \sum_{i}^{N_s} \left(\frac{1}{\Phi_i}\right)^{\frac{1}{n}} \cdot \Delta y \tag{49}$$

Damit ist $\bar{\tau}$ berechenbar

$$\bar{\tau} = \left(\frac{v_{oz}}{\sum\limits_{i}^{N_s} \left(\frac{1}{\Phi_i}\right)^{\frac{1}{n}} \cdot \Delta y_i}\right)^n \tag{50}$$

Setzt man $\bar{\tau}$ in die folgende Gleichung ein, so erhält man den nicht-isothermen Schleppstrom [7]:

$$\dot{V}_{sni} = \sum_i \dot{V}_i = \sum_i B\bar{\tau}^{\frac{1}{n}} \left[\left(\frac{1}{\Phi_i}\right)^{\frac{1}{n}} \left[\frac{y_i^2 - y_{i-1}^2}{2} - y_i \Delta y\right] + \Delta y^2 \sum_{j}^{i-1} \left(\frac{1}{\Phi_j}\right)^{\frac{1}{n}}\right] \tag{51}$$

Die dargestellte Summenbeziehung ist bei Vorgabe eines Temperaturprofils einfach zu lösen. Das Temperaturprofil kann dabei mit Hilfe der in Abschnitt 5.1.7 angegebenen Beziehung (Gleichung 47) ermittelt werden. Der auf diese Art und Weise berechnete Schleppstrom führt bei Vorgabe eines Massedurchsatzes zum dimensionslosen Schleppstrom π_{vni}:

$$\pi_{vni} = \frac{\dot{m}}{\varrho \dot{V}_{sni}} \tag{52}$$

Mit Hilfe der in Abschnitt 5.1.2 und 5.1.3 angegebenen Beziehungen läßt sich dann der überfahrbare Druckgradient berechnen. Wie gut dieses Näherungsverfahren die praktischen Verhältnisse beschreibt, soll Bild 5.23 verdeutlichen. Mit einer EPDM-Mischung wurden hier Versuchsserien mit unterschiedlicher Schneckentemperatur auf dem 60 mm-Kautschukextruder durchgeführt. Wie zu erkennen ist, beschreibt das modifizierte nicht-isotherme Prozeßmodell die Verhältnisse sehr gut.

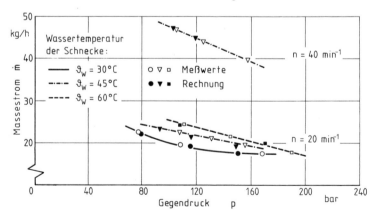

Bild 5.23 Überprüfung des nicht-isothermen Prozeßmodells durch Praxisversuche

5.4.9 Stabilitätsbetrachtung

Wie schon erwähnt, ist eine Auslegung allein unter den Aspekten der Massetemperaturentwicklung und des Druckaufbaus unzureichend, da sie nicht das Betriebsverhalten des Extruders berücksichtigt. Ein wesentliches Kriterium zur Beurteilung eines Betriebspunktes ist dessen Stabilität, d.h. dessen Empfindlichkeit gegen Störungen, z.B. durch unterschiedlichen Einzug und dessen Neigung zu Pulsationen.

Bild 5.24 zeigt die Durchsatzleistung eines Extruders als eine Funktion der gefüllten Schneckenlänge L sowie des Gegendruckes p. Man erkennt, daß im Beispiel die Steigung der Funktion $\dot{m} = f(p)$ im Arbeitsbereich der Maschine konstant ist, während die Funktion $\dot{m} = f(L)$ sich im Arbeitsbereich verändert. Mit dem oben vorgestellten Beziehungen ist die Funktion von $\dot{m} = f(p)$ einfach zu berechnen. Wegen Fütterschwankungen oder Schwankungen der Geometrie des Aufgabeguts kann aber die gefüllte Schneckenlänge in steile Bereiche der Funktion $\dot{m} = f(L)$ geraten, so daß Durchsatzschwankungen unvermeidlich sind.

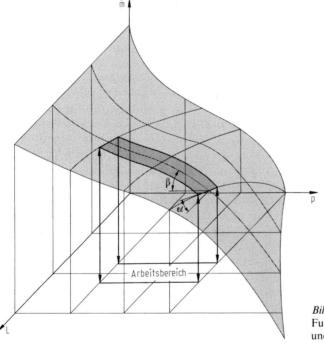

Bild 5.24 Ausstoß ($\dot{m}$) als Funktion des Gegendrucks p und der Schneckenlänge L

Zur Untersuchung der Stabilität soll daher der Zusammenhang zwischen Massedurchsatz und Schneckenlänge betrachtet werden (Bild 5.24). Zum Überfahren eines gegebenen Gegendruckes ist - abhängig vom zu erzielenden Durchsatz - eine bestimmte gefüllte Schneckenlänge notwendig.

Man erkennt, daß bei größerer Schneckenlänge der Extruder stabiler wird, d.h. Schwankungen der gefüllten Schneckenlänge, z.B. durch kurzzeitiges Unterfüttern, haben hier unterproportionale Durchsatzschwankungen zur Folge. Unterhalb bestimmten Schneckenlängen L_{Krit} nimmt die Steigung der Funktion $\dot{m} = f(L)$ merklich zu, der Extruder wird zunehmend instabil. Eine Stabilitätsbetrachtung mit Hilfe des Prozeßmodells erfolgt nun durch Vorgabe von zwei Massedurchsätzen $\dot{m}_1$ und $\dot{m}_2 = 0.9 \cdot \dot{m}_1$, wobei der geforderte

Druckaufbau bei den Längen l_1 und l_2 erreicht wird. Die auf die Gesamtlänge der Schnecke ($L_{\text{Ges}} = l_1$) bezogene Längenänderung wird als Stabilitätskoeffizient SK bezeichnet:

$$SK = \frac{L_1 - L_2}{L_1} = \frac{\Delta L}{L_{\text{ges}}} \qquad (53)$$

Vergleiche zwischen stabil und instabil arbeitenden Extrudern zeigten, daß der Stabilitätskoeffizient sich gut zur Abschätzung des Betriebsverhaltens eignet [6, 7]. Als ein Beispiel ist in Bild 5.25 die Stabilitätserhöhung, die sich in Versuchen durch Erhöhung der Schneckentemperatur einstellte, theoretisch vorhergesagten Stabilitätskoeffizienten gegenübergestellt.

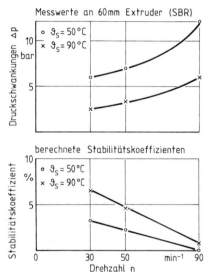

Bild 5.25 Überprüfung der Stabilitätsbetrachtung durch praktische Versuche

Wie zu erkennen, ist mit dem Prozeßmodell für die Austragszone nicht nur eine Optimierung der Betriebsparameter hinsichtlich Durchsatz und Temperatur möglich, sondern auch eine gezielte Verbesserung des Betriebsverhaltens durchführbar. Natürlich muß eine Stabilitätsanalyse stets beide in Bild 5.24 dargestellten Funktionen berücksichtigen. So ist der gerade dargestellte Stabilitätskoeffizient z.B. für ungedrosselte Extruder sehr groß, was der praktischen Erfahrung widerspricht, da derartig betriebene Extruder sehr instabil arbeiten. Der Grund dafür ist in der Durchsatz/Gegendruck-Charakteristik der Schnecke zu sehen, welche bei geringen Gegendrücken sehr steil ist (Bild 5.24). In der Regel wird in diesem Betriebsbereich jedoch nicht produziert, weshalb die Massedurchsatz-Längen-Charakteristik, welche oben aufgeführt wurde, signifikanter ist.

5.4.10 Praktische Hinweise zum Arbeiten mit dem Prozeßmodell

Den möglichen Anwendern der dargestellten Modelle wird eventuell die Erfordernis der Kenntnis zahlreicher Stoffdaten von der Benutzung der Theorie fernhalten. Insbesondere die schwierige Ermittlung rheologischer Kenndaten, welche zudem mit hohem zeitlichen Aufwand verbunden ist, scheint gegen eine leichte Anwendung zu sprechen. Die Ermittlung thermischer Stoffdaten ist nicht weniger schwierig. Man sollte sich aber vor Augen halten, daß weder die Wärmeleitfähigkeit noch die Wärmekapazität einen signifikanten

Einfluß auf das Rechenergebnis haben, was im folgenden am Beispiel des Nomogramms gezeigt werden soll: Setzt man im Anhang die Daten

$$\lambda = 0{,}2 \ \frac{W}{mK} \quad \text{und} \quad c_v = 1500 \ \frac{J}{KgK}$$

oder alternativ

$$\lambda = 0{,}4 \ \frac{W}{mK} \quad \text{und} \quad c_v = 2000 \ \frac{J}{KgK} *)$$

ein, so ergibt sich statt einer Gleichgewichtstemperatur von 99 °C ein Wert von 93 °C. Man erkennt, daß große Abweichungen der thermischen Stoffdaten kleine Änderungen im Ergebnis nach sich ziehen. Für beide Größen ist daher ein Arbeiten mit Schätzwerten möglich, wobei von folgendem Wertebereich auszugehen ist:

$$c_v \approx 1400\text{-}2000 \ \frac{J}{KgK}, \quad \lambda \approx 0{,}2\text{-}0{,}4 \ \frac{W}{mK}.$$

(Siehe auch Kapitel 2)

Die rheologischen Werte können bei Kenntnis einiger Betriebspunkte eines Extruders aufgrund der oben angenommenen Schätzwerte der thermischen Stoffdaten nun solange verändert werden, bis ein Betriebsfeld mit genügender Genauigkeit beschrieben werden kann. Möglicherweise sind die so gefundenen „Stoffdaten" nicht exakt den mit einem Rheometer meßbaren gleichzusetzen, sie sind aber auf alle Fälle geeignet, den entsprechenden Prozeß zu beschreiben und erlauben nun die Durchführung von Optimierungsrechnungen. Aufgrund zahlreicher Erfahrungen kann als Startwert für die Abschätzung rheologischer Stoffdaten von den Werten

$$\Phi_{(100\,°C)} = 0{,}8\text{-}1{,}2 \cdot 10^5 \ Pa \ s^{\frac{1}{n}} \quad \text{und} \quad n = 0{,}3 \text{ bis } 0{,}4$$

ausgegangen werden.

5.5 Modelltheoretische Übertragung von Betriebspunkten für Kautschukextruder

Approximieren die zuvor vorgestellten Ansätze auch die Praxis recht gut, so ist deren Anwendung aber auch mit relativ hohem Rechenaufwand verbunden. Außerdem muß eine Vielzahl von Stoffdaten ermittelt werden.

Die im folgenden diskutierte Modelltheorie benötigt wesentlich weniger Stoffdaten und ist mit geringem rechnerischen Aufwand anwendbar.

Ziel der Modelltheorie ist es, Betriebspunkte vom Labor- auf Produktionsextruder zu übertragen. Hierdurch kann zum Beispiel die Mischungsentwicklung und Betriebspunktoptimierung auf Labormaschinen durchgeführt werden, wobei die Modelltheorie die Übertragung auf die größere Produktionsmaschine ermöglicht oder Informationen darüber liefert, ob ein Betriebspunkt sich in der Produktion einstellen läßt.

---

*) mit $D = 60$ mm, $H = 12$ mm, $I = 2$, $E = 8$ mm, $\delta = 0{,}1$ mm, $\varphi = 17{,}67°$, $N = 0{,}75 \ \text{sec}^{-1}$, $\vartheta_s = 90°$, $\varrho = 1250 \ kg/m^3$, $\vartheta_{st} = 0°$, $n = 0{,}3$; $\Phi = 100.000 \ Pa \cdot s^{-1}$ bei $\vartheta = 80°C$.

Auf der anderen Seite kann die Modelltheorie zur Baureihenauslegung von Schnecken benutzt werden, eine optimierte Basisschnecke wird also als Grundlage zur Auslegung anderer Schnecken benutzt.

5.5.1 Grundlagen der Modelltheorie

Hauptaufgabe des Extruders ist es, einen bestimmten Massedurchsatz $\dot{m}$ mit einer bestimmten Massetemperatur ϑ_m bereitzustellen, wobei aus verfahrenstechnischer Sicht vor allem interessant ist, wieviel der hierzu aufzubringenden Energie über Schneckenleistung P_s und wieviel über Heizleistung $\dot{Q}_H$ eingebracht wird. Wie in [49] gezeigt wird, wird hierdurch zum einen das Strömungsprofil im Schneckengang (und damit die Materialbeanspruchung), zum anderen der Wärmeübergang zwischen der Zylinderoberfläche und der im Schneckenkanal strömenden Kautschukmischung (und damit die thermische Homogenität) gekennzeichnet. Da hiermit die verfahrenstechnisch wichtigsten Prozeßbedingungen charakterisiert sind, ist eine Modellübertragung, welche von der Energiebilanz ausgeht, sinnvoll.

Eine auf dem Prinzip der energetischen Ähnlichkeit basierende Modelltheorie für Extruder wurde in [50 bis 52] entwickelt, wobei hier auf die Arbeit von [53 bis 55] aufgebaut werden konnte. Im Bereich der Kautschukextruder konnte in [56] deren grundsätzliche Anwendbarkeit aufgezeigt werden.

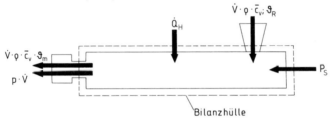

Bild 5.26 Leistungsbilanz – Modelltheorie

Ausgangspunkt dieser Modelltheorie ist eine Leistungsbilanz am Extruder, die (Bild 5.26) zu folgendem Zusammenhang führt:

$$\Delta p \dot{V} + \varrho c_v \dot{V} \Delta \vartheta + P_s \pm \dot{Q}_H = 0 \tag{54}$$

Hieraus lassen sich nun die Kennzahlen π_1 und π_2 bilden, die, wie schon oben erwähnt, die verfahrenstechnisch wichtigsten Prozeßgrößen charakterisieren:

$$\pi_1 = \frac{P_s}{\varrho c_v \dot{V} \Delta \vartheta} \qquad \pi_2 = \frac{\dot{Q}_H}{\varrho c_v \dot{V} \Delta \vartheta} \tag{55}$$

Die Energiebilanz lautet nun in dimensionsloser Form:

$$\pi_1 \pm \pi_2 = 1 + \frac{\Delta p}{\varrho c_v \Delta \vartheta} \tag{56}$$

Somit liegen Kennzahlen für die Modelltheorie fest. Da nach der allgemeinen Ähnlichkeitslehre aber die Zahl der Kenngrößen gleich der Zahl der auftretenden Einflußgrößen minus der Anzahl der auftretenden Grunddimensionen sein muß, sind nach [49] noch weitere fünf Kenngrößen zu definieren. Vier Kennzahlen definiert man durch die exponentielle Verknüpfung von Geometrieparametern der Schnecke, also Schneckenlänge und -steigung sowie Gangtiefe, und der Drehzahl mit dem Schneckendurchmesser:

5.5 Modelltheoretische Übertragung von Betriebspunkten für Kautschukextruder

$L \sim D^a$ bzw. $L = \pi_3 \cdot D^a$ (57)

$H \sim D^b$ bzw. $H = \pi_4 \cdot D^b$

$N \sim D^c$ bzw. $N = \pi_5 \cdot D^c$

$S \sim D^d$ bzw. $S = \pi_6 \cdot D^d$

Die letzte noch fehlende Beziehung muß die Verknüpfung mit dem jeweils verarbeiteten Material einführen, das heißt, sie muß dessen Fließverhalten berücksichtigen. Um die Temperatur- und Schergeschwindigkeitsabhängigkeit der Viskosität zu beschreiben, eignet sich ein Potenzansatz der Form

$$\eta \sim \eta_0 \cdot \left(\frac{\vartheta_m}{\vartheta_{m_0}}\right)^{-l} \cdot \left(\frac{\dot{\gamma}}{\dot{\gamma}_0}\right)^{n-1} \qquad (58)$$

Die Exponenten n und l lassen sich dabei aus der Viskositätsfunktion des Stoffes ermitteln.

Wie in [49] gezeigt wird, lassen sich nun unter der Voraussetzung konstanter Kennzahlen π_1 bis π_6 und für gleiches Material auf Labor- und Produktionsmaschine Modellgesetze entwickeln, welche die Hochrechnung einzelner Betriebsparameter wie Massetemperatur, Massedurchzahl und so weiter erlauben. Eine Zusammenstellung der Modellgesetze für Einschneckenextruder zeigt Bild 5.27.

Allgemeines Gesetz $\dfrac{A}{A_0} = \left(\dfrac{D}{D_0}\right)^{\text{Exponent}}$	
A	Exponentialfunktion
L	a
H	b
N	c
S	d
$\dot{\gamma}$	$1 - b + c$
$\Delta\vartheta_m$	$\dfrac{1}{1+l}[1 + a - b - d + n(1 - b + c)]$
p	$\dfrac{1}{1+l}[1 + a - b - d + n(1 - b + c)]$
$\dot{m}$	$1 + b + c + d$
P_S	$1 + b + c + d + \dfrac{1}{1+l}[1 + a - b - d + n(1 - b + c)]$
$\dot{Q}_H$	$1 + b + c + d + \dfrac{1}{1+l}[1 + a - b - d + n(1 - b + c)]$
M_d	$1 + b + d + \dfrac{1}{1+l}[1 + a - b - d + n(1 - b + c)]$
t	$a - c - d$
$\dot{q}$	$-a + b + c + d + \dfrac{1}{1+l}[1 + a - b - d + n(1 - b + c)]$
$\Delta\vartheta_h$	$-a + \dfrac{4}{3}b + \dfrac{2}{3}c + \dfrac{2}{3}d + \dfrac{1}{1+l}[1 + a - b - d + n(1 - b + c)]$

Bild 5.27 Modellgesetze für Einschneckenextruder

5.5.2 Anwendung der Modelltheorie

Das System der Modellgesetze stellt Gleichungen mit insgesamt vier Unbekannten dar, nämlich den Exponenten a bis d. Zu deren Ermittlung sind vier Gleichungen erforderlich. Der Anwender hat daher vier Vorgaben, sogenannte Restriktionen, zu treffen. Dies könnten zum Beispiel auf seiten eines Verarbeiters Geometrie und Drehzahl der Produktionsmaschine sein. Durch Vergleich mit dem Laborextruder ergeben sich dann die Exponenten a bis d direkt zu:

$$a=\frac{\lg\left(\frac{L}{L_0}\right)}{\lg\left(\frac{D}{D_0}\right)}, \quad b=\frac{\lg\left(\frac{H}{H_0}\right)}{\lg\left(\frac{D}{D_0}\right)}, \quad c=\frac{\lg\left(\frac{N}{N_0}\right)}{\lg\left(\frac{D}{D_0}\right)}, \quad d=\frac{\lg\left(\frac{S}{S_0}\right)}{\lg\left(\frac{D}{D_0}\right)}. \tag{59}$$

Das Einsetzen von a bis d in die entsprechenden Modellgesetze liefert dann Prozeßgrößen der Hauptmaschine.

Auf seiten eines Maschinenherstellers wird in der Regel die umgekehrte Vorgehensweise von Interesse sein, also die Vorgabe der Prozeßparameter, wobei sich dann über die Lösung der Modellgleichungen die Abmessungen der Hauptmaschine ergeben.

5.5.3 Erweiterung der Modelltheorie für Stiftextruder

Wie schon einleitend erwähnt, wurden in [56] spezielle Gesetze für den Stiftextruder entwickelt. Ausgangspunkt der Stiftgesetze sind dabei Betrachtungen zum Wärmeübergang an den Stiften sowie statistische Mittel, um die Verteilwirkung der Stifte zu beschreiben [44, 57]. Letztlich führten diese Überlegungen zu sechs zusätzlichen Gesetzen für den Stiftextruder, und zwar für

- Stiftdurchmesser d_{st},
- Stiftanzahl $Z \cdot Y$,
- Anzahl der Stiftebenen Y,
- Anzahl der Stifte pro Ebene Z,
- Abstand der Stiftebenen A,
- Mischgüte MG,
- Homogenität H_m.

Allgemeines Gesetz $\frac{\bar{A}}{\bar{A}_0} = \left(\frac{D}{D_0}\right)^{\text{Exponent}}$	
$\bar{A}$	Exponentialfunktion
d_{st}	b
$Y \cdot Z$	$a - \frac{7}{3}b + \frac{4}{3}$
Y	$a - \frac{7}{6}b + \frac{1}{6}$
Z	$-\frac{7}{6}b + \frac{7}{6}$
A	$\frac{7}{6}b - \frac{1}{6}$
Außerdem gilt:	
$\left(\frac{MG}{MG_0}\right)$	$\left(\frac{D}{D_0}\right)^{\frac{7}{6}(1-b) \cdot Y - d} \cdot Z_0^{Y-Y_0}$
$\left(\frac{H_m}{H_{m_0}}\right)$	$\log\left(\frac{MG}{MG_0}\right)$

Bild 5.28 Modellgesetze für Stiftextruder

5.5 Modelltheoretische Übertragung von Betriebspunkten für Kautschukextruder

Ein Nachteil der in [44, 56] entwickelten Stiftgesetze ist es, daß hier keine Kopplung mit dem Betriebspunkt erfolgte, die Ergebnisse dieser Beziehungen sind also beispielsweise unabhängig vom Massedurchsatz. Die Einbringung neuerer Erkenntnisse führte zu der Entwicklung verbesserter Modellgesetze [7, 13], die in Bild 5.28 zusammengefaßt sind.

5.5.4 Praktische Überprüfung der Modelltheorie

Die praktische Überprüfung der Modelltheorie setzt Versuche auf Extrudern unterschiedlicher Größe voraus, wobei die Kennzahlen (π_1 bis π_6) sowie das Material konstant zu halten sind. Da π_3 bis π_6 lediglich eine exponentielle Verknüpfung der betreffenden Schneckengeometrien und Drehzahlen darstellen, ist letztlich nur auf eine Konstanz von π_1 und π_2 zu achten.

Hierbei ist es wichtig, Schnecken und Betriebspunkte zu wählen, welche auch die gleiche Einstellung der Kennzahlen auf beiden Maschinen gestatten. Wie noch im Kapitel „Anwendungshinweise" gezeigt werden wird, ist dies bei großen Dimensionsunterschieden oft nicht selbstverständlich. Allerdings liefert die Modelltheorie Kontrollgrößen, welche die Einstellbarkeit eines Betriebspunktes charakterisieren.

Sind die oben angegebenen Voraussetzungen erfüllt, so ist die Überprüfung der Modellgesetze möglich, wobei es grundsätzlich keine Rolle spielt, ob beide Schnecken modelltheoretisch ausgelegt sind (dies erleichtert allerdings die Einstellung entsprechender Betriebspunkte).

5.5.4.1 Konventionelle Extruder

Hier wurden Versuchsreihen an einem 60 mm- sowie einem 90 mm-Extruder durchgeführt, wobei eine EPDM- und eine CR-Mischung verarbeitet wurde [58]. Die auf dem Bild 5.29 dargestellten Vergleiche zwischen Meß- und Rechenwerten verdeutlichen die

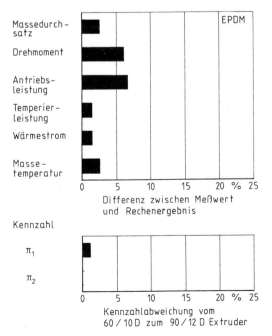

Bild 5.29 Überprüfung der Modelltheorie am konventionellen Extruder mit EPDM-Mischung

Gültigkeit der Modelltheorie für die Prozeßparameter Durchsatz, Drehmoment, Antriebsleistung, Temperierleistung, Wärmestrom und Massetemperatur. Im unteren Bildfeld sind außerdem die Abweichungen der energetischen Kennzahlen verdeutlicht. Wie klar zu erkennen ist, wird die Übereinstimmung zwischen Meß- und Rechenwerten um so größer, je genauer es gelingt, die gleiche Kennzahl auf Modell- und Hauptmaschine einzustellen (s. a. Bild 5.30). Hinsichtlich der untersuchten Mischungen sind keine signifikanten Unterschiede festzustellen.

Die Abweichungen zwischen Meß- und Rechenwerten bewegen sich jeweils, vorausgesetzt, π_1 und π_2 stimmen überein, im Rahmen der Meßgenauigkeit der jeweiligen Größe (ca. 5%). Diese Ergebnisse werden durch die guten Resultate weiterer Überprüfungen [13, 58, 59] gestützt.

Angesichts dieser geringen Differenzen kann die Modelltheorie für konventionelle Kautschukextruder als anwendbar gelten.

5.5.4.2 Stiftextruder

Zur Überprüfung der Modelltheorie für Stiftextruder wurden Versuche an drei Extrudern unterschiedlicher Baugröße durchgeführt (150, 90, 60 mm Schneckendurchmesser) [13].

Bild 5.30 zeigt eine Gegenüberstellung von Meß- und Rechendaten hinsichtlich der Parameter Massedurchsatz, Massetemperatur, Drehmoment und Antriebsleistung. Wie bei dem Beispiel für den konventionellen Extruder sind außerdem die Abweichungen der energetischen Kennzahlen π_1 und π_2 dargestellt. Man erkennt, daß auch hier die Abweichungen im Rahmen der Meßgenauigkeit liegen und um so kleiner sind, je besser es gelang, energetisch ähnliche Betriebspunkte einzustellen. Die Zusammenfassung der Ergebnisse aller Versuche läßt daher den Schluß zu, daß die Modelltheorie auch auf Stiftextruder anwendbar ist.

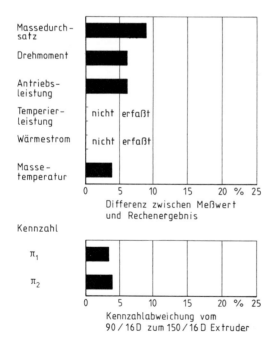

Bild 5.30 Überprüfung der Modelltheorie für den Stiftextruder mit EPDM-Mischung

5.5.5 Praktische Hinweise zum Arbeiten mit der Modelltheorie

Wie schon anfangs dieses Kapitels erwähnt, wird beim Rechnen mit der Modelltheorie durch Konstanthalten der aus der Energiebilanz gewonnenen Kennzahl π_1 und π_2 die energetische Ähnlichkeit gewahrt. Analog ist ein Vergleich von Betriebspunktdaten zweier Maschinen mit der Modelltheorie nur dann sinnvoll und erlaubt, wenn diese energetisch ähnlich sind.

Ein einfaches Kontrollinstrument für diesen Zweck stellt die Kennzahl π_1 dar. In der in Kennzahlen umgeformten Energiebilanz

$$\pi_1 \pm \pi_2 - 1 - \frac{\Delta p \dot{V}}{\Delta \vartheta \cdot \varrho \cdot c_v \cdot \dot{V}} = 0 \tag{60}$$

ist der rechte Term (= Volumenänderungsenergie/Enthalpieerhöhung) üblicherweise um mehr als eine Größenordnung kleiner als π_1 und π_2. Man kann ihn daher in guter Näherung zu Null setzen und erhält damit den Zusammenhang:

$$\pi_1 \pm \pi_2 \approx 1 \tag{61}$$

Hierdurch sind die beiden Kennzahlen eindeutig miteinander verknüpft und ein Konstanthalten einer Kennzahl bewirkt automatisch eine Konstanz der gesamten Energiebilanz. Die zur Berechnung von π_1 erforderlichen Parameter Schneckenleistung, Massedurchsatz, Temperaturerhöhung der Masse sowie Materialdaten sind besonders einfach zu ermitteln, so daß sich das Arbeiten mit dieser Kennzahl anbietet.

Die Bedeutung der Kennzahl π_1 ist sehr umfassend und berücksichtigt sämtliche Einflüsse, die den Betriebspunkt eines Extruders charakterisieren. Als Beispiel wurde hierzu in [13] die Wirkung einer Veränderung der Schneckentemperatur auf den Massedurchsatz bei sonst konstanten Betriebsbedingungen untersucht. Wie die Ergebnisse in Bild 5.31 zei-

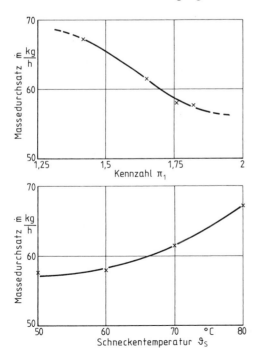

Bild 5.31 Einfluß der Schneckentemperatur auf den Massedurchsatz, widergespiegelt in der Kennzahl π_1

gen, spiegelt sich diese Veränderung eindeutig in der Kennzahl π_1 wieder. In [49] wird der Nachweis geführt, daß bei Konstanz der Kennzahlen π_1 und π_2 auch die Kennzahl π_p konstant ist. π_p charakterisiert jedoch ein bestimmtes Geschwindigkeitsprofil im Schneckenkanal, wodurch letztlich gezeigt ist, daß durch die Kennzahl π_1 nicht nur sämtliche Betriebseinflüsse, sondern auch das Geschwindigkeitsprofil erfaßt wird. Mit Konstanthalten von π_1 wird somit neben dem energetisch ähnlichen Betriebspunkt auch ein identisches Strömungsprofil im Schneckenkanal übertragen.

Sind in der Praxis zwei Extruder unterschiedlicher Baugröße vorgegeben, kann das unter Umständen sehr unterschiedliche Betriebsverhalten beider Maschinen dazu führen, daß sich nicht die energetisch gleichen Betriebspunkte einstellen lassen. Wie in Bild 5.32 dargestellt, ist eventuell bei größeren Dimensionsunterschieden ein gleiches π_1 nicht auf beiden Maschinen sinnvoll einstellbar und ein Vergleich energetisch ähnlicher Betriebspunkte nicht möglich.

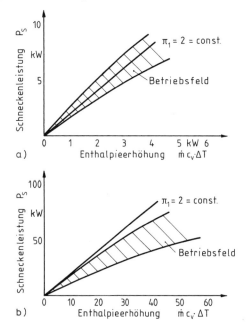

Bild 5.32 Unterschiedliche Betriebsfelder verschiedener Extruder
a) kleiner Extruder
b) großer Extruder

Bei der Auslegung (scale-up) von Extrudern kann es analog vorkommen, daß sich der errechnete Betriebspunkt bei der Hauptausführung nicht verwirklichen läßt. Diese Gefahr ist besonders dann gegeben, wenn der gewählte Modellbetriebspunkt relativ extrem, also am Rande des Betriebsfeldes, liegt. Ein solcher Fall ist zum Beispiel ein sehr stark gekühlter Zylinderbereich der kleineren Modellmaschine, wodurch der Masse ein sehr großer Anteil der Friktionswärme wieder entzogen wird. Dieser große Anteil läßt sich auf der größeren Hauptmaschine in der Regel dann nicht erreichen.

Grundsätzlich liegt bei großen Maschinen der Betriebsbereich tendenziell bei niedrigerem π_1, wie in Bild 5.32 gezeigt. Die Begründung ist darin zu sehen, daß bei großen Extrudern das Wärmeabfuhrproblem deutlich in den Vordergrund tritt. Näherungsweise betrachtet steigt bei Maschinenvergrößerung die abzuführende Friktionswärme nämlich mit dem Massevolumen, also mit der dritten Potenz des Schneckendurchmessers, wohingegen die Wärmeaustauschfläche nur quadratisch ansteigt und die Wärmeübergangskoeffizienten mit zunehmendem Schneckendurchmesser sogar absinken. Die Folge ist, daß in großen

Maschinen eine stärkere Enthalphieerhöhung auftritt und nur ein geringerer Anteil der Friktionswärme durch die Temperierkreisläufe abfließt. Die größere Enthalpieerhöhung drückt sich aus in einer stärkeren Temperaturerhöhung der Masse, wodurch die Temperaturdifferenz zwischen Wandtemperatur und maximaler Massetemperatur (Wandtemperaturdifferenz) normalerweise ansteigt. Große Extruder sind damit gegenüber kleinen grundsätzlich durch höhere Masseaustrittstemperaturen und schlechtere Temperaturhomogenität gekennzeichnet.

Die Wandtemperaturdifferenz bestimmt fraglos entscheidend den auf die Fläche bezogenen Wärmestrom

$$\dot{q}'' = \alpha \cdot \Delta \vartheta_w \qquad (62)$$

so daß umgekehrt dieser Wärmestrom auch als Maß für die Temperaturinhomogenität angesehen werden kann.

Die Größe $\dot{q}''$ bietet sich daher als Kontrollgröße für die Beurteilung der Einstellbarkeit eines Betriebspunktes an. Da der spezifische Wärmestrom über die Modelltheorie berechnet werden kann, steht ein Hilfsmittel zur Verfügung, das es erlaubt, abzuschätzen, ob sich ein auf einem Laborextruder ermittelter Betriebspunkt überhaupt auf einer Produktionsmaschine einstellen läßt. Das sich für viele Verarbeiter oft stellende Problem der Übertragbarkeit ist auf diesem Weg zu lösen. Als Richtwerte seien hier Grenzwerte für den spezifischen Wärmestrom genannt, die aus einer Befragung einiger Extruderhersteller resultieren und welche sich natürlich je nach Anwendungsfall noch verschieben können. Demnach dürften konventionelle Kautschukextruder bis zu einer Qualitätsgrenze von etwa 15 W/cm^2 gute Extrudatqualitäten liefern können.

5.5.6 Restriktionswahl

Für den Verarbeiter, der Betriebspunkte von der Labor- auf die Produktionsanlage hochrechnen möchte, sind durch die Schneckenabmessungen schon drei Restriktionen fixiert (Längen-, Gangtiefen- und Steigungsverhältnis beider Maschinen). Aus der Vielfalt der übrigen Modellgesetze kann daher nur noch ein weiteres vorgegeben werden. Da bei der Übertragung die Massetemperatur wegen der Gefahr des Vernetzens eine sehr kritische Größe ist, ist es empfehlenswert, diese bei der Übertragung vorzugeben. Da die Produktionsextruder zumeist länger sind und außerdem ein ungünstigeres Verhältnis Oberfläche/Volumen besitzen, ist hier ein Betriebspunkt mit gleicher Massetemperatur in der Regel nur bei kleinen Drehzahlen einstellbar. Bei der Modellübertragung sollte daher im Falle der Übertragung zu einer wesentlich längeren Produktionsmaschine eine höhere Massetemperatur vorgegeben werden. Eine weitere interessante Möglichkeit ist die Vorgabe unterschiedlicher Drehzahlen, wobei die Modelltheorie die sich einstellende Massetemperatur liefert.

Im Falle der Modellübertragung bei Stiftextrudern sind bei vorhandenen Anlagen (z.B. bei Verarbeitern) neben den drei geometrischen Größen der Schneckengeometrie (Länge, Gangtiefe, Steigung) auch noch Stiftdurchmesser, Anzahl der Stifte pro Ebene, Ebenenanzahl und Ebenenabstand vorgegeben. Damit liegen sieben Restriktionen fest. Da aber nur die Vorgabe von vier Restriktionen zulässig ist, sollte hier genau wie bei dem Hochrechnen von konventionellen Kautschukextrudern vorgegangen werden, wobei die Wirkung der Stifte hinsichtlich Homogenitätsverbesserung einer gesonderten Betrachtung vorbehalten bleiben muß, was mit Hilfe der in diesem Kapitel aufgeführten Modellgesetze möglich ist.

Für den Maschinenhersteller gelten die oben zur Vorgabe der Massetemperatur gemachten Einschränkungen ebenso; daher sollte die Massetemperatur auch hier als Restriktion gewählt werden. Als übrige Restriktionen bieten sich vor allem Länge und Steigung an. Da bei der Herleitung der Modellgesetze die Transversalströmung (= Querströmung) vernachlässigt wird, welche in erster Linie von der Steigung abhängig ist, sollte das Steigungsverhältnis zwischen großer und kleiner Maschine nicht mehr als 1,5 betragen.

Die oft standardisierten Getriebe und Motoren bieten hier die Motorleistung als vierte Restriktion an. Wegen der vielfach vorgegebenen Durchsatzanforderungen der genannten Extrusionslinie ist es statt dessen natürlich möglich, die Durchsatzleistung direkt vorzugeben.

5.6 Berechnung von Kautschuk-Extrusionswerkzeugen

Wie schon in Kapitel 4 erwähnt, kann man in der Kautschukextrusion grundsätzlich unterscheiden zwischen Werkzeugen mit
- diskontinuierlichem Übergang zur gewünschten Produktgeometrie (Schlitzscheiben),
- kontinuierlichem Übergang.

Mit vertretbarem Aufwand ist nur die letztere Werkzeugart umfassend berechenbar. Hierzu zählen z.B. Dornhalterwerkzeuge zur Schlauchextrusion, Pinolen zur Kabelummantelung, Breitschlitzwerkzeuge zu Gurt- und Bänderextrusion. Obwohl die genaue Strömungsbetrachtung damit auf wenige Werkzeuge anwendbar ist, sollte doch zumindest der Druckbedarf jedes Extrusionswerkzeuges abschätzbar sein. Die in den vorherigen Kapiteln erläuterten Mittel zur Schneckenberechnung sind zwar zur Optimierung von Betriebspunkten hilfreich, im Anwendungsfall ist jedoch stets die Vorgabe eines bestimmten Gegendrucks oder Massedurchsatzes erforderlich. Beide Parameter sind durch die Werkzeuggeometrie eng verknüpft. Die Betrachtung eines bestimmten Betriebspunktes sollte daher die Werkzeuggeometrie bzw. Werkzeugcharakteristik (d.h. $\dot{m} = f(p)$ einbeziehen. Mittel, welche dieses ermöglichen, sollen deshalb in diesem Abschnitt vorgestellt werden.

5.6.1 Berechnung von „viskosen" Druckverlusten

Der Druckverbrauch eines Werkzeugs setzt sich zusammen aus Anteilen, welche aus Scherdeformationen des Materials stammen, als auch aus Anteilen, welche aus Dehn- und Stauchdeformationen (Querschnittsübergänge, konvergente und divergente Zonen) herrühren. Da letztere nur schwer beschreibbar sind, soll an dieser Stelle zunächst auf die durch Scherung verursachten „viskosen" Druckverluste im Werkzeug eingegangen werden. Die Druckverlustberechnung ist in vielfacher Form ein wichtiger Schritt der Werkzeugauslegung. Neben einer Auslegung hinsichtlich eines minimalen Druckverlustes sind einer Druckbedarfsrechnung auch wichtige Qualitätskriterien hinsichtlich der Funktion des Werkzeugs zu entnehmen. Ein Werkzeug, welches z.B. zur Herstellung von Platten den Massestrom des Extruders in die Breite zu verteilen hat, sollte – unter der Voraussetzung einer konstanten Austrittsgeschwindigkeit über der Breite – auf jedem Fließpfad den gleichen Druckverlust erzeugen. Auf der anderen Seite kann die in einer Druckbedarfsrechnung enthaltene Bestimmung der Wandschubspannungen Aufschlüsse darüber liefern, ob im Teilbereich des Werkzeugs die Fließgrenze erreicht wird, d.h., ob es hier gegebenenfalls zum Stehenbleiben der Masse kommt. Inwieweit die auf der Kunststoffseite entwickelten Berechnungsgrundlagen auf Kautschuk übertragbar sind, wurde in [60] anhand der Grundgeometrien Kreis, Schlitz und Ringspalt überprüft. Hierbei wurden sowohl isotherme als auch nichtisotherme Berechnungen und Versuche durchgeführt.

5.6.1.1 Isotherme Rechenansätze

Voraussetzung aller isothermen Berechnungen ist die Konstanz der Massetemperatur im gesamten Fließkanal. Der rechnerische Aufwand bei der Berechnung von Druckverlusten ist hierdurch – im Gegensatz zu nichtisothermen Berechnungen – minimal.
Die grundsätzliche Vorgehensweise bei dem Aufstellen von Ansätzen zur Berechnung von Druckverlusten ist dabei stets wie folgt:
1. Impulsbilanz (= Kräftebilanz, da Impulsänderung = 0)
führt zur Schubspannungsverteilung

$\tau = f(y)$,

2. Stoffgesetz $\tau = f(\eta \dot{\gamma})$ und $\eta = f(\dot{\gamma})$ führt zu

$\dot{\gamma} = f(y)$,

3. Zweimalige Integration von $\dot{\gamma} = f(y)$ führt zu

$\dot{V} = f(\tau_W)$.

Da, wie schon in Kapitel 2 erläutert wurde, davon auszugehen ist, daß Kautschuke im Werkzeug nur in Ausnahmefällen wandgleitend sind, können zur isothermen Berechnung von Druckverlusten die in [61] abgeleiteten Formeln für wandhaftende Stoffe mit Potenzgesetz-Verhalten, d. h. $\eta \approx \dot{\gamma}^{n-1}$ angesetzt werden, welche an dieser Stelle nicht weiter her-

Tabelle 5.1   Berechnungsgleichungen für Rohr- und Schlitzkanäle (Potenzgesetz)

Rohr: $\dot{\gamma}_W = \dfrac{(3+1/n) \cdot \dot{V}}{\pi \cdot R^3}$ $\Delta p = \Phi \cdot \dfrac{2L}{R} \cdot \left(\dfrac{(3+1/n) \cdot \dot{V}}{\pi \cdot R^3}\right)^n$	Schlitz: $\dot{\gamma}_W = \dfrac{2 \cdot (2+1/n) \cdot \dot{V}}{B \cdot H^2}$ $\Delta p = \Phi \cdot \dfrac{2L}{H} \cdot \left(\dfrac{2 \cdot (2+1/n) \cdot \dot{V}}{B \cdot H^2}\right)^n$

Tabelle 5.2   Berechnungsgleichungen für Rohr- und Schlitzkanäle (Herschel-Bulkley)

Rohr:

$$\Delta p = \left(\dfrac{\dot{V}}{\pi \cdot R^3 \cdot K^*}\right)^n \cdot \Phi \cdot \dfrac{2L}{R}$$

$$K^* = \dfrac{n}{n+1} \cdot \left(1 - \dfrac{\tau_o}{\tau_w}\right)^{1/n+1} \cdot \left(\dfrac{\tau_o}{\tau_w}\right)^2 + \left(\dfrac{2n}{1+2n}\right) \cdot \left(1 - \dfrac{\tau_o}{\tau_w}\right)^{1/n+2} \cdot \left(\dfrac{\tau_o}{\tau_w}\right) + \left(\dfrac{n}{3n+1}\right) \cdot \left(1 - \dfrac{\tau_o}{\tau_w}\right)^{1/n+3}$$

$$\dot{\gamma}_W = \dfrac{\dot{V}}{\pi R^3 K^*}$$

Schlitz:

$$\Delta p = \left(\dfrac{\dot{V}(1/n+2)}{K^{**} B \cdot (H/2)^2}\right)^n \cdot \Phi \cdot \dfrac{2L}{H}$$

$$K^{**} = \left(1 - \dfrac{\tau_o}{\tau_w}\right)^{1/n+2}$$

$$\dot{\gamma}_W = \dfrac{\dot{V}(1/n+2)}{K^{**} B \cdot (H/2)^2}$$

geleitet werden. Da das Auftreten von Fließgrenzen in der Praxis durchaus möglich ist, muß in einigen Fällen das viskose Stoffverhalten mit dem Ansatz von *Herschel-Bulkley* beschrieben werden. Die entsprechend modifizierten Formeln zur Berechnung viskoser Druckverluste sind in [35, 62, 63] hergeleitet. Die Anwendbarkeit dieser Ansätze für verschiedene Geometrien (Rohr, Schlitz, Ringspalt) wurde für einige Kautschukmischungen praktisch überprüft [60]. Rohr- und Schlitzströmungen sind relativ einfach zu beschreiben [61, 64, 65], so daß im isothermen Fall vielfach analytische Ansätze zur Berechnung zur Verfügung stehen (siehe Tabelle 5.1 und 5.2).

Außerdem ist es möglich, derartige Strömungen mit Hilfe des Prinzips der „repräsentativen Viskosität" zu beschreiben [62 bis 66]. Hier macht man sich den Umstand zu Nutze, daß es im Fließkanal stets mindestens einen Strompfad gibt, an welchem sich bei einer Newton'schen Betrachtung des jeweiligen Strömungsfalls ($\eta \neq f(\dot{\gamma})$) und bei einer strukturviskosen Betrachtungsweise die gleichen Schergeschwindigkeiten ergeben, so daß gilt

$$\dot{\gamma}_{Newton} = \dot{\gamma}_{strukturviskos}$$

für

$r = \bar{r}$ (Rohrströmung)

Mit Hilfe des Vergleichs der Gleichung $\dot{\gamma} = f(r)$ für newtonsche und strukturviskose Fluide ergibt sich dann der Ort $\bar{r}$, normiert auf den Radius des Fließkanals, d.h. $e_0 = \bar{r}/R$ für unterschiedlichste Fließgesetze [63]. Analog kann für die Schlitzströmung vorgegangen werden. Die Orte repräsentativer Schergeschwindigkeit für Rohr- und Schlitzströmung sowie für das Potenz- und *Herschel-Bulkley*-Fließgesetz sind den Bildern 5.33 und 5.34 zu entnehmen. Vorteil dieser Methode ist es nun, daß sich Strömungsprobleme mit den einfachen Ansätzen für newtonsche Medien beschreiben lassen. In die entsprechenden Glei-

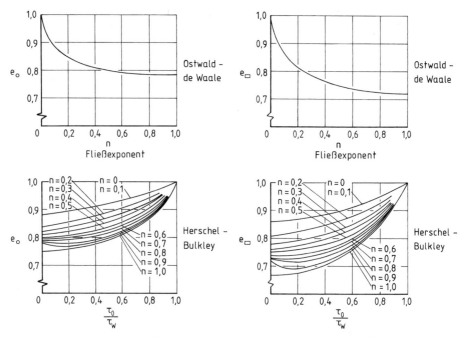

Bild 5.33 Repräsentative Orte der Rohrströmung

Bild 5.34 Repräsentative Orte der Schlitzströmung

chungen wird hier nur die repräsentative Schergeschwindigkeit $\dot{\gamma} = e_0 \cdot \dot{\gamma}_{Newton}$ und die repräsentative Viskosität $\bar{\eta} = \eta(\dot{\bar{\gamma}})$ eingesetzt. Der Wert $\bar{\eta} = f(\dot{\bar{\gamma}})$ wird dabei der wahren Fließkurve entnommen, welche mit den üblichen Fließgesetzen (*Carreau*, Potenzansatz, *Vinogradow* usw.) beschrieben werden kann. Wie die Bilder 5.33 und 5.34 zeigen, liegt der Wert für e_0 und $e_\square$ über weite Bereiche des Fließexponenten in engen Grenzen, so daß z. B. mit einem maximalen Fehler von 5% (für $0{,}2 < n < 0{,}6$) mit einem Mittelwert gerechnet werden kann. Diese „Unabhängigkeit" vom Fließexponenten über große Bereiche ist, in den praktischen Anwendungsfällen, auch für *Herschel-Bulkley*-Medien, zu finden. Den Bildern 5.33 und 5.34 sind daher folgende Mittelwerte zu entnehmen:

Potenzgesetz: $e_0 = 0{,}82\ (0{,}2 < n < 0{,}6),$

$e_\square = 0{,}78\ (0{,}2 < n < 0{,}6).$

Herschel-Bulkley: $e_0 = 0{,}82\ (0{,}2 < n < 0{,}6),$ $\Bigg\}\ \dfrac{\tau_0}{\tau_w} < 0{,}33.$

$e_\square = 0{,}78\ (0{,}2 < n < 0{,}6)$

Im Gegensatz zu den obengenannten Strömungen verläuft die Schubspannung im Ringspalt nicht linear [61, 65]. Die Berechnungsgleichungen sind in der Regel komplizierter. Daher empfiehlt es sich, im Falle $R_a - R_i \ll R_i$ den Ringspalt als ebenen Schlitz zu betrachten. Die in [61] hergeleiteten Formeln für den newtonschen sowie den strukturviskosen Fall sind in Tabelle 5.3 aufgelistet.

Tabelle 5.3   Berechnungsgleichungen für Ringkanal

Potenzansatz	$\Delta p = \dot{V}^n \cdot \Phi \cdot (K')^n \cdot L$ mit $K' = \dfrac{2^{1/n+1}(1/n+1)}{\pi(R_a + R_i) \cdot (R_a - R_i)^{1/n+2}}$
Repräsentative Größen:	$\bar{\dot{\gamma}} = \dfrac{\dot{V}}{(R_a^2 - R_i^2) \cdot \bar{R}}\quad \bar{R} = R_a \left(1 + (R_i/R_a)^2 + \dfrac{1 - (R_i/R_a)^2}{ln(R_i/R_a)}\right)^{1/2}$
	$\Delta p = \dfrac{8\bar{\eta}}{\pi R} \cdot \bar{\dot{\gamma}} \cdot L \quad (\bar{\eta} = \eta_{(\bar{\dot{\gamma}})})$
Bei Betrachtung als Schlitz:	$(R_a - R_i) = H \ll R_i;\ D = R_a$
Potenzansatz:	$\Delta p = \dot{V}^n \Phi \cdot L \cdot (K')^n$ mit $K' = \dfrac{2^{1/n+1}(1/n+2)}{\pi \cdot D \cdot H^{1/n+2}}$
Repräsentative Größen:	$\bar{\dot{\gamma}} = \dfrac{2(1/n+2) \cdot \dot{V}}{\pi \cdot D \cdot H^2}$
	$\Delta p = \dfrac{6 \cdot \bar{\eta} \cdot \bar{\dot{\gamma}}}{H \cdot (1/n+2)}, (\bar{\eta} = \eta_{(\bar{\dot{\gamma}})})$

5.6.1.2 Nichtisotherme Berechnungsverfahren

Für die obengenannten Strömungsformen ist mit relativ einfachen Mitteln (Differenzenverfahren) auch eine nichtisotherme Strömungsberechnung möglich. Hierbei sind Geschwindigkeits- und Temperaturfeld über die Energiegleichung miteinander verknüpft. Da eine detaillierte Herleitung der entsprechenden Erhaltungsgleichungen an dieser Stelle zu weit führen würde, soll die grundsätzliche Vorgehensweise hier am Beispiel des Rohrkanals aufgezeigt werden, wobei die analogen Ergebnisse für Schlitz- und Ringkanal tabellarisch aufgezeigt werden.

Die Impulsbilanz an einem Volumenelement im Rohr liefert [61]:

$$\frac{d\tau}{dr} = \frac{dp}{dx}. \qquad (63)$$

Die Einführung des Potenzansatzes

$$\tau = \Phi \dot{\gamma}^n \qquad (64)$$

erlaubt hier die Aufstellung der Geschwindigkeitsgleichung für $\Phi_{(\vartheta)}$ = konstant. Bei der nichtisothermen Berechnung muß der Fließkanal daher in Schichten mit ϑ = konst. eingeteilt werden. Unter Einführung der Randbedingungen

$\tau = 0$ für $r = 0$

und

$v = 0$ für $r = R$,

sowie $v = v_{oi}$ für $r = r_i$ folgt aus der Integration der Schergeschwindigkeitsgleichung die Geschwindigkeitsverteilung jeder Schicht.

$r_{i-1} < r < r_i$

$$v = v_{oi} + \left(\frac{\frac{dp}{dx}}{\Phi_i}\right)^{\frac{1}{n}} \cdot \left(\frac{r_i^{(\frac{1}{n}+1)} - r^{(\frac{1}{n}+1)}}{\left(\frac{1}{n}+1\right)}\right) \qquad (65)$$

v_{oi} ist dabei gleich der Summe aller Geschwindigkeitsänderungen bis r_{i+1}, wobei hier vom Rande aus summiert wird

$$v_{oi} = \left(\frac{dp}{dx}\right)^{\frac{1}{n}} \cdot \sum_{j=N_s}^{i+1} \left(\frac{1}{\Phi_j}\right)^{\frac{1}{n}} \left(\frac{r_j^{(\frac{1}{n}+1)} - r^{(\frac{1}{n}+1)}_{j-1}}{\left(1+\frac{1}{n}\right)}\right) \qquad (66)$$

Die Integration der Geschwindigkeitsgleichung führt schließlich auf den Volumenstrom in jeder Schicht $\dot{V}_i$. Die Aufsummierung aller Teilvolumenströme führt durch Vergleich mit dem Gesamtvolumenstrom V_G zur Gleichung für die Wandschubspannung τ_W (für N Schichten):

$$\tau_W = \left[\frac{\dot{V}_G \left(1+\frac{1}{n}\right)}{2\pi \left(\frac{2}{R}\right)^{\frac{1}{n}} \left[\sum_{i=1}^{N_s} \left(\frac{r_i^2 - r_{i-1}^2}{2}\right) v_{oi}^+ + \left(\frac{1}{\Phi_i}\right)^{\frac{1}{n}} \left(\frac{r_i^{(1+\frac{1}{n})}}{2}(r_i^2 - r_{i-1}^2) - \frac{(r_i^{(3+\frac{1}{n})} - r_{i-1}^{(3+\frac{1}{n})})}{\left(\frac{1}{n}+3\right)}\right)\right]}\right]^n$$

mit

$$v_{oi}^+ = \sum_{j=N_s}^{i+1} \left(\frac{1}{\Phi_j}\right)^{\frac{1}{n}} \left[r_j^{(\frac{1}{n}+1)} - r^{(\frac{1}{n}+1)}_{j-1}\right] \qquad (67)$$

5.6 Berechnung von Kautschuk-Extrusionswerkzeugen

Aus den Gleichungen (63) und (64) kann mit dem Potenzansatz schließlich die Schergeschwindigkeit in jeder Schicht berechnet werden:

$$\bar{\dot{\gamma}}_i = \left(\frac{2\tau_w}{\Phi_i \cdot R}\right)^{\frac{1}{n}} \cdot r_n^{\frac{1}{n}} \tag{68}$$

Zur Bestimmung der Temperaturentwicklung in jeder Schicht wird nun schichtenweise die Energiebilanz formuliert.

$$\vartheta_a = \vartheta_e + \frac{\Delta x \cdot \Phi_i \cdot \bar{\dot{\gamma}}_i^{n+1}}{\varrho \cdot \bar{c}_v \cdot \bar{v}_i} + \frac{\lambda \cdot \Delta x}{\varrho \cdot \bar{c}_v \cdot r_i \cdot \bar{v}_i} \cdot \frac{d\vartheta}{dr} + \frac{\lambda \cdot \Delta x}{\varrho \cdot \bar{c}_v \cdot \bar{v}_i} \cdot \frac{d^2\vartheta}{dr^2} \tag{69}$$

Die in der Gleichung auftauchenden Differentialquotienten werden durch Differenzenquotienten ersetzt:

$$\frac{d^2\vartheta}{dr^2} = \frac{\vartheta_{i+1} - 2\vartheta_i + \vartheta_{i-1}}{(r_i - r_{i-1}) \cdot (r_{i+1} - r_i)}, \tag{70}$$

$$\frac{d\vartheta}{dr} = \frac{\vartheta_{i+1} - \vartheta_{i-1}}{r_{i+1} - r_{i-1}}. \tag{71}$$

Mit den vorgestellten Beziehungen ist nun ein schrittweises Berechnen des Kanals möglich. Das Austrittstemperaturprofil der k-ten Schicht wird dabei als Temperaturprofil des (K+1)ten Schrittes benutzt. Damit die Lösung nicht schwingt, darf die Schrittweite nicht zu groß gewählt werden. In [61] ist ein Konvergenzkriterium aufgeführt, welches die maximale Schrittweite mit x_{krit} angibt, wobei v_{min} die mittlere Geschwindigkeit der langsamsten, d.h. wandnächsten, Schicht ist:

$$\Delta x \leq \frac{\bar{v}_{min} \cdot \Delta r^2 \cdot \bar{c}_v \cdot \varrho}{2 \cdot \lambda}. \tag{72}$$

Entsprechende Beziehungen für die Geometrien Schlitz- und Ringkanal sind in den Bildern 5.35 und 5.36 dargestellt.
Eine Besonderheit der Ringkanalberechnung ist, daß der Ort R_m im K-ten Schritt aus der Viskositätsverteilung des (K−1)ten Schritts berechnet wird. Dies ist eine Näherung, da

$$\text{I.} \quad \tau = \left(\frac{dp}{dx}\right) y$$

$$\text{II.} \quad v_{oi}^+ = \sum_{j=N_s}^{i+1} \left(\frac{1}{\Phi_j}\right)^{\frac{1}{n}} \left[y_j^{(1+\frac{1}{n})} - y_{j-1}^{(1+\frac{1}{n})}\right]$$

$$\text{} \quad \tau_w = \left[\frac{\dot{V}_g \cdot H^{\frac{1}{n}}\left(1+\frac{1}{n}\right)}{2^{(\frac{1}{n}+1)} \cdot B \cdot \sum_{i=1}^{N_s}\left[v_{oi}^+(y_i - y_{i-1}) + \left(\frac{1}{\Phi_i}\right)^{\frac{1}{n}}\left(y_i^{\frac{1}{n}+1}\right)(y_i - y_{i-1}) - \frac{y_i^{(\frac{1}{n}+2)} - y_{i-1}^{(\frac{1}{n}+2)}}{\frac{1}{n}+2}\right]}\right]^n$$

$$\text{III.} \quad \vartheta_a = \vartheta_e + \left(\frac{\Delta x}{\varrho \bar{v}_i c_v}\right) \Phi_i \cdot \bar{\dot{\gamma}}_i^{1+n} + \left(\frac{\lambda \Delta x}{\varrho \bar{v}_i c_v}\right)\left(\frac{\vartheta_{i+1} - 2\vartheta_i + 2\vartheta_{i-1}}{(y_i - y_{i+1})(y_{i-1} - y_i)}\right)$$

Bild 5.35 Berechnungsgleichungen (nichtisotherm) für Schlitzströmung
I: Schubspannungsverlauf, II: Wandschubspannungsberechnung (bzw. Druckgradient), III: Energiebilanz

$$\text{I.} \quad \tau = \left(\frac{dp}{dx}\right)\frac{1}{2}\left(r - \frac{R_m^2}{r}\right)$$

$$\text{mit } R_m = \sqrt{\frac{\sum_{i=1}^{N_S} r_i \frac{\Delta r_i}{\eta_i}}{\sum_{i=1}^{N_S} \frac{1}{r_i}\frac{\Delta r_i}{\eta_i}}}$$

$$\text{II.} \quad \frac{dp}{dx} = \left[\frac{\dot{V}_g}{\sum_{i}^{N_S} \Delta v_i^+ \pi(r_i^2 - r_{i-1}^2)}\right]^n$$

$$\Delta v_i^+ = \left(\frac{1}{\Phi_i}\right)^{\frac{1}{n}}\frac{1}{2}\left(r_i - \frac{R}{r_i}\right)\frac{1}{n}\Delta r_i$$

$$\text{III.} \quad \vartheta_a = \vartheta_e + \frac{\Delta x \cdot \Phi_i \cdot \dot{\gamma}_i^{n+1}}{\varrho \cdot \bar{c}_v \cdot \bar{v}_i} + \frac{\lambda \cdot \Delta x}{\varrho \cdot \bar{c}_v r_i \cdot \bar{v}_i} \cdot \frac{d\vartheta}{dr} + \frac{\lambda \cdot \Delta x}{\varrho \cdot \bar{c}_v \cdot \bar{v}_i} \cdot \frac{d^2\vartheta}{dr^2}$$

Bild 5.36 Berechnungsgleichungen (nichtisotherm) für Ringspaltströmung
I: Schubspannngsverlauf, II: Wandschubspannungsberechnung (bzw. Druckgradient),
III: Energiebilanz

die Schergeschwindigkeits- und Temperaturverteilung sich ja stets ändert, bei den kleinen Schrittweiten sind die hierdurch entstehenden Rechenfehler aber vernachlässigbar.

Auf den eben geschilderten Grundlagen wurden nichtisotherm rechnende Programme erstellt. Ziel der Arbeiten mit diesen Programmen war es zum einen, Temperaturspitzen in Extrusionswerkzeugen „sichtbar" zu machen, sowie die Auswirkungen und Notwendigkeit nichtisothermer Berechnungen abzuschätzen.

Wie in [7] näher erläutert, wurden Versuche mit unterschiedlichen Extrusionswerkzeugen gefahren, wobei verschiedenen EPDM-, NR- und CR-Mischungen untersucht wurden [60, 67]. Die Zusammenfassung der hier gewonnenen Erkenntnisse läßt folgenden Schluß zu:

1) Bei Auftreten einer Fließgrenze ist die Beschreibung des Zusammenhangs $\tau_W = f(\dot{V})$ mit dem Ansatz nach *Herschel-Bulkley* möglich.
2) Unterschreitet das Verhältnis τ_0/τ_W einen Wert von etwa 0,33, so kann mit dem einfacheren Potenzgesetz unter Vernachlässigung der Fließgrenze gerechnet werden.

Die Methode der repräsentativen Viskosität wurde ebenfalls zur Beschreibung der Versuche erprobt. Wie [60] zeigt, ergibt sich bei Verwendung der entsprechenden Mittelwerte für e_0 ein maximaler Fehler bei der Druckverlustberechnung von etwa 5%. Praktisch bedeutet dies, daß das Auftreten einer Fließgrenze bei der Druckbedarfsrechnung realer Produktionswerkzeuge wohl selten zum Tragen kommt, allerdings kann diese die Interpretation von Rheometerversuchen (kleine Wandschubspannung) erheblich erschweren. Als Beispiel der praktischen Versuche seien hier kurz die Ergebnisse mit einem Dornhalterwerkzeug diskutiert.

Gespeist wurde das Werkzeug mit einem 60 mm-Kaltfütterextruder. Über eine Temperierung des Außenringes waren hier unterschiedliche Wandtemperaturen einstellbar. Da eine vollkommene Beschreibung der im Werkzeug ablaufenden Dehn- und Staucheffekte (divergente bzw. konvergente Strömung) und der Strömungsverhältnisse im Bereich des

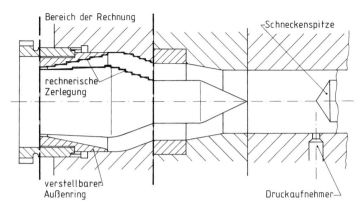

Bild 5.37 Dornhalterversuchswerkzeug

Dornhalters mit einfachen Mitteln nicht mehr möglich ist, wurde die Berechnung auf den in Bild 5.37 gekennzeichneten Bereich beschränkt. Hierzu wurde die entsprechende Geometrie in Stufen zerlegt.

Da der Druckverlust über das gesamte Werkzeug gemessen wurde, muß daher eine Differenz zwischen berechneten und gemessenen Werten bestehen. Bild 5.38 zeigt die Gegenüberstellung von Meß- und Rechenwerten anhand einer SBR-Mischung für verschiedene Betriebspunkte. Hier sind sowohl die Ergebnisse der isothermen als auch der nichtisothermen Berechnungen aufgeführt. Wie zu erkennen ist, sind die Abweichungen zwischen den beiden Rechenmethoden minimal, d.h., die sich im Betriebsfall einstellenden Temperaturverteilungen beeinflussen den Druckverbrauch kaum. Hierzu muß gesagt werden, daß die Wandtemperatur im Bereich der mittleren Massetemperatur eingestellt war.

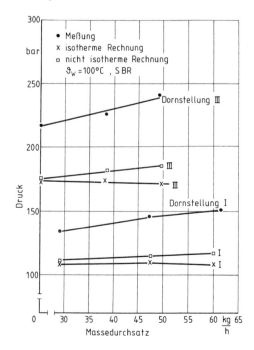

Bild 5.38 Praktische Überprüfung der Rechenansätze für Ringspaltströmungen

Die dargestellte nahezu konstante Abweichung von ca. 50 bar zwischen Rechen- und Meßwerten ist auf die nicht erfaßten Dehnströmungen sowie auf die Widerstände der Dornhalter zurückzuführen.

Eine Versuchsreihe, bei der über die Wandtemperatur (ca. 50 °C) gezielt nichtisotherme Verhältnisse eingestellt wurden, ist in [60] ebenfalls mit beiden Rechenmodellen nachgerechnet worden. Hier wurde deutlich, daß die isotherme Berechnung in allen Fällen, wo Masse- und Wandtemperatur unterschiedlich sind, gegenüber der nichtisothermen Berechnung sehr schlechte Ergebnisse zeigt. Die Resultate der nichtisothermen Berechnung zeigen auch hier eine gute Beschreibung des Betriebsverhaltens des Werkzeugs.

5.6.1.3 Vereinfachte Abschätzungen zur praktischen Werkzeugauslegung

Wie die schon in Bild 5.38 gezeigte Versuchsserie aufzeigt, ist im Falle einer kleinen Differenz zwischen Wand- und Massetemperatur der Effekt der Temperaturspitzen auf den Druckverbrauch des Werkzeugs minimal. Die Berechnung des Druckverlustes kann in diesem Fall daher mit isothermen Mitteln erfolgen. Da dies in der Anwendung die Regel ist, steht dem Verarbeiter mit den isothermen Berechnungsformeln, die in den Tabellen 5.1 bis 5.3 aufgeführt sind, ein gutes Hilfsmittel zur Werkzeugberechnung zur Verfügung.

Hierbei sollte nach Möglichkeit mit dem Potenzansatz gearbeitet werden, da Fließgrenzen im Praxisfall nur in Sonderfällen von Bedeutung sein dürften. Zeigt die Analyse der Rheometerversuche das Auftreten einer Fließgrenze (siehe Kapitel 2), sollte für den Betriebsfall eine Analyse erfolgen, ob die Wandschubspannung im Bereich der Fließgrenze liegt. Zeigt sich, daß eine Vernachlässigung der Fließgrenze nicht zulässig ist, sollte die Druckbedarfsrechnung möglichst nach der Methode der repräsentativen Viskosität vorgenommen werden, wobei die Werte zur Bestimmung der repräsentativen Punkte im Kanalquerschnitt den Bildern 5.33 und 5.34 zu entnehmen sind.

Um die Gefahr des Anvernetzens abzuschätzen, ist in vielen Anwendungsfällen aber nicht nur der Druckverbrauch, sondern auch eine eventuell auftretende Temperaturspitze im

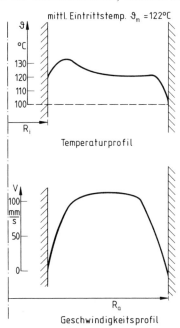

Bild 5.39 Temperatur- und Geschwindigkeitsverteilung im Extrusionswerkzeug (Werkzeugaustritt)

Werkzeug von Interesse. Bild 5.39 zeigt hier beispielhaft das Temperatur- und Geschwindigkeitsprofil, welches sich durch nichtisotherme Berechnung ergibt. Dargestellt ist hier das Ergebnis eines Versuches der in Bild 5.38 aufgeführten Versuchsreihe (Dornstellung 3, Massedurchsatz 49 kg/h). Man erkennt eine ausgeprägte Temperaturspitze von 11 °C, die in der Praxis zu Anvernetzungen führen könnte. Wird, wie oben gezeigt, der Druckbedarf isotherm berechnet, sollte die Temperaturspitze zumindest abschätzbar sein.

Daher wurden Näherungsgleichungen entwickelt, die eine Abschätzung von Temperaturspitzen in Kautschukextrusionswerkzeugen erlauben [7].

5.6.2 Abschätzung von Temperaturspitzen in Kautschukextrusionswerkzeugen

Die Vorgehensweise zur Ermittlung einer entsprechenden Funktion war rein empirisch, d.h., es wurden ca. 250 Rechenläufe für Fälle nichtisothermer Strömung durchgeführt. Hierbei wurden unter Vorgabe unterschiedlichster Rohr-, Schlitz- und Ringspaltgeometrien die Temperaturspitzen als Funktion der Stoffwerte sowie der Viskositätsfunktionen berechnet. Zusammenfassend läßt sich sagen, daß weder die bekannte Abschätzformel für die mittlere Temperaturerhöhung

$$\Delta \bar{\vartheta}_m = \frac{\Delta p}{\varrho \cdot \bar{c}_v} \tag{73}$$

noch unterschiedlichster Wärmeübergangsgesetze in der Lage sind, die Temperaturspitzen für verschiedene Anwendungsgebiete abzuschätzen. Es zeigte sich jedoch, daß sich für jedes Werkzeug ein materialunabhängiges Modellgesetz angeben läßt, welches die Temperaturspitze $\Delta \hat{\vartheta}$ mit guter Näherung beschreibt (Bild 5.40).

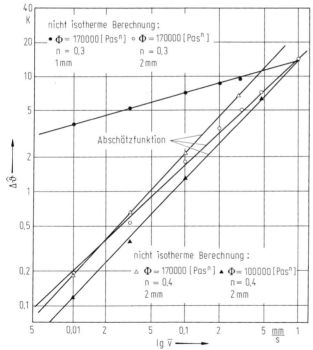

Bild 5.40 Abschätzung von Temperaturspitzen

$$\frac{\Delta\vartheta}{\Delta\vartheta_0} = \frac{\eta}{\eta_0} \cdot (\frac{\dot{V}}{\dot{V}_0})^f \cdot (\frac{\lambda_0}{\lambda})^{0,6} \cdot (\frac{c_{v_0} \cdot \varrho_0}{c_v \cdot \varrho})^{0,5} \tag{74}$$

Hierbei beschreiben die Parameter mit dem Index „0" die Ergebnisse eines Rechenlaufs für ein Material mit den Stoffwerten ϱ_0, c_{v0}, λ_0 bei dem Volumendurchsatz $\dot{V}_0$. Mit Hilfe des Modellgesetzes kann nun auf ein anderes Material und (oder) einen anderen Volumendurchsatz geschlossen werden (Bild 5.40). Der Exponent f ist dabei werkzeugspezifisch und kann aus wenigen nichtisothermen Rechenläufen bestimmt werden. Die Viskositäten η bzw. η_0 sind bei den jeweiligen Wandschergeschwindigkeiten zu ermitteln. Die Analyse der o. a. Rechenläufe zeigt hier der Formel für unterschiedlichste Parametervariationen nur geringe Abweichungen vom Modellgesetz. Größere Fehler waren hier erst bei Fließexponenten $n < 0,2$ zu erwarten. Wegen des stark pfropfenförmigen Geschwindigkeitsprofils liegen die Temperaturspitzen der nichtisothermen Rechnung hier stets unter denen des Modellgesetzes. Die Erklärung ist darin zu sehen, daß in diesem Fall die Temperaturspitzen merklich von der Wandtemperatur beeinflußt werden.

Die praktische Konsequenz ist, daß nur wenige nichtisotherme Rechenläufe für ein Werkzeug durchgeführt werden müssen. Ist hierdurch der Exponent f bestimmt, können Temperaturspitzen für jedes Material leicht mit dem obengenannten Modellgesetz abgeschätzt werden.

Da im praxisrelevanten Fall (Wandtemperatur = Massetemperatur) außerdem die isothermen Formeln ausreichen, um den Druckverlust zu berechnen, hat der Verarbeiter – ohne Inanspruchnahme aufwendiger Rechenmethoden – die wichtigsten Aussagen über das Extrusionswerkzeug (Druckverbrauch, Temperaturspitze) zur Hand.

5.6.3 Berechnung von Einlaufdruckverlusten an Schlitzscheiben

5.6.3.1 Theoretischer Hintergrund

Eine detaillierte Strömungsbetrachtung der komplexen Fließvorgänge im Einlauf von Schlitzscheiben ist nur mit äußerst aufwendigen Mitteln durchführbar [28, 68]. Für den Verarbeiter stellt sich daher die Frage nach möglichst einfachen aber dennoch aussagekräftigen Mitteln, die zumindest eine integrale Betrachtung des Einlaufprozesses ermöglichen. Hier kommt vor allem dem auftretenden Einlaufdruckverlust zentrale Bedeutung zu. Dadurch wird es möglich, elastische Druckverluste in die Werkzeuggestaltung mit einzubeziehen und so Fließlängen örtlich so zu bemessen, daß z. B. eine konstante Geschwindigkeit am Werkzeugaustritt vorliegt.

Es wurden unterschiedliche Methoden zum Abschätzen von Einlaufdruckverlusten untersucht [69 bis 71]. Die praktische Überprüfung [72] zeigte, daß sich im Falle von Schlitzscheiben die Methode nach [69] am besten eignet, Druckverluste abzuschätzen.

Hier wird davon ausgegangen, daß bei einer rotationssymmetrischen, freikonvergierenden Strömung der Schmelze die Einlaufströmung die energetisch günstigste Form annimmt. Entsprechend abgeleitet wird der minimale Einlaufdruckverlust eines kreisförmigen Querschnittübergangs (z. B. Kapillarrheometerdüse):

$$\Delta p_E = \frac{4 \cdot \sqrt{2}}{3 \cdot (n+1)} \cdot \dot{\gamma}_0 \cdot (\eta \cdot \mu)^{0,5}. \tag{75}$$

Die hier benutzte Größe μ wird von Cogswell als „Dehnviskosität" bezeichnet. Im folgenden soll dieser Begriff ebenfalls benutzt werden. Um Mißverständnissen vorzubeugen, soll jedoch betont werden, daß diese Größe die Überlagerung von Dehn- und Schereffekten im Einlauf beschrieben. Wie Untersuchungen an einigen Kautschukmischungen zeigen [71 bis 73], gilt für die Dehnviskosität (analog zur Scherviskosität) ein exponentieller Zusammenhang mit der Dehngeschwindigkeit:

$$\mu = \mu_0 \cdot \dot{\varepsilon}^e. \tag{76}$$

Außerdem gilt der Zusammenhang zwischen Dehnspannung und Einlaufdruckverlust

$$\sigma_E = \frac{3}{8} \cdot (n+1) \cdot \Delta p_E \tag{77}$$

und zwischen Dehnspannung und Dehngeschwindigkeit

$$\sigma_E = \mu \cdot \dot{\varepsilon} \tag{78}$$

Umgeformt ergibt sich schließlich eine Beziehung für den Einlaufdruckverlust:

$$\Delta P_E = \left[\dot{\gamma}_0^{\frac{n+1}{2}} \cdot \left[\frac{4 \cdot \sqrt{2}}{3 \cdot (n+1)} \right] \cdot \sqrt{\Phi} \cdot \sqrt{\mu_0^{(1-\frac{e}{e+1})} \cdot \left[\frac{3}{8} \cdot (n+1) \right]^{\frac{e}{e+1}}} \right]^x \tag{79}$$

mit

$$x = (1 - \frac{e}{2 \cdot (e+1)})^{-1}$$

Die Konstanten der Dehnviskositätsfunktion (μ_0, e) können auf einfachem Wege aus Kapillarrheometerversuchen ermittelt werden. Hierzu werden die Einlaufdruckverluste durch die sogenannte „Bagley-Korrektur" ermittelt. Zu diesem Zweck wird der sich bei konstantem Volumenstrom einstellende Druckverlust verschieden langer Düsen gleichen Durchmessers über der Düsenlänge aufgetragen. Der Abszissenwert der die Punkte verbindenden Geraden stellt den Einlaufverlust bei dem entsprechenden Volumenstrom dar und kann in Gleichung (78) eingesetzt werden, so daß sich bei Kenntnis der Scherviskositätsfunktion $\eta = f(\dot{\gamma})$ unter Anwendung von Gleichung (76), (78) und (79) direkt μ und $\dot{\varepsilon}$ ergeben. Die Auftragung der Werte für μ bei unterschiedlichen Dehngeschwindigkeiten $\dot{\varepsilon}$ führt schließlich zur Funktion $\mu = f(\dot{\varepsilon})$ und damit zu μ_0 und e.

5.6.3.2 Praktische Überprüfung

In [71] wurde diese Beziehung an neun verschiedenen Schlitzscheiben erprobt (Rechteck-, Kreisform). Hier zeigte sich, daß die obengenannte Beziehung sehr gut zur Berechnung von elastischen Druckverlusten geeignet ist. Die hier dargestellten Ergebnisse zeigen eine gute Eignung der dargestellten Ansätze zur Schlitzscheibenauslegung auf. In einer weiteren Versuchsserie mit wesentlich komplexeren Geometrien wurde daher der Ansatz nach [70] überprüft, welcher davon ausgeht, daß flächengleiche Querschnitte gleiche Einlaufdruckverluste erzeugen. Diese lassen sich durch Berechnung des Einlaufdruckverlustes flächengleicher Kreise berechnen. Wie Bild 5.41 auf der nächsten Seite zeigt, ist mit diesem Ansatz eine gute Abschätzung der auftretenden Einlaufdruckverluste möglich, da die flächengleichen Geometrien keine nennenswerten Unterschiede im Einlaufdruckverlust erkennen lassen. Die auftretenden Unterschiede lassen sich durch Ungenauigkeiten bei der Druckmessung und durch unterschiedliche viskose Druckverluste (Scheibendicke 2 mm) erklären.

Die Gesamtheit der Resultate der Schlitzscheibenversuche läßt auf eine gute Anwendbarkeit der o. a. Berechnungsformeln schließen.

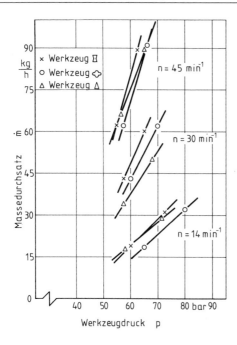

Bild 5.41 Einlaufdruckverluste flächengleicher Schlitzscheiben

5.6.4 Auslegung von Verteilungswerkzeugen (d. h. Pinolen-, Breitschlitzverteiler)

Die in den vorangegangenen Kapiteln aufgezeigten Ansätze dienen im allgemeinen zur Druckbedarfsberechnung. Im Sonderfall der verteilenden Werkzeuge können aber auch rechnerische Hilfsmittel in Anspruch genommen werden, welche auch eine direkte Berechnung der Werkzeuggeometrie erlauben. Zweck derartiger Werkzeuge ist es, den vom Extruder strangförmig angelieferten Massestrom entweder über eine bestimmte Werkzeugbreite oder aber über einen Umfang gleichmäßig zu verteilen. Die grundsätzliche Vorgehensweise soll hier, analog zu [61] für ein Breitschlitzwerkzeug dargestellt werden.

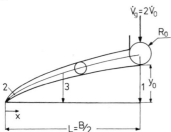

Bild 5.42 Fließpfade in Breitschlitzverteiler
1 sofortiger Übertritt auf die Insel, 2 Strömung im Verteilerrohr bis zum Werkzeugaustritt

Wie in Bild 5.42 skizziert, läßt sich dieser Werkzeugtyp in die Bereiche Verteilerrohr und Insel einteilen. Der Weg eines Teilchens verläuft zwischen den Extremen 1 (sofortiger Übertritt auf die Insel) und 2 (Strömung im Verteilerrohr bis zum Werkzeugaustritt), d. h. nach Zurücklegen eines Weges im Verteilerrohr wird die Insel überströmt (Weg 3).

Die Ableitung von Auslegungsformeln für die Werkzeuggeometrie, welche die im jeweiligen Anforderungsfall gestellten Forderungen berücksichtigt, geht dabei stets von der Tatsache aus, daß der Druckverlust auf allen Fließpfaden der gleiche ist. Dies gilt für jedes

Werkzeug, da sowohl der Druck vor der Schneckenspitze, als auch der Druck am Werkzeugaustritt für alle Strompfade gleich ist. Bedingung I lautet daher für das in Bild 5.42 skizzierte Beispiel:

Bedingung I $\quad \dfrac{\delta \Delta p_{ges}}{\delta x} = 0$ \hfill (80)

Im nächsten Schritt muß die Funktion des Werkzeugs in den Berechnungsgang eingeführt werden. Im einfachsten Fall ist dies die Forderung nach einer konstanten mittleren Geschwindigkeit an der Stelle $y = 0$, d.h.

Bedingung II $\quad \dfrac{\delta v}{\delta x_{(y=0)}} = 0$ \hfill (81)

Als Konsequenz hieraus muß der in eine Werkzeughälfte eintretende Volumenstrom $\dot{V}_0$ im Verteiler linear auf den Wert 0 abnehmen:

$$\dot{V}_{(x)} = \dfrac{2x}{B} \dot{V}_0 \hfill (82)$$

Einen entscheidenden Einfluß auf die Ausgestaltung des Werkzeuges hat die Wahl der Bedingung III$_a$, welche den Verteilerkanal geometrisch fixiert. Die nachstehende Übersicht verdeutlicht einige Möglichkeiten.

Bedingung III$_a$ - Fixierung des Verteilerkanals

1) konstante Schergeschwindigkeit (Rohr)
 d.h. $\dot{\gamma}_{\text{Verteiler}} \neq f(x)$

2) konstante Schergeschwindigkeit (Rohr) und gleiche Schergeschwindigkeit in Verteilerrohr und Insel
 d.h. $\dot{\gamma}_{\text{Verteiler}} \neq f(x) \wedge \dot{\gamma}_{\text{Verteiler}} = \dot{\gamma}_{\text{Insel}}$

3) Festlegung der Verteilergeometrie nach fertigungstechnischen Gesichtspunkten

Neben der Festlegung einer bestimmten Verteilerrohrgeometrie kann natürlich auch die Inselgeometrie vorgegeben werden (Bedingung III$_b$):

Bedingung III$_b$ - Fixierung der Inselgeometrie:

1) fertigungstechnische Gesichtspunkte
2) Druckverlustminimierung

Sind nun die Bedingungen II und III festgelegt, so kann entweder die Inselkontur (Bedingung III$_a$) oder die Verteilerkanalgeometrie (Bedingung III$_b$) unter Berücksichtigung von Randbedingung I berechnet werden. Auf die Konsequenzen der Auswahl verschiedener Bedingungen unter III soll im folgenden eingegangen werden.

Bedingung III$_a$.1 - Rohrförmiger Verteiler, konstante Schergeschwindigkeit

Die Schergeschwindigkeit im Rohr ist mit dem Konzept repräsentativer Viskosität (siehe Abschnitt 5.6.1) durch folgenden Ansatz beschreibbar:

$$\dot{\gamma} = \dfrac{4\dot{V}}{\pi R_{(x)}^3} e_0. \hfill (83)$$

Im Einlauf muß daher gelten:

$$\dot{\gamma}_0 = e_0 \dfrac{4\dot{V}_0}{\pi R_0^3} \hfill (84)$$

Da $\dot{\gamma} \neq f(x)$, muß außerdem

$$\dot{\gamma} = \text{const} = e_0 \frac{4\dot{V}}{\pi R_{(x)}^3} = e_0 \frac{4\dot{V}_0}{\pi R_0^3} \qquad (85)$$

erfüllt sein, d.h.

$$R_x^3 = R_0^3 \frac{\dot{V}}{\dot{V}_0}$$

Aus Bedingung II ergibt sich:

$$R_x = R_0 \left(\frac{2x}{B}\right)^{\frac{1}{3}} \qquad (86)$$

Damit liegt der Verlauf der Verteilergeometrie fest. Die Bedingung I ($\Delta P_{ges} \neq f(x)$) führt nun zur Festlegung der Inselkontur

$$\Delta p_{ges} = \Delta p_{Insel} + \Delta p_{Rohr} \qquad (87)$$

$$\frac{\delta \Delta p_{ges}}{\delta x} = 0. \qquad (88)$$

Bei Berechnung der örtlichen Druckgradienten in Rohr und Insel nach dem Konzept der repräsentativen Viskosität (siehe Abschnitt 5.6.1) folgt für den hier dargestellten Fall [61]:

$$y_{(x)} = \frac{\bar{\eta}_R}{\bar{\eta}_S} \frac{H^3 (B/2)^{\frac{4}{3}} x^{\frac{2}{3}}}{\pi R_0^4} \qquad (89)$$

mit

$$y_0 = y_{(x=B/2)} = \frac{\bar{\eta}_R}{\bar{\eta}_S} \frac{H^3 (B/2)^2}{\pi R_0^4} \qquad (90)$$

folgt:

$$y = y_0 \left(\frac{2x}{B}\right)^{\frac{2}{3}} \qquad (91)$$

Die Auslegung der Breitschlitzdüse beinhaltet nach der Vorgabe der Inselhöhe und der Werkzeugbreite noch zwei freie Größen, welche durch Gleichung (87) verknüpft sind - R_0 und y_0. Die Festlegung einer dieser Größen fixiert nicht nur die Werkzeuggeometrie, sondern auch das Verhältnis der repräsentativen Viskositäten in Rohr und Schlitz. Die Schergeschwindigkeit im Inselbereich ist dabei für das Werkzeug durch Inselhöhe, Breite und den Volumenstrom festgelegt:

$$\dot{\gamma}_i = e_\Box \frac{6 \dot{V}_{ges}}{B H_i^2} \qquad (92)$$

(Man beachte, daß gilt: $\dot{V}_{ges} = 2 \cdot \dot{V}_0$)
Die Schergeschwindigkeit im Verteilerrohr beträgt:

$$\dot{\gamma}_0 = e_0 \frac{2 \dot{V}_{ges}}{\pi R_0^3} \qquad (93)$$

Ändert sich der Volumendurchsatz, erkennt man eine lineare Änderung sowohl von $\dot{\gamma}_i$ als auch von $\dot{\gamma}_R$. Das Werkzeug arbeitet daher solange betriebspunktunabhängig, wie eine Verschiebung der Schergeschwindigkeiten eine analoge Viskositätsveränderung bewirkt. Bild 5.43 verdeutlicht diese Überlegung.

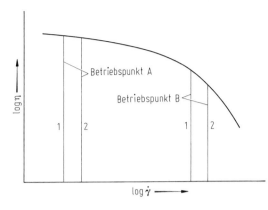

Bild 5.43 Viskosität η als Funktion der Schergeschwindigkeit γ

Wird der dort skizzierte Betriebspunkt A z.B. durch Durchsatzabsenkung zum Betriebspunkt B verschoben, so ändern sich die Schergeschwindigkeiten zwar gleichartig, die Viskosität im Rohr ändert sich aber wesentlich stärker als die auf der Insel. Man erkennt, daß ein Betriebspunktwechsel um so unproblematischer ist, je mehr die beiden Schergeschwindigkeiten im Viskositätsdiagramm im linearen Bereich der Viskositätskurve liegen. Quantifizieren läßt sich die Betriebspunktabhängigkeit eines Werkzeuges für ein Material daher durch den Vergleich der Fließexponenten für $\dot{\gamma}_i$ und $\dot{\gamma}_R$ am oberen und unteren Rande des Betriebsfeldes. Der Fließexponent kann dabei entweder graphisch oder numerisch für die einzelnen Arbeitspunkte ermittelt werden:

$$n_i = \frac{\delta(\log \eta)}{\delta(\log \dot{\gamma})}\bigg|_{\gamma=i} + 1 \tag{94}$$

Je weiter $\dot{\gamma}_i$ und $\dot{\gamma}_R$ voneinander entfernt sind, um so schwerer lassen sich beide Fließexponenten in Einklang bringen. Aber auch die Verweilzeiten im Verteilerrohr und auf der Insel werden zunehmend unterschiedlicher.

Die maximale Verweilzeit beträgt im Verteilerrohr:

$$t_{Rmax} = \frac{3}{4} R_0^2 \frac{\pi B}{\dot{V}_0} \tag{95}$$

und auf der Insel

$$t_{imax} = \frac{B H y_0}{2 \dot{V}_0}. \tag{96}$$

Da beide Strompfade die Extreme möglicher Fließwege darstellen, erlaubt der Vergleich beider Verweilzeiten eine Beurteilung der Verweilzeitverteilung im Werkzeug:

$$N_{VWZ} = \frac{t_{imax}}{t_{imin}} = \frac{2 H y_0}{3 R_0^2 \pi}. \tag{97}$$

Bedingung III$_a$.2 – Rohrförmiger Verteiler, konstante Schergeschwindigkeit und gleiche Schergeschwindigkeit in Verteilerrohr und Insel.

Im vorigen Punkt wurde schon darauf verwiesen, daß die Schergeschwindigkeit im Verteilerrohr und im Inselbereich möglichst gleich sein sollten. Ein Sonderfall der Auslegung ist die Festlegung von R_0 so, daß sich identische Schergeschwindigkeiten im Rohr- und Inselbereich einstellen (analoges gilt bei entsprechender Vorgabe von Y_0). Wie leicht zu verstehen, arbeitet ein derartiges Werkzeug vollkommen betriebspunktunabhängig. Das Gleichsetzen der Gleichungen (92) und (93) führt zu dem Ergebnis:

$$R_0 = \sqrt[3]{\frac{e_0 \; B \; H_1^2}{e_\square \; 3 \; \pi}} \qquad (98)$$

für $e_0 = 0{,}82$ und $e_\square = 0{,}78$ ergibt sich

$$R_0 = 0{,}48 \; \sqrt[3]{BH^2}. \qquad (99)$$

Aus Gleichung (90) folgt

für $(\frac{\bar{\eta}_R}{\eta_S}) \stackrel{!}{=} 1$

$$y_0 = \frac{(HB^2)^{\frac{1}{3}}}{4 \, (\frac{e_0}{e_\square \; \pi^{1/4} \; 3})^{\frac{4}{3}}} \qquad (100)$$

oder bei Verwendung oben genannter Werte für e_0 und $e_\square$

$$y_0 = 1{,}46 \, (HB^2)^{\frac{1}{3}} \qquad (101)$$

Obwohl die betriebspunktunabhängige Auslegung aus rheologischer Sicht optimal ist, kann sie wegen der relativ großen Insellängen (hoher Druckverbrauch, hohe Zuhaltekräfte) in der Praxis nur selten realisiert werden.

Bedingung III$_a$.3 – Festlegung der Verteilergeometrie nach fertigungstechnischen Gesichtspunkten

Es ist selbstverständlich, daß ein rohrförmiger Verteilerkanal, welcher sich in der Breitenrichtung des Werkzeugs noch ständig verjüngt, nur äußerst aufwendig zu fertigen ist. Die reale Verteilergeometrie wird daher mehr oder weniger stark von der Rohrform abweichen. Bild 5.44 zeigt zwei mögliche Alternativen.

Bild 5.44 Geometrien für Verteilerkanal

Im Fall a wird ein Fräser kontinuierlich aus der Werkzeughälfte herausgefahren, im Fall b ein rechteckiger Verteilerkanal konstanter Breite, aber abnehmender Höhe gefräst.
Die rheologischen Konsequenzen der Verfahrensweise a verdeutlicht Bild 5.45. Hier wurden mit dem FEM-Rechenprogramm „MICROPUS" des IKV [74], mit welchem es möglich ist, den Druckverlust komplizierter Geometrien unter Berücksichtigung zweidimensionaler Strömungsverhältnisse zu berechnen, die Druckverluste von Geometrien entsprechend a berechnet. Die Gegenüberstellung mit flächengleichen Kreisen zeigt eine Differenz des Druckverlustes von ca. 10%. Wollte man die durch die veränderten geometrischen Verhältnisse erhöhten Druckverluste berücksichtigen, so müßte man die Radien in der Berechnung um ca. 2,6% verkleinern, da der Radius in 4. Potenz in den Druckverlust eingeht. Bedenkt man die Fertigungstoleranzen, die Fehler bei der Bestimmung der Stoffwerte, sowie die Vernachlässigung der elastischen Schmelzeeigenschaften bei der Berechnung, so ist eine derartige Korrektur des Rechenganges sicher als unnötig anzusehen.

Im Fall rechteckiger Verteilerkanäle ist der Unterschied sicherlich als schwerwiegender zu bewerten, vor allem, wenn man sich analog zu Abschnitt 5.4.3 den Einfluß von Seitenwänden auf den Schubspannungsaufbau verdeutlicht. Wie schon dort dargelegt, steigt der

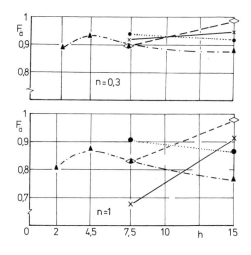
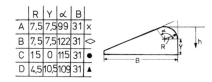

Bild 5.45 Druckverlust flächengleicher Kreise im Verhältnis zu verschiedenen Verteilergeometrien

reale Druckgradient im Vergleich mit der idealisierten, eindimensionalen Betrachtungsweise um einen Faktor an, welcher vom Höhe-Breite-Verhältnis der durchströmten Fläche abhängt.

Geht man von der allgemeinen Annäherung der Funktion $f_p = f(H/B)$ in Form eines Polynoms aus [75]:

$$f_p = C_1 \left(\frac{H}{B}\right)^2 + C_2 \left(\frac{H}{B}\right) + C_3 \qquad (102)$$

so läßt sich für beliebige Verteilerkanalgeometrien die Berechnung analog zu rohrförmigen Kanälen ableiten [75].

$$Y_{(l)} = \frac{4\,H_i^3\,L^2}{H_{k0}^4\,\sqrt{4\,C_1 - C_2^2}}\,[\text{Arctan}\,\frac{C_2}{\sqrt{4\,C_1 - C_2^2}} - \text{Arctan}\,\frac{\frac{2\,C_1\,H_{ko}}{B_k}\sqrt{\frac{l}{L}} + C_2}{\sqrt{4\,C_1 - C_2^2}}]$$

Der Vorteil dieser Beschreibung ist, daß beliebige Verteilerkanalgeometrien beschreibbar sind, sobald der Zusammenhang $f_p = f(H/B)$ durch das in Gleichung (102) aufgeführte Polynom hergestellt ist. Im Fall des rechteckigen Verteilerkanals lassen sich aus der Beschreibung in Abschnitt 5.4.3

$$F_p = 1 - 0{,}64 \left(\frac{H}{B}\right) \cdot n^{-0{,}355}$$

durch Koeffizientenvergleich mit Gleichung 102 schnell die Faktoren C_1, C_2 und C_3 ableiten:
- $C_1 = 0$,
- $C_2 = -0{,}64\,n^{-0{,}355}$,
- $C_3 = 1$

Bedingung IIIb – Festlegung der Inselgeometrie nach fertigungstechnischen Gesichtspunkten

Die geometrisch komplexe Inselkontur der Lösungen IIIa legen den Gedanken nahe, eine Auslegung einer einfachen Inselform durchzuführen. Diese ist in der Praxis unter der Bezeichnung „Fischschwanz" bekannt (Bild 5.46). Die Inselkontur ist dabei als linearer

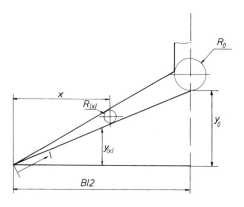

Bild 5.46 Fischschwanzwerkzeug

Verlauf von y, d.h.

$$y = y_0 \frac{2x}{B} \tag{103}$$

vorgegeben.

Zur Erfüllung der eingangs genannten Bedingungen I und II muß daher der Verteilerkanal ausgelegt werden, dessen Radienverlauf sich wie folgt ergibt [76]

$$R_{(x)} = \left[\frac{2(0{,}22409)^{n-1} x^n \, H^{2n-1} \, B/2}{3\pi \cdot y_0 \cdot \cos\left[\text{arc tg}\left(\frac{y_0}{B/2}\right)\right]} \right]^{\frac{1}{3n+1}} \tag{104}$$

Hierdurch kann jedoch die Schergeschwindigkeit im Verteilerkanal nicht mehr konstant gehalten werden. Sie bewegt sich zwischen den Extremen

$$\dot{\gamma}_0 = \frac{4\dot{V}_0}{\pi R_0^3} e_0 \tag{105}$$

und

$$\dot{\gamma}_{(x=0)} = 0 \tag{106}$$

Im Vergleich dazu beträgt die Schergeschwindigkeit im Inselbereich:

$$\dot{\gamma}_s = \frac{12\dot{V}_0}{BH_s} e \tag{107}$$

Die Verweilzeitverteilung im Werkzeug wird durch

$$\frac{t_r}{t_i} = \frac{\pi(3n+1)\,[B/2]\,K^2}{4 \cdot n \cdot y_0 \cdot H} \quad \text{mit } K = \left[\frac{2(0{,}224)^{n-1} \cdot H^{2n-1} \cdot B/2}{3\pi \cdot y_0 \cdot \cos\left[\text{arc tg}\left(\frac{2y_0}{B}\right)\right]} \right]^{\frac{1}{3n+1}} \tag{108}$$

beschrieben.

Wie die Formeln zeigen, sind vollkommen betriebspunktunabhängige Fischschwanzwerkzeuge nicht auszulegen. Sie können allerdings für einen konstanten Fließexponenten ausgelegt werden und sind, solange sie in einem entsprechenden Betriebsbereich (siehe Gleichung 105 bis 107) betrieben werden, „betriebspunktunempfindlich".

Literatur

[1] *Haberstroh, E., Gliese, F.:* Wirtschaftliches Beurteilen der Energiesparmöglichkeiten im Extrusionsbetrieb. In: Kostenoptimiertes Extrudieren von Rohren und Profilen. VDI-Verlag, Düsseldorf, 1985.
[2] *Clasen, B.:* Analyse der Einflußgrößen auf das Durchsatzverhalten von Kautschukextrudern. Diplomarbeit am IKV, Aachen, 1983.
[3] *Imping, W.:* Konzeptionierung und Konstruktion einer Einzugszone für Kautschukextruder. Studienarbeit am IKV, Aachen, 1985.
[4] *Kristukat, P.:* Beschicken von Extrudern mit Streifen oder Granulat. In: VDI-Tagungshandbuch „Extrudieren von Elastomeren". VDI-Verlag, Düsseldorf, 1986, S. 43-53.
[5] *Menges, G., Limper, A., Imping, W., Lohfink, G.:* Dosiert füttern. Maschinenmarkt 92 (1986) 18, S. 52-56.
[6] *Lohfink, G.:* Untersuchungen zum Pulsationsverhalten von Kautschukextrudern. Diplomarbeit am IKV, Aachen, 1985.
[7] *Limper, A.:* Methoden zur Abschätzung der Betriebsparameter bei der Kautschukextrusion. Dissertation an der RWTH Aachen, 1985.
[8] *Toussaint, G.:* Einfluß der thermischen Randbedingungen auf das Einzugsverhalten eines Kautschukextruders. Studienarbeit am IKV, Aachen, 1984.
[9] *Schultheis, S. M.:* Einzugshilfen für Kautschukextruder. Diplomarbeit am IKV, Aachen, 1983.
[10] *Menges, G., Grajewski, F., Limper, A., Greve, A.:* Mischteile für Kautschukextruder. Kautsch. Gummi Kunstst. 40 (1987) 3, S. 214-218.
[11] *Lehnen, J. P.:* Ein Beitrag zur Verarbeitung von Kautschukmischungen auf Einschneckenextrudern. Dissertation an der RWTH Aachen, 1970.
[12] *Harms, E.:* Ein neuer Extruder für die Kautschukverarbeitung. Entwicklung und modelltheoretische Überprüfung. Dissertation an der RWTH Aachen, 1981.
[13] *Redeker, B.:* Einfache Hilfsmittel zur Abschätzung von Betriebsparametern bei Kautschukextrudern. Studienarbeit am IKV, Aachen, 1984.
[14] *Harms, E.:* Verarbeitung von Kautschukmischungen auf einem Einschneckenextruder mit Stiftzylinder. Kautsch. Gummi Kunstst. 30 (1977), S. 735.
[15] *Menges, G., Grajewski, F.:* Auslegung von Mischteilen für Kautschukextruder. Abschlußbericht zum AIF-Forschungsvorhaben, AIF Nr. 5823, IKV Archiv Nr. 8602, 1986.
[16] *Menges, G., Limper, A.:* Analyse der Prozesse in der Einzugszone von Kautschukextrudern. Abschlußbericht zum DFG-Forschungsvorhaben Nr. Wo. 302/2.1, 1984.
[17] *Targiel, G.:* Thermodynamisch-rheologische Auslegung von Kautschukextrudern. Dissertation an der RWTH Aachen, 1982.
[18] *Herberg, F.:* Prozeßanalyse am Kautschukextruder. Studienarbeit am IKV, Aachen, 1981.
[19] *McKelvey, J. M.:* Polymer Processing. J. Wiley & Sons, New York, 1962.
[20] *Bernhardt, E. C.:* Processing of Thermoplastic Materials. Reinhold Publishing Corporation, New York, 1959.
[21] *Mayer, A.:* Extruderbaureihen. Ein Beitrag zur Auslegung und Optimierung von Einschneckenextrudern. Dissertation an der RWTH Aachen, 1984.
[22] *Tadmor, Z.:* Engineering Principles of Plasticating Extrusion. Reinhold Book Corporation, New York, 1970.
[23] *Schenkel, G.:* Kunststoff-Extrudertechnik. Carl Hanser Verlag, München, Wien, 1963.
[24] *Potente, H.:* Approximationsgleichungen für Schmelzeextruder. Rheol. Acta 22 (1983), S. 387.
[25] *Tadmor, Z.:* Principles of Polymer Processing. John Wiley & Sons, New York, Brisbane, Chichester, Toronto, 1979.
[26] *Schmelzer, E.:* Die Analyse der Einzugszone eines Kautschukextruders. Diplomarbeit am IKV, Aachen, 1981.
[27] *Fenner, R. T.:* Extruder Screw Design. Iliffe Books, London, 1970.
[28] *Gesenhues, B.:* Rechnergestützte Auslegung von Fließkanälen. Dissertation an der RWTH Aachen, 1985.
[29] *Potente, H.:* Auslegen von Schmelzeextrudern für Kunststoffschmelzen mit Potenzgesetzverhalten. Kunststoffe 71 (1981) 8, S. 474.
[30] *Potente, H., Fornefeld, A.:* Durchsatzgleichung für kurze Dreizonenschnecken. Plastverarbeiter 36 (1985) 5.

[31] *Middleman, St.:* Fundamentals of Polymer Processing. McGraw-Hill Book Company, New York, 1977.
[32] *Middleman, St.:* Flow of Power Law Fluids in Rectangular Ducts. Trans. Soc. Rheol. *9* (1965) 1, S. 83-93.
[33] *Beder, L., Chaiso, W., Chaiso, I.:* Bestimmung des Formfaktors zur Berechnung des Durchsatzes einer Potenzgesetzflüssigkeit in einem Rechteckkanal. Plaste Kautsch. *30* (1983) 10.
[34] *Dombrowski, U.:* Entwicklung eines universellen Rechenprogramms zur Optimierung von Kautschukextrudern. Unveröffentlichte Diplomarbeit am IKV, Aachen, 1984.
[35] *Röthemeyer, F.:* Rheologische und Thermodynamische Probleme bei der Verarbeitung von Kautschukmischungen. Kautsch. Gummi Kunstst. *28* (1975) 8, S. 433.
[36] *Jepson, C. H.:* Future Extrusion Studies. Ind. Eng. Chem. *45* (1953), S. 992.
[37] *Janeschitz-Kriegl, A., Schijf, J.:* A Study of Radial Heat Transfer in Single Screw Extruders. Plast. Polym. *37* (1969), S. 523.
[38] *Grajewski, F.:* Erweiterung eines Prozeßmodells für die Ausstoßzone eines Kautschukextruders. Studienarbeit am IKV, Aachen, 1983.
[39] *Menges, G., Limper, A., Grajewski, F.:* Ein Prozeßmodell für die Extrusion von Kautschuken. Kautsch. Gummi Kunstst. *37* (1984) 4, S. 314-318.
[40] *Tadmor, Z., Pinto, G.:* Mixing and Residence Time Distribution in Plasticating Extruders. Polym. Eng. Sci. *10* (1970) 5, S. 279-288.
[41] *Potente, H.:* An Analysis of Residence Time Distribution in Plasticating Extruders. Adv. Polym. Techn. *4* (1984) 2, S. 147-154.
[42] *Potente, H., Lappe, H.:* Verweilzeit und Längsmischgradgleichungen für Schmelzeextruder. Kunststoffe *75* (1985) 11, S. 855-858.
[43] *Röhrlich, N.:* Abschätzung des Druckaufbaus in einem überschnittenen Mischteil für Kautschukextruder. Studienarbeit am IKV, Aachen, 1988.
[44] *Hoffmanns, W.:* Untersuchungen zur Aufbereitung und Verarbeitung von PVC auf dem Einschneckenextruder. Dissertation an der RWTH Aachen, 1975.
[45] *Junk, P. B.:* Betrachtungen zum Schmelzeverhalten beim kontinuierlichen Extrusionsblasformen. Dissertation an der RWTH Aachen, 1978.
[46] *Masberg, U.:* Einsatz der Methoden der Finiten Elemente zur Auslegung von Extrusionswerkzeugen. Dissertation an der RWTH Aachen, 1981.
[47] *Redeker, B.:* Überprüfung der Modelltheorie für Stiftextruder. Diplomarbeit am IKV, Aachen, 1984.
[48] *Menges, G., Limper, A., Dombrowski, U.:* Flüssigkeitstemperiersysteme für Kautschukextruder - Optimieren und Auslegen. Maschinenmarkt *90* (1984) 67, S. 1517.
[49] *Menges, G., Wortberg, J., Mayer, A.:* Model Theory - An Approach to Design Series of Single Screw Extruders. Adv. Polym. Techn. *3* (1983) 2.
[50] *Potente, H.:* Eine umfassende Modelltheorie für Kunststoffschneckenpressen. Rheol. Acta *17* (1978) 4, S. 406-414.
[51] *Potente, H.:* Auslegung von Schneckenmaschinenbaureihen, Modellgesetze und ihre Anwendung. Kunststoffe - Fortschrittsberichte Bd. 6. Carl Hanser Verlag, München, Wien, 1981.
[52] *Potente, H.:* Modelltheorie für Einschneckenmaschinen. Forschungsbericht des Instituts für Kunststoffverarbeitung an der RWTH Aachen, 1978.
[53] *Pearson, J. R. A.:* On the Scale-up of Single Screw Extruders for Polymer Processing. Plast. Rubber Proc. (1979), S. 113-118.
[54] *Fischer, P.:* Auslegung von Einschneckenextrudern auf der Grundlage verfahrenstechnischer Kenndaten. Dissertation an der RWTH Aachen, 1976.
[55] *Schenkel, G.:* Modellgesetze für Kunststoffschneckenpressen. Carl Hanser Verlag, München, Wien, 1959.
[56] *Harms, E.:* Modellübertragung für Kautschukextruder: Anwendungsfall „Stiftextruder". Kautsch. Gummi Kunstst. *36* (1983), S. 470-478.
[57] *Schütt, H. J.:* Herleitung und Anwendung von Modellgesetzen für Extruder mit Stiftzylinder. Studienarbeit am IKV, Aachen, 1980.
[58] *Schultheis, S.:* Überprüfung der Modelltheorie für Kautschukextruder. Studienarbeit am IKV, Aachen, 1983.
[59] *Menges, G., Limper, A.:* Die Modelltheorie - wertvolles Hilfsmittel für den Kautschukextrudeur. Gummi Asbest Kautsch. *37* (1984) 9, S. 430-435.

[60] *Menges, G., Limper, A.:* Auslegung von Extrusionswerkzeugen für Kautschuk-Mischungen. Schlußbericht zum DFG-Forschungsvorhaben Wo 302/2.2, IKV-Archiv-Nr. B 8517. 1985.

[61] *Michaeli, W.:* Extrusion Dies. Carl Hanser Verlag, München, Wien, 1984.

[62] *Schümmer, P.:* Rheologie I. Vorlesungsumdruck RWTH Aachen, 1981.

[63] *Giesekus, J., Langer, G.:* Die Bestimmung der wahren Fließkurven nicht-newton'scher Flüssigkeiten und plastischer Stoffe mit der Methode der repräsentativen Viskosität. Rheol. Acta *16* (1977), S. 1–22.

[64] *Wortberg, J.:* Werkzeugauslegung für Ein- und Mehrschichtextrusion. Dissertation an der RWTH Aachen, 1978.

[65] *Bird, R., Steward, W.:* Transport Phenomena. John Wiley & Sons, New York, Brisbane, Toronto, Singapore, 1960.

[66] *Limper, A., Michaeli, W.:* Auslegung von Kautschuk-Extrudier-Werkzeugen. In: VDI-Tagungshandbuch „Extrudieren von Elastomeren", VDI-Verlag, Düsseldorf, 1986, S. 117.

[67] *Neumann, W.:* Untersuchung des rheologischen Verhaltens von Kautschukmischungen. Studienarbeit am IKV, Aachen, 1984.

[68] *Löffler, M.:* Zur Berechnung von Extrusionswerkzeugen für Kautschuk mit Finiten Elementen. Studienarbeit am IKV, Aachen, 1985.

[69] *Cogswell, F. N.:* Polymer Melt Rheology. John Wiley & Sons, New York, Toronto.

[70] *Ramsteiner, F.:* Fließverhalten von Kunststoffschmelzen durch Düsen. Kunststoffe *61* (1981), S. 943–947.

[71] *Ploutarchos, S.:* Berechnung von Einlaufdruckverlusten. Diplomarbeit am IKV, Aachen, 1985.

[72] *Dietsche, M.:* Berechnung von Quellströmungen beim Spritzgießen von Elastomeren. Studienarbeit am IKV, Aachen, 1985.

[73] *Andermann, H.:* Ermittlung der Druckverluste an Anschnitten in Verteilersystemen von Spritzgießwerkzeugen. Diplomarbeit am IKV, Aachen, 1985.

[74] *Menges, G., Kalwa, M., Schmidt, J.:* Wärmeausgleichsrechnung in der Kunststoffverarbeitung mit der FEM. Kunststoffe *77* (1987) 8, S. 797.

[75] *Hartmann, G.:* Auslegung von Kautschukextrusionswerkzeugen mit Rechteckkanal. Studienarbeit am IKV, Aachen, 1986.

[76] *Kaiser, O.:* Auslegung und Erprobung eines Breitschlitzwerkzeuges für Kautschukmischungen. Studienarbeit am IKV, Aachen, 1987.

6 Die Herstellung von Gummi-Formartikeln

Dr.-Ing. Peter Barth

6.1 Einleitung

Die Struktur der kautschukverarbeitenden Industrie wird, mit Ausnahme einiger Konzerne der Reifenindustrie, vor allem durch die schon für die gesamte Kunststoffindustrie charakteristische Klein- und Mittelstandsindustrie repräsentiert. Diese befaßt sich mit der Herstellung von Massenartikeln und technischen Teilen durch Pressen oder Spritzgießen. Bei den Produzenten technischer Teile handelt es sich hauptsächlich um Zulieferindustrie für Automobilbau und Haushaltstechnik.

Von den Zulieferern wird zunehmend eine kurzfristige Lieferfähigkeit verlangt. Will der Verarbeiter nicht das Lagerrisiko und die damit verbundenen Kosten tragen, muß er in der Lage sein, die Produktion kurzfristig umzustellen. Dies erfordert, neben einem entsprechenden Maschinenpark und einer flexiblen sowie transparenten Organisation, geschultes Personal.

Qualitäts- und Kostendruck erfordern rationale Betriebsabläufe und Fertigungsbedingungen. Zur Erfüllung dieser Anforderungen ist die Umstellung der Produktion auf die Spritzgießfertigung, dort wo es sinnvoll ist, eine notwendige Voraussetzung. Diese Umstellung wird bei den ursprünglich ausschließlich mit Pressen hergestellten Elastomerformteilen seit ca. 20 Jahren vollzogen.

Das Spritzgießverfahren stellt heute bereits das wichtigste Verfahren zur Herstellung von Kautschukformteilen dar. Aus diesem Grund soll der Schwerpunkt der Betrachtungen auf das Spritzgießverfahren gelegt werden. Hierbei sollen wiederum technologisch relevante Bereiche (Prozeßregelung, Verfahrenstechnik im Spritzgießprozeß, Werkzeugauslegung) besonders herausgestellt werden.

Zu Beginn dieses Kapitels sollen jedoch die Technologien vorgestellt werden, mit denen heute in den verarbeitenden Betrieben Formartikel gefertigt werden.

6.1.1 Was sind Formartikel?

Der Begriff Formartikel/Formteil ist nicht definiert und wird in unterschiedlichen Interpretationen verwendet. Die folgende Definition soll für alle weiteren Betrachtungen als Grundlage dienen.

Definition: Unter Formartikeln versteht man dreidimensionale Teile, die in einem Werkzeug beliebig oft reproduzierbar hergestellt werden können [1]. Formartikel können mit einer Gewebeeinlage verstärkt sein. Sie können aber auch Einlegeteile besitzen, die aus Metall, Keramik oder Kunststoff bestehen. Hierzu ist allerdings die Verwendung sogenannter Haftvermittler notwendig, die auf die jeweilige Materialpaarung abgestimmt sein müssen [2, 3, 4].

Formartikel werden mittels unterschiedlicher Fertigungsverfahren hergestellt. Dies sind in der Reihenfolge ihrer technischen Entwicklung:
- das Preßverfahren/Compression Moulding,
- das Spritzpreßverfahren/Transfer Moulding,
- das Spritzgießverfahren/Injection Moulding,
- das Spritzprägeverfahren/Injection Stamping oder Injection Transfer-Moulding.

Allen genannten Verfahren ist gemein, daß die Teile unter Druck und Hitze ausvulkanisieren. Bei großvolumigen Artikeln kann dies oft bis zu mehrere Stunden dauern. Die Vulkanisationszeit ist hierbei größtenteils abhängig von der Wandstärke des Artikels. Einfluß haben jedoch auch die jeweilige Rezeptur der Mischung, das gewählte Produktionsverfahren und die Verfahrensparameter.

Als Beispiele für Formartikel sollen hier genannt werden: Dichtungen, Faltenbälge, Staubmanschetten, Scheibenwischerblätter, Membranen, Dämpfungselemente, Melkzitzen, medizinische Artikel, Schuhsohlen und Antriebsräder (Bild 6.1). Hauptabnehmer für Formartikel ist die Automobilindustrie.

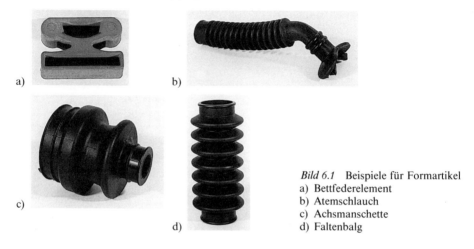

Bild 6.1 Beispiele für Formartikel
a) Bettfederelement
b) Atemschlauch
c) Achsmanschette
d) Faltenbalg

6.2 Herstellungsverfahren

Die einzelnen Fertigungsverfahren unterscheiden sich wesentlich in ihrem maschinentechnischen und regelungstechnischen Aufwand. Auch die Komplexität der Werkzeuge und der eingesetzten Mischungen nimmt mit dem Grad der technischen Entwicklung des Produktionsverfahrens zu. Alle Verfahren haben heute noch ihre Bedeutung in der Formartikelfertigung. Der Einsatz des jeweiligen Produktionsverfahrens ist abhängig von dem Formartikel (z. B. Material und Geometrie) und der zu produzierenden Stückzahl (Wirtschaftlichkeit).

6.2.1 Das Preßverfahren

Das Preßverfahren bzw. Compression-Moulding-Verfahren ist das älteste Verfahren zur Herstellung von Formartikeln (Bild 6.2).

Die Produktion geht von einem Rohling aus, der in das geöffnete Werkzeug eingelegt werden muß. Das Rohlingsvolumen ist hierbei auf das Teilevolumen abgestimmt. Oft wird die Rohlingsgeometrie auch an die Geometrie der Kavität angepaßt. Um gleichmäßige Bedingungen im Fließprozeß während des Preßvorganges zu gewährleisten, sollte der Rohling jedesmal am gleichen Ort im Werkzeug plaziert werden.

Die Rohlingsherstellung erfordert einen weiteren Produktionsvorgang in der Kette zwischen Rohmaterial und Endprodukt. Eine höhere Wirtschaftlichkeit des Verfahrens wird dadurch erzielt, daß man die Rohlingherstellung mechanisiert. Oft wird hierzu ein Extrusionsvorgang durchgeführt, bei dem ein Profil extrudiert und exakt abgelängt wird. Eine andere Möglichkeit besteht darin, in speziellen Maschinen sogenannte „Puppen" herzustellen, die dann in das Werkzeug eingelegt und verpreßt werden.

6.2 Herstellungsverfahren 155

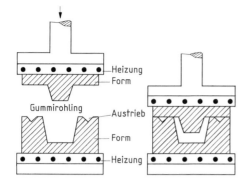

Bild 6.2 Das Preßverfahren/Compression Moulding [1]
links: Form offen,
rechts: Form geschlossen

Da die für die Vernetzungsreaktion erforderliche Energie nur über die Wandung der Kavität durch Wärmeleitung in das Formteil eingebracht wird, und Elastomere im allgemeinen schlechte Wärmeleiter sind, ist dieses Verfahren durch lange Heizzeiten gekennzeichnet. Diese lassen sich dadurch reduzieren, daß man die Rohlinge vorwärmt.

Durch den Einsatz von sogenannten Etagenwerkzeugen kann die Wirtschaftlichkeit des Verfahrens weiter erhöht werden. Günstig ist bei dem Preß-Verfahren, daß auch kleine Stückzahlen preiswert gefertigt werden können (z.B. Dichtungssektor). Die niedrigen Maschinen- und Werkzeugkosten lassen den Einsatz des Preßverfahrens auch dort sinnvoll werden, wo lange Heizzeiten für großvolumige Körper gefordert sind (z.B. Brückenlager).

6.2.2 Das Spritzpreßverfahren/Transfer Moulding

Während beim Pressen das Material direkt in die Kavität eingelegt wird, wird das Material beim Spritzpressen in einen Spritztopf eingebracht, der sich, in Preßrichtung gesehen, vor der Kavität befindet. Bei dem Zusammenfahren des Werkzeuges, dem Transfervorgang, wird das Material durch Bohrungen im Spritztopf in die Kavität eingespritzt (Bild 6.3).

Die Vorteile des Spritzpressens gegenüber dem Pressen liegen in der schnelleren und homogeneren Erwärmung der Masse, der günstigeren Entgasung (über die Trennebene), die keinen besonderen Entgasungsvorgang erfordert und der genaueren Dosierung. Durch den geringeren Gummiaustrieb in der Trennebene (auch Schwimmhaut genannt) können die Formteile besser entgratet werden [5]. Das höhere Temperaturniveau und die bessere

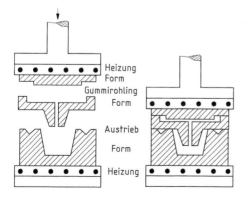

Bild 6.3 Das Spritzpreßverfahren/Transfer Moulding [1]
links: Form offen,
rechts: Form geschlossen

thermische Homogenität werden durch Dissipation, d. h. Erwärmung des Materials aufgrund von Scherung, in der Einspritzphase, insbesondere beim Durchfließen der engen Einspritzkanäle, ermöglicht [6].

Dies führt zu kürzeren Vulkanisationszeiten im Vergleich zum Pressen.

Der Aufwand für das Werkzeug ist für das Spritzpressen größer als für das Pressen. Die Artikel weisen jedoch eine bessere Qualität auf, da der Temperaturgradient, d. h. der Temperaturunterschied, von Formteiloberfläche zu Formteilmitte geringer ist. Dementsprechend verhält sich der Vernetzungsgrad.

Die Beheizung der Werkzeuge erfolgt entsprechend dem Pressen über an der Maschine festmontierten Heizplatten. Der manuelle Einlegevorgang eines Rohlings bzw. eines Zuschnittes in das Werkzeug muß auch bei diesem Verfahren durchgeführt werden.

6.2.3 Das Spritzgießverfahren/Injection Moulding

Das Spritzgießen von Elastomeren stellt verfahrens- und maschinentechnisch die höchste Entwicklungsstufe bei der Herstellung von Formteilen aus Elastomeren dar [7, 8, 9]. Hierbei wird die herkömmliche Presse, die bei der Spritzgießmaschine als Schließeinheit bezeichnet wird, durch ein Einspritzaggregat ergänzt (Bild 6.4).

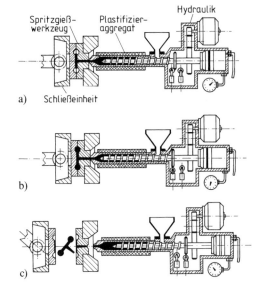

Bild 6.4 Das Spritzgießverfahren/Injection Moulding
a) Einspritzen
b) Vulkanisieren
c) Entformen

Das Spritzgießen von Elastomeren entspricht hinsichtlich der verwendeten Maschinen und der Steuerung weitgehend dem Spritzgießen von Thermoplasten. Nur das Plastifizieraggregat (Schnecke und Einzug) muß den Erfordernissen der Materialien in der Kautschukverarbeitung angepaßt werden. Zusätzlich gibt es hier noch weitere konstruktive Lösungsmöglichkeiten für die Aufgaben: Homogenisieren, Dosieren und Einspritzen des Kautschukes. (siehe Abschnitt 6.3.2.1)

Für das Spritzgießen muß der fertig gemischte Kautschuk in eine bestimmte Geometrie gebracht werden, damit er von der Schnecke eingezogen werden kann. Am häufigsten werden Streifen in unterschiedlicher Breite und Dicke eingesetzt. Andere Möglichkeiten sind die Verarbeitung in Granulat- und Pulverform.

Das Rohmaterial wird von einer Schnecke eingezogen, plastifiziert und homogenisiert. Die Homogenität der Schmelze ist wesentlich besser als bei den anderen Verfahren. Auch das Temperaturniveau liegt höher. Die genaue Dosierung erfolgt über den Schneckenhub. Im Gegensatz zu den bisher beschriebenen Verfahren wird in ein geschlossenes Werkzeug gespritzt.

Die Zykluszeit ist bei gleichen Teilen, bzw. Teilen mit gleicher Wanddicke, wesentlich geringer (Verhältnis der Heizzeiten cirka 1:3). Die Verkürzung der Zykluszeit wird erreicht durch das höhere Temperaturniveau der Mischung im Spritzaggregat und die Temperaturerhöhung aufgrund der hohen Dissipation beim Durchfließen der Angußkanäle und Anschnitte im Spritzgießwerkzeug. Hierbei können Schergeschwindigkeiten bis zu 10^5 1/s erreicht werden.

Da zur Füllung des Werkzeuges aufgrund der langen Fließwege ein sehr hoher Druck benötigt wird, ist auch die Schließkraft der eingesetzten Maschinen wesentlich höher als bei den Preßverfahren. Die Werkzeuge sind komplexer als bei den anderen Verfahren. Auch der maschinentechnische Aufwand ist größer. So wird das Verfahren fast ausschließlich bei hohen Stückzahlen eingesetzt.

Genaue Toleranzen in den Abmessungen des Artikels und in dessen Eigenschaften können mit dem Spritzgießverfahren besser eingehalten werden. Die Gratbildung ist wesentlich geringer, so daß auch der Aufwand für die Nacharbeit reduziert wird. Auch die vermehrt auftretende Forderung nach dem sogenannten „Fertigspritzen", d.h. die Fertigung ohne Nacharbeit, kann nur mit dem Spritzgießverfahren erfüllt werden [10].

Der größte Vorteil des Spritzgießverfahrens liegt in dessen hohen Automatisierungsreserven. Hierauf soll in Abschnitt 6.8 noch genauer eingegangen werden.

6.2.4 Das Spritzprägen/Compression Stamping

Das Spritzprägen stellt eine Kombination des Spritzpreß- und des Spritzgießverfahrens dar. Hierbei wird das Material auf einer Spritzgießmaschine in einem speziellen Werkzeug verarbeitet. Im ersten Produktionsschritt wird die Schmelze in einen Topf gespritzt, der sich im Werkzeug befindet. Das Werkzeug ist noch nicht vollständig zugefahren, und es herrscht noch keine Schließkraft auf dem Werkzeug. Wenn der Topf gefüllt ist, wird das Werkzeug zusammengefahren, das Material aus dem Topf durch den Anguß in die Kavität gedrückt und Schließkraft aufgegeben. Das Teil vulkanisiert aus und kann entnommen werden.

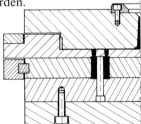

Bild 6.5 Das Injection Transfer Moulding Verfahren (ITM)

Das Verfahren wird vor allen Dingen für Artikel angewendet, die keine Bindenähte aufweisen dürfen (z.B. rotationssymmetrische Dichtungen). Es verbindet die Vorteile des Spritzgießens und des Spritzpressens.

Eine weitere Verfahrensvariante stellt das Injection Transfer Moulding-Verfahren (ITM-Verfahren) dar (Bild 6.5). Ähnlich dem Transfer Moulding wird das Werkzeug durch einen Preßvorgang gefüllt. Im Unterschied dazu wird jedoch der Topf durch einen Einspritzvorgang beschickt.

6.2.5 Spezielle Verfahren

Andere in der Fertigung eingesetzte Verfahren stellen zumeist Abwandlungen der beschriebenen Technologien dar, die auf einer speziellen Werkzeug- bzw. Verfahrenstechnik beruhen. Zwei dieser Verfahren seien hier kurz vorgestellt.

So ist das Spritzprägen mit Kaltkanal [1, 11] eine Abwandlung des Spritzprägens (Bild 6.6). Hierbei wird aus einem vom übrigen Werkzeug thermisch getrennten „kalten" Topf das Material in die Kavität gepreßt. Hierdurch werden Materialverluste durch ein Vernetzen des Topfinhaltes vermieden. Eine Verlängerung der Heizzeit ist bei diesem Verfahren jedoch nicht zu vermeiden.

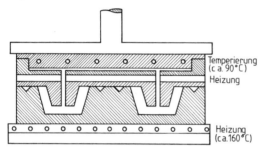

Bild 6.6 Spritzprägen im Kaltkanal

Ein weiteres in der Industrie eingesetztes Verfahren ist das Flashless Transfer Moulding [12, 13, 14]. Zur Verhinderung von Austrieb (Schwimmhäuten) wird die Werkzeugkonstruktion so ausgeführt, daß eine Plattendurchbiegung und damit die Entstehung von Spalten vermieden wird (Bild 6.7). Die Nesteinsätze sind schwimmend in der Werkzeugmittelplatte gelagert. Der thermischen Ausdehnung des Elastomers wird durch die Höhe der Flächenpressung der Ringfläche der Einsätze entgegengewirkt [15]. Das Verfahren erfordert sehr lange Einspritzzeiten. Es können jedoch Teile gespritzt werden, die nacharbeitsfrei sind. Die Ausschußquote ist sehr gering. Anwendungsgebiete sind z. B. pharmazeutische Teile, wie Schlauchverbinder.

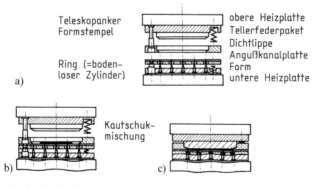

Bild 6.7 Flashless Transfer Moulding [5]
a) Form geöffnet
b) Form beschickt, halb geöffnet
c) Form geschlossen

6.3 Maschinen zur Herstellung von Formartikeln

Der Markt für Maschinen ist in den letzten Jahren stark gewachsen. Die unterschiedlichen Erfordernisse der verschiedenen Formteilgeometrien und -eigenschaften haben auch auf dem Maschinensektor zu einer Vielzahl unterschiedlicher Bauformen geführt. Auch die steuerungs- und regelungstechnischen Möglichkeiten werden laufend verfeinert und erweitert. Auf die einzelnen Konzepte soll hier nur kurz eingegangen werden. Weiterführende Schriften sind dem Literaturverzeichnis zu entnehmen [16, 17, 18].

6.3.1 Pressen

Die Einteilung der in der Kautschukverarbeitung eingesetzten Pressen kann nach den unterschiedlichen Bauformen vorgenommen werden. So unterscheidet man zwischen Säulen-, Rahmen- und Seitenschildpressen (Bild 6.8) [19]. Unterscheidungsmerkmale sind die mechanische Stabilität sowie die Zugänglichkeit zu den Werkzeugen. Es werden hydraulische sowie elektrische (Kniehebel) Pressen angeboten. Zumeist werden die Pressen als Etagenpressen eingesetzt. Dadurch wird es möglich, mehrere Werkzeuge in einer Maschine zu verwenden. Die Formen werden dabei in die Presse geschoben und nicht mit dieser mechanisch verbunden.

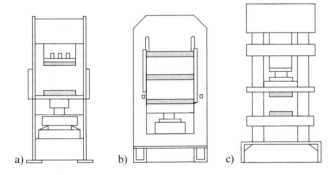

Bild 6.8 Bauformen von Pressen [19]
a) Seitenschildpresse
b) Rahmenpresse
c) Säulenpresse

Desweiteren werden eine Reihe von Spezialmaschinen angeboten. So zeichnen sich Maulpressen durch eine gute Zugänglichkeit von drei Seiten aus und werden aus diesem Grund z. B. zur Fertigung von Platten oder Matten eingesetzt. Den gleichen Vorteil weisen auch sogenannte Zusammenheizpressen aus, die, wie schon die Bezeichnung ausdrückt, zum Zusammenheizen von Profilen für Fenster- oder Türumrahmungen eingesetzt werden. Weitere Sonderbauformen finden in der Schuh- und Stiefelherstellung sowie der Sohlenproduktion Anwendung [5, 20].

Die Temperierung der Heizplatten kann mittels Dampf, Öl oder elektrischer Energie erfolgen. Bevorzugt findet heute die elektrische Beheizung mit wechselbaren Keramik-, Stahl- oder Messingheizpatronen Anwendung. Die Temperaturregelung erfolgt separat für jede Heizplatte. Moderne Pressen besitzen eine Überwachung der Heizstäbe. Dadurch wird eine ungleichmäßige Vulkanisation aufgrund unterschiedlicher Temperaturen vermieden.

Zur Energieeinsparung können Wärmeschutzplatten eingesetzt werden. Zusätzliche Energieeinsparung ermöglicht eine Rundumisolierung der Heizplatten sowie die Installation von Reflexionsschichten im Preßraum.

Die eingesetzten Steuerungen erlauben die Durchführung von Heizzeit-, Preß- und Entlüftungsprogrammen. Diese können zeit- oder wegabhängig gefahren werden.

Die Maschinen können mit verschiedenen Zusatzausrüstungen ausgestattet werden. So werden bei langen Vulkanisationszeiten, einer schwierigen Entformung oder langen Rüstzeiten Schiebe- bzw. Doppelschiebetische eingesetzt. Für ein besseres Handling von schweren Werkzeugen empfiehlt sich die Verwendung von Hubtischen, Formausfahrvorrichtungen, Kernhebevorrichtungen sowie Trägerplatten und Auswerferbalken [19].

6.3.2 Die Spritzgießmaschine

Spritzgießmaschinen bestehen aus den Baugruppen Schließeinheit, Spritzeinheit und Steuerung (Bild 6.9). Zusätzlich können an der Maschine, entsprechend den Pressen, Hilfseinrichtungen (z. B. Wechseltische, Bürsten, Manipulatoren) vorgesehen werden.

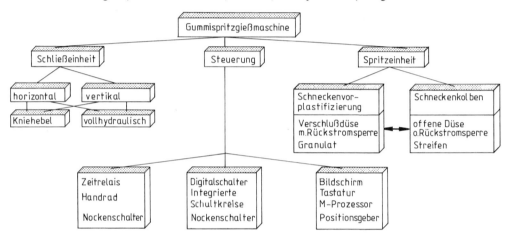

Bild 6.9   Komponenten einer Gummispritzgießmaschine

Die Spritzgießmaschinen können hinsichtlich ihrer Bauformen unterschieden werden. Während in der Thermoplastverarbeitung hauptsächlich Horizontalmaschinen eingesetzt werden, findet man in der Kautschukverarbeitung vorwiegend Vertikalmaschinen (Bild 6.10). Die Bezeichnung richtet sich nach der Einspritzrichtung. Weiter wird nach der Richtung unterschieden, in der die Öffnungs- bzw. Schließbewegung erfolgt.

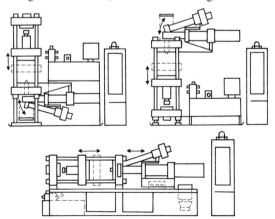

Bild 6.10   Bauschema Horizontal- und Vertikalmaschine [1]

Vertikalmaschinen mit horizontaler Trennebene werden überall dort eingesetzt, wo Verbundteile hergestellt werden. Einlegeteile lassen sich auf einer horizontalen Fläche besser handhaben und fixieren. Die weiteren Unterscheidungsmerkmale werden über die konstruktive Ausführung der einzelnen Baugruppe definiert.

Häufig findet man in den Betrieben Thermoplast-Spritzgießmaschinen, die durch den Einsatz einer anderen Spritzzylinder-Schneckenkombination zu einer Spritzgießmaschine für Elastomere umgerüstet wurden. Heute bieten die meisten Hersteller von Spritzgießmaschinen entsprechende Aggregate an.

Eine konstruktive Besonderheit in der Spritzgießverarbeitung von Elastomeren stellen die Mehrstationen-Maschinen dar. Hierbei bedient eine Einspritzeinheit mehrere Schließeinheiten (bis cirka 12, Schuhhersteller über 30 [21]). Die Maschinen können als Rund- (auch Drehtischmaschine genannt) oder Parallelläufer ausgeführt werden (Bild 6.11). Ihre Anwendung finden Drehtischmaschinen bei hohen Stückzahlen, langen Zykluszeiten und bei der Herstellung von Gummiartikeln mit metallischen Einlegeteilen. Die Entscheidung zwischen Einstationen- und Mehrstationenmaschine erfolgt unter wirtschaftlichen Gesichtspunkten.

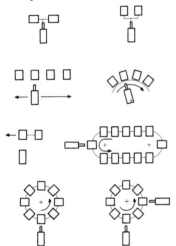

Bild 6.11 Gummispritzgießmaschine als Rund- und Parallelläufer [1]

6.3.2.1 Die Einspritzeinheit

Die Einspritzeinheit übernimmt folgende Aufgaben [22]:
- Einziehen des Rohmaterials in Pulver-, Granulat- bzw. Streifenform,
- Erzeugen einer Schmelze auf möglichst hohem Temperaturniveau (jedoch Vermeidung von Scorch),
- thermisches Homogenisieren der Schmelze,
- Dosieren des Kautschuks,
- Einspritzen des Kautschuks.

Die Einspritzrichtung ist gekoppelt an die Bauform der Maschinen. Bei Vertikalmaschinen kann die Einspritzung von oben oder unten, aber auch von der Seite erfolgen. Bei Horizontalmaschinen liegt die Einspritzrichtung in Richtung der Werkzeugöffnungsbewegung.

Die konstruktive Ausführung des Einspritzaggregates wird von den einzelnen Maschinenherstellern unterschiedlich gelöst (Bild 6.12). So teilen einige Hersteller das Plastifizierag-

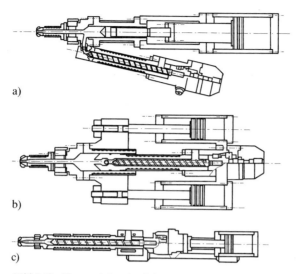

Bild 6.12 Konstruktive Ausführungen von Plastifizier-/Einspritzeinheiten [20]
a) Kolbeninjektion mit Schneckenvorplastifizierung
b) Schneckenkolbenspeicher-Prinzip
c) Schneckenkolben-Spritzgießprinzip

gregat, abweichend vom Thermoplastspritzguß, in Schnecke und Kolben. Diese Bauform wird mit Kolbeninjektions-Spritzgießmaschine mit Schneckenvorplastifizierung bezeichnet. Sie wird zumeist gewählt, wenn große Volumina verspritzt werden sollen. Sie zeichnen sich durch eine hohe Plastifizierleistung aus. Durch die konstruktive Teilung von Schnecke und Kolben ist es möglich, jedes Aggregat entsprechend der Funktionen, die es übernimmt, optimal auszulegen. So wird die Plastifizierleistung von den Dimensionen der Schnecke bestimmt, während Schußvolumen und Dosiergenauigkeit eine Funktion der Kolbendimensionen sind.

Nachteilig bei diesem Verfahren ist, daß die Schmelze nicht auf geradem Weg in das Werkzeug geführt, sondern zweimal umgeleitet wird. Dies widerspricht auch dem Postulat des sogenannten „First in - First out", welches besagt, daß die Masse, die zuerst plastifiziert wurde, aus Gründen der Verweilzeit und thermischen Homogenität, auch zuerst in das Werkzeug gelangen soll. Bei Schnecken-Kolben-Spritzgießmaschinen werden sogenannte Schubschnecken verwendet, die axial verschiebbar sind. Beim Dosiervorgang läuft die Schnecke zurück, bis das eingestellte Dosiervolumen erreicht wird. In der Einspritzphase wird durch die Vorwärtsbewegung der Schnecke das plastifizierte Material in das Werkzeug gespritzt. Um ein Zurückfließen des Materials beim Einspritzvorgang zu verhindern, sind die Maschinen mit Rückströmsperren ausgerüstet. Zur Verbesserung der Homogenität der Schmelze kann ein Staudruck gewählt werden, gegen den die Maschine dosiert. Ein Nachteil des Verfahrens ist, daß sich die wirksame Schneckenlänge beim Plastifizieren ändert. Daraus folgt, daß das zuerst eingezogene Material eine andere Belastung erfährt als das zuletzt eingezogene. Aus diesem Grund sollte die axiale Verschiebung der Schnecke $4D$ nicht überschreiten [22]. Schneckenkolbenaggregate werden häufig bei Mehrstationenmaschinen eingesetzt.

Eine Abwandlung des zuletzt genannten Verfahrens stellt das Schnecken-Kolben-Spritzgießen mit Speicher dar. Hierbei fördert die feststehende Schnecke das Material in einen Speicher. Der Vorteil liegt unter anderem darin, daß während der Plastifizierung die gesamte Schneckenlänge zur Verfügung steht. Das Verfahren ist besonders für mittlere und große Schußvolumina geeignet. Nachteilig ist, daß es zwischen Speicherkopf und Zylinder zu Undichtigkeiten kommen kann.

Die Schnecken, die beim Kautschuk-Spritzgießen eingesetzt werden, unterscheiden sich von denen aus dem Thermoplastspritzgießen. Da als Rohmaterialgeometrie zumeist Streifen Verwendung finden, müssen die Schnecken im Einzugsbereich tiefer geschnitten werden. Das gilt auch bei dem Einsatz von Granulaten, die je nach Felldicke eine Größe zwischen 4 und 8 mm aufweisen [23].

6.3.2.2 Die Schließeinheit

Die Schließeinheit hat die Aufgaben, das Werkzeug aufzunehmen, dieses in den verschiedenen Arbeitszyklen zu verfahren und die Schließkraft aufzubringen. Die Schließkraft ist so zu dimensionieren, daß sie genügend Sicherheit gegenüber einem Öffnen des Werkzeuges in der Einspritz- und Vernetzungsphase bietet. D.h. die Schließkraft muß größer sein als das Produkt aus projezierter Formteilfläche und Einspritzdruck, wobei der Druckaufbau aufgrund der thermischen Dilatation in der Vernetzungsphase berücksichtigt werden muß. Reicht die Schließkraft nicht aus, öffnet sich das Werkzeug, und das Teil wird überspritzt. Dies führt zum einen zu Schwimmhäuten am Formteil, die aufwendig nachbearbeitet werden müssen, zum anderen kann das Werkzeug geschädigt werden, wenn sich die Überspritzung in den Stahl einprägt [24].

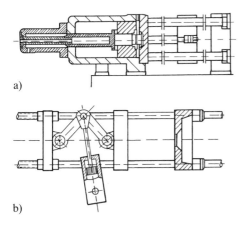

Bild 6.13 Hydraulische und mechanische Schließeinheit [5]
a) hydraulische Schließeinheit
b) mechanische Schließeinheit mit Kniehebel

Zur konstruktiven Lösung der Aufgaben, Verfahren des Werkzeugs und Aufbringung der Schließkraft, gibt es zwei Möglichkeiten, die mechanische Schließeinheit mit Kniehebel und die hydraulische Schließeinheit (Bild 6.13). Die Vorteile der mechanischen Schließeinheit liegen in der Kinematik des Kniehebels begründet. Dieser kombiniert ein schnelles Verfahren des Werkzeuges mit einem langsamen Aufsetzen beim Schließen bzw. Öffnen des Werkzeuges. Desweiteren sind sie in der Lage, sehr hohe Schließkräfte aufzubringen. Da der Kraftaufbau nur in der Strecklage des Kniehebels erfolgt, muß an der Maschine eine Vorrichtung angebracht werden, die es erlaubt, die Werkzeughöhe anzupassen. Dies ist bei hydraulischen Maschinen nicht notwendig. Positiv ist weiter, daß die Krafteinleitung mittig im Werkzeug stattfindet, dort, wo beim Einspritzen die größte Durchbiegung zu erwarten ist. Zwar weisen mechanische Systeme eine gute Parallelführung aufgrund der Krafteinleitung in den Gelenken auf, dadurch ergibt sich allerdings eine Biegelinie in der Aufspannplatte, die vom Prozeß her gesehen nachteilig ist [9, 26].

6.3.2.3 Die Steuerung der Maschinen

Die Qualität der Maschinensteuerung ist hinsichtlich der erzielbaren Formteilqualität von zentraler Bedeutung. Insbesondere die Realisierung einer gewünschten Einspritzgeschwindigkeit und die Einhaltung eines bestimmten Nachdruckes können für die Formteilqualität enorm wichtig sein. Die derzeit in den Betrieben eingesetzten Gummispritzgießmaschinen unterscheiden sich durch folgende generelle Einstellmöglichkeiten (Bild 6.14) [9, 27]:

a) Einspritz- und Nachdruck sind getrennt einstufig über zwei Druckminderventile einstellbar. Ein Mengenregelventil zur Einstellung der Einspritzgeschwindigkeit ist oft nicht vorhanden. Die Nachdruckdauer läßt sich über ein Zeitrelais wählen.

b) Einspritz- und Nachdruck sind nur gemeinsam über ein Druckminderventil auf einem Niveau einstellbar. Die gesamte Wirkzeit für Einspritzen und Nachdrücken ist über ein Zeitrelais wählbar. Die Einspritzgeschwindigkeit kann sehr oft nicht mit einem Mengenregelventil vorgegeben werden.

c) Einspritzdruck und Einspritzgeschwindigkeit sind in mehreren Stufen einstellbar. Auch für den Nachdruck kann ein Profil vorgegeben werden. Die Nachdruckdauer ist wählbar.

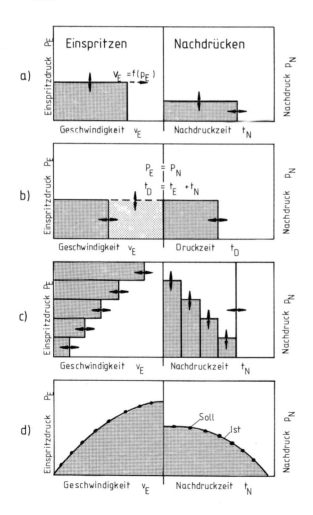

Bild 6.14 Möglichkeiten der Einspritzgeschwindigkeits- und Nachdruckeinstellung an Gummispritzgießmaschinen
a)–c) Steuerungen
d) Regelung

d) Die Sollwerte können wie unter c) eingestellt werden. Zusätzlich wird ein Soll-Istwert-Ausgleich vorgenommen und die Regeldifferenz ständig minimiert, d. h. Einspritzgeschwindigkeit und Nachdruck werden geregelt.

Diese Maschineneinstellmöglichkeiten beinhalten, bezogen auf die Produktionsaufgabe, mehr oder minder große Mängel. Die Regelung von Einspritzgeschwindigkeit und Nachdruck (Unterpunkt d) ist die verfahrenstechnisch vernünftigste Lösung. Hier ist es gewährleistet, daß die eingestellten Werte auch tatsächlich im Prozeß erreicht werden. Neben den genannten Konzepten weisen moderne Maschinen zusätzliche Regelungsmöglichkeiten auf. Abhängig vom Einspritzdruckbedarf werden einzelne Maschinenparameter nachgeregelt. Die Änderung im Einspritzdruckbedarf ergibt sich aus Schwankungen in der Mischungsqualität, die je nach Lagerdauer ein unterschiedliches Fließverhalten aufweisen können [28]. Auf diese Problematik soll im Kapitel „Verfahrenstechnik beim Spritzgießen" genauer eingegangen werden.

6.4 Spritzgießwerkzeuge zur Herstellung von Formteilen

Neben Mischung und Maschine ist das Werkzeug der wichtigste Garant für optimale Formteile. Entsprechend der Komplexität des Fertigungsverfahren steigen auch die Anforderungen an die Werkzeugkonstruktion.

6.4.1 Aufbau von Spritzgießwerkzeugen

Die Spritzgießform ist ein hochtechnisches Werkzeug, das zur Konstruktion einen erfahrenen Fachmann benötigt. Es ist wesentlich komplexer aufgebaut als die Werkzeuge für die anderen Verfahren und erlaubt auch die Produktion von Artikeln mit einer komplizierten Geometrie und geringer Wandstärke (Bild 6.15) [29]. Der Grundaufbau eines Spritzgießwerkzeuges wurde schon in Abschnitt 6.2.3 beschrieben. Entsprechend der für Thermoplastwerkzeuge vorgenommenen Unterteilung läßt sich auch ein Elastomerwerkzeug in seine einzelnen Funktionskomplexe zerlegen [30].
Es besteht aus [31]:

- Formnest(ern),
- Angußsystem mit Anschnitt,
- Temperierung und Isolation,
- Entformungssystem
  (nur teilweise möglich bzw. sinnvoll),
- Maschinen- und Kraftaufnahme (Chassis),
- Führung und Zentrierung,
- Bewegungsübertragung.

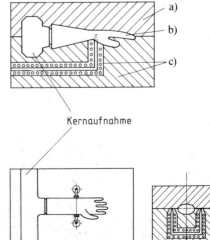

Bild 6.15 Spritzgießwerkzeug für Handschuhe [29]
a) Werkzeug-Oberteil
b) anatomisch geformter Kern
c) Werkzeug-Unterteil mit integriertem, temperierten Angußkanal

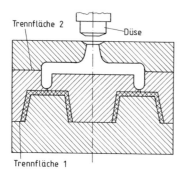

Bild 6.16 Prinzipbild 3-Platten-Werkzeug [25]

Im Gegensatz zur Thermoplastverarbeitung findet man beim Kautschuk-Spritzguß wesentlich öfter sogenannte Drei-Platten-Werkzeuge (Bild 6.16). Sie bieten den Vorteil, daß Anguß und Formteil getrennt entformt werden können. Darüberhinaus werden auch Etagenspritzgießwerkzeuge, entsprechend dem Preßverfahren, eingesetzt. Die Verwendung des jeweiligen Werkzeugtyps ist abhängig von dem zu fertigenden Artikel und der Gestaltung des Angußsystems.

Viele Formteilgeometrien (z. B. Faltenbälge, Achsmanschetten) weisen starke Hinterschneidungen auf. Aufgrund der hohen Dehnbarkeit von Elastomeren ist es jedoch nicht notwendig, mit geteilten Kernen zu arbeiten. Das Material wird über einen festen Kern gespritzt und das vulkanisierte Formteil vom Kern gezogen. Zur Entformung werden die Kerne mit Kernhebevorrichtungen vom Werkzeug getrennt. Ein Beispiel für ein entsprechendes Werkzeug und weitere Konstruktionsmerkmale von Kautschuk-Werkzeugen sind in Bild 6.17 gezeigt.

- Die formgebende Außenkontur wird in das Werkzeug eingearbeitet. Alternativ hierzu besteht die Möglichkeit der Verwendung von Formnesteinsätzen oder Formnestpaketen [32].
- Das Werkzeug besitzt kein Auswerfersystem.
- Die Kerne sind nicht temperiert.
- Der ausvernetzte Verteiler liegt in der Trennebene.
- Das Werkzeug wird über Heizplatten temperiert.

Dieser Werkzeugaufbau bietet den Vorteil relativ niedriger Werkzeugherstellkosten.

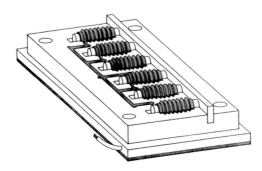

Bild 6.17 Faltenbalgwerkzeug [31]

Die Festlegung der Anzahl der Formnester wird in vielen Betrieben noch nach rein wirtschaftlichen Aspekten vorgenommen. Hier wird zuerst der Kaufmann gefragt und erst dann der Techniker. Die Nestzahl wird der zur Verfügung stehenden Werkzeugfläche angepaßt. So ergibt sich rechnerisch ein maximaler Ausstoß.

Betrachtet man jedoch die produktionstechnische Realität, erkennt man, daß, je größer die Anzahl der Formteile in einem Werkzeug wird, desto vermehrt Probleme bei der Verarbeitung auftreten, d. h., daß z. B. der Ausschuß (Ausschuß beim Spritzgießen bis zu 25% und höher [33]) ansteigt sowie der Aufwand für Entformung und Werkzeugreinigung größer wird. Die Flexibilität der Produktion sinkt. Diese Daten und ihre Auswirkung auf die Wirtschaftlichkeit des Prozesses werden allerdings zumeist nicht erfaßt.

Technologisch und verfahrenstechnisch gesehen, ist die einnestrige Form die ideale Lösung. Mit ihr läßt sich der Prozeß am besten beherrschen. So geht der Trend vermehrt zu Werkzeugen mit wenigen Formnestern, die auch hinsichtlich der geforderten Qualität die Ansprüche besser erfüllen. Darüber hinaus ist auch bezüglich der Automatisierbarkeit eine geringe Formnestzahl erforderlich. Bei vielnestrigen Werkzeugen steigen der Entformungsaufwand und damit die Kosten überproportional an [34].

Die Gestaltung des Angußsystems richtet sich nach der Geometrie des Formteils und dessen Lage im Werkzeug. Auf die Auslegung des Angußsystems soll im Kapitel „Werkzeugauslegung" detaillierter eingegangen werden.

Der Anschnitt ist der Punkt des Angußsystems, der den Angußkanal mit dem Formnest verbindet. Bei der Dimensionierung des Anschnittes kommt ein wesentlicher Aspekt des Kautschuk-Spritzgießverfahrens zum tragen, der für die höhere Wirtschaftlichkeit im Vergleich zum Pressen verantwortlich ist.

Die zyklusbestimmende Zeit ist bei den meisten Artikeln die Heizzeit. Diese ist abhängig von Material (Rezeptur), Werkzeug- und Massetemperatur. Je geringer die Temperaturunterschiede zwischen Masse- und Werkzeugtemperatur sind, desto kürzere Heizzeiten werden benötigt, um einen bestimmten mittleren Vernetzungsgrad im Formteil zu erreichen. Einer Erhöhung der Massetemperatur im Plastifizieraggregat sind jedoch durch die Gefahr einer beginnenden Vernetzung Grenzen gesetzt. Das Material wird deshalb relativ kalt in das Werkzeug eingespritzt. Zur Überwindung der Fließwiderstände im Werkzeug wird ein bestimmter Druck benötigt. Dieser Druckverbrauch wird in eine Temperaturerhöhung umgesetzt. Diese läßt sich mit einer einfachen Gleichung abschätzen:

$$\Delta \vartheta = \frac{\Delta p}{c_\mathrm{p} \cdot \varrho} \qquad (1)$$

Über die Dimensionierung des Anschnittes und in Verbindung mit der Einspritzgeschwindigkeit kann nun die Massetemperatur gezielt erhöht werden. Allerdings sind auch hierbei der Temperatur Grenzen gesetzt, da beim Einspritzvorgang auf keinen Fall die Vernetzungsreaktion starten darf.

Aus der beschriebenen Problematik heraus werden die Anschnitte sehr klein dimensioniert. Ein kleiner Anschnitt erlaubt auch eine schädigungsfreie Trennung von Formteil und Anguß. Einige der gebräuchlichsten Anschnittformen sind in Bild 6.18 dargestellt [1].

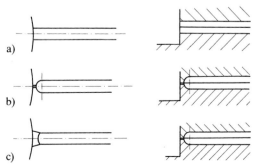

Bild 6.18 Anschnittformen beim Elastomerspritzguß [1]
a) Zylinder-Anschnitt
b) Nadel-Anschnitt
c) Fischschwanz-Anschnitt
(Fortsetzung nächste Seite)

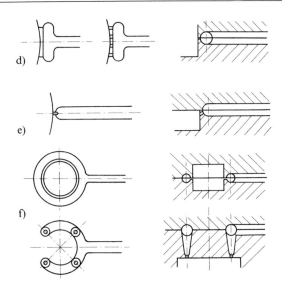

Bild 6.18 (Fortsetzung)
Anschnittformen beim
Elastomerspritzguß
d) Hammer-Anschnitt
e) Kanal-Anschnitt
f) Ring- oder Flächenanschnitt

Eine Besonderheit bei der Gestaltung von Spritzgießwerkzeugen im Vergleich zu Thermoplastwerkzeugen resultiert aus den unterschiedlichen thermischen Randbedingungen im Prozeß. Während beim Thermoplastspritzguß das heiße Material an der „kalten" Werkzeugwand abkühlt und die Viskosität steigt, erhöht sich aufgrund der beschriebenen Dissipation und Wärmeleitung die Materialtemperatur, die Viskosität sinkt. Dies führt in der Einspritzphase, in der der höchste Druck im Werkzeug herrscht, zu Überspritzungen am Formteil. Das niedrigviskose Material wird in kleinste Spalte gedrückt. Diese Überspritzung wird auch als Schwimmhaut bezeichnet. Gerade bei älteren abgenutzten Werkzeugen ist sie nicht zu vermeiden.

Diese Schwimmhäute sind oft nur wenige Zehntel Millimeter stark und neigen beim Entformen zum verkleben mit dem Formteil. Die Entfernung dieses Austriebs ist sehr aufwendig (siehe auch Kapitel „Entgraten"). Zur besseren Entfernung des Austriebs wird aus diesem Grund um die Kavität eine Überlaufrille gefräst. Der gezielt hergestellte Austrieb läßt sich nun wesentlich einfacher vom Formteil trennen.

Die Überlaufrille hat auch oft den zusätzlichen Vorteil, daß sie der Entstehung eines „Brenners" am Formteil vorbeugt. Unter einem „Brenner" versteht man eine thermische Zersetzung am Formteil, die immer dann entsteht, wenn die im Werkzeug vorhandene Luft nicht schnell genug beim Einspritzvorgang über die Trennebene oder durch Teilungen im Werkzeug entweichen kann. Die eingeschlossene Luft erhitzt sich unter dem Einspritzdruck und ruft so den „Brenner" hervor. Durch eine Verlängerung des Fließweges über die Einbringung der Überlaufrille tritt nun der „Brenner" nicht am Formteil selbst auf, sondern am Material in dem Überlauf. Oft reicht jedoch diese Maßnahme zur Vermeidung von „Brennern" nicht, so daß andere konstruktive Wege beschritten werden müssen. Der einfachste Weg ist die Anbringung von Haarstrichen in der Trennebene mit einer Reißnadel. Andere Möglichkeiten bieten die Verwendung von Blindauswerfern, d.h. die Einbringung einer Bohrung und deren Verschluß mit einem Stift, der ein definiertes Untermaß aufweist (ca. 0,01–0,03 mm), oder der Einsatz von Sintermetallen [35]. Reichen auch diese Maßnahmen nicht aus, wird es notwendig, an das Werkzeug Vakuum (etwa 0,1 bar) anzulegen und auf diese Weise die Entlüftung vorzunehmen. Die Stellen, an der die notwendigen Entlüftungsbohrungen angebracht werden müssen, liegen am Ende des Fließweges. Es besteht hierbei auch die Möglichkeit, über das Entformungssystem (wenn

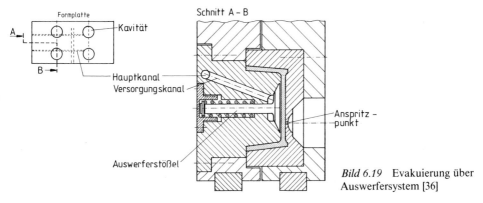

Bild 6.19 Evakuierung über Auswerfersystem [36]

vorhanden) zu entlüften (Bild 6.19) [36]. Auf die Besonderheiten bei der Entformung soll im Kapitel „Automatisierung" eingegangen werden.

Die Beheizung der Werkzeuge kann indirekt über an der Spritzgießmaschine festmontierte Heizplatten erfolgen oder durch eine direkte Beheizung. Die Energie kann über Heizöl oder eine elektrische Heizung mittels Heizpatronen eingebracht werden [37, 38].

Bei der Auswahl des Werkzeugstahls für die Kavitäten empfiehlt sich der Einsatz von vergüteten Stählen, zumeist chromlegierte Stähle (Bild 6.20). Aufgrund der abrasiven Wirkung beim Fließen der Mischung werden die Stähle zusätzlich gehärtet [39].

Werkstoff-Nr.	Bezeichnung	Verwendung für	Bemerkungen
1.7131	16 MnCr 5	Profileinsätze	
1.2162	21 MnCr 5	Profileinsätze	
1.1191	Ck 45	Platten	
1.1730	C 45 W 3	Platten	
1.2312	40 CrMnMoS 86	Platten (vorvergütet)	evtl. nitriert
1.2083	X 42 Cr 13	Profileinsätze	vakuumgehärtet
1.2344	X 40 CrMoV 51	Profileinsätze	vakuumgehärtet
1.2601	X 165 CrMoV 12	Profileinsätze	vakuumgehärtet; nitriert oder boriert
1.2379	X 155 CrVMo 121	Profileinsätze	vakuumgehärtet; nitriert oder boriert

Bild 6.20 Werkzeugstähle für Kautschukspritzgießwerkzeuge [40]

6.4.2 Werkzeugauslegung

Viele Probleme in der Formartikelfertigung beruhen auf einer falschen Werkzeugauslegung. Neben Qualitätsaspekten sind hier auch Kostenaspekte entscheidend. Ein falsch dimensioniertes Werkzeug wird auch mit der besten Prozeßführung nie optimale Teile liefern, andererseits kann auch das beste Werkzeug Fehler bei der Prozeßführung nicht ausgleichen. Während eine falsche Maschineneinstellung relativ leicht geändert werden kann, erfordern dagegen Änderungen oder gar Reparaturen am fertigen Werkzeug hohe Kosten, bewirken Maschinenstillstand und Produktionsverzug. Deshalb muß schon bei der Werkzeugkonstruktion eine werkstoff- und verfahrensgerechte Lösung gefunden werden.

Darüber hinaus hat der Konstrukteur stets die Aufgabe, das Fertigungsmittel „Werkzeug" auch unter wirtschaftlichen Gesichtspunkten zu optimieren, da seine Tätigkeit in hohem

Maße das wirtschaftliche Ergebnis der Artikelfertigung beeinflußt. Die Lösung seiner Aufgaben wird dem Konstrukteur in besserem Maße gelingen, wenn er sich rechnerischer Hilfsmittel bedienen kann, mit denen in richtiger Weise das gesamte Prozeßgeschehen simuliert werden kann. Nur über eine quantitative und qualitative Beschreibung aller Prozeßparameter ist dann auch eine Optimierung möglich [41 bis 44].

6.4.2.1 Rheologische Auslegung

Die Konstruktion eines Spritzgießwerkzeugs kann man in die qualitative und die quantitative Konstruktionphase unterteilen, wobei die qualitative Phase im wesentlichen die Werkzeugprinzipfindung beinhaltet. Hierauf aufbauend wird in der quantitativen Phase das Werkzeug dimensioniert. Diese setzt sich zusammen aus der rheologischen, der thermischen und der mechanischen Werkzeugauslegung (Bild 6.21). Im Anschluß hieran erfolgt die Erstellung der Fertigungsunterlagen.

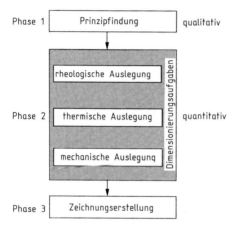

Bild 6.21 Phasen der Spritzgießwerkzeugkonstruktion

Diese Teilbereiche sind über eine Reihe von Prozeßparametern und Geometriegrößen miteinander verknüpft. Zweckmäßigerweise sollte daher mit demjenigen Auslegungsschritt begonnen werden, der am wenigsten von den Ergebnissen der anderen Auslegungsschritte beeinflußt wird, für den aber alle notwendigen Randbedingungen bekannt sind.

Aufgrund des vorgegebenen Materials und der weitgehend festgelegten Formteilgeometrie ist dies die rheologische Werkzeugauslegung. Sie beginnt mit der qualitativen Beschreibung des Füllvorganges der Kavität, d. h., der graphischen Darstellung des zu erwartenden Fließfrontverlaufs. Die aus der Thermoplastverarbeitung stammende Füllbildmethode [45,

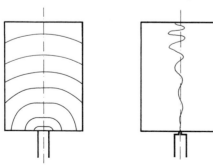

Bild 6.22 Quellfluß (links) und Freistrahlfüllung (rechts)

46] kann auch auf das Spritzgießen von Elastomeren übertragen werden. Sie besitzt ihre Gültigkeit für flächige Formteile, die nicht unter Freistrahlbildung, sondern im Quellfluß gefüllt werden (Bild 6.22).

Eine Freistrahlbildung ist auch verfahrenstechnisch gesehen ungünstig, da das Teil undefiniert gefüllt wird. So kann beim Einspritzvorgang Luft eingeschlagen werden, was sich qualitätsmindernd auswirkt (z. B. in Brennern). Weiterhin kann der entstehende Materialstrang anvernetzen, was zu einer Verminderung der Festigkeit des Bauteils führt.

Die Ermittlung des Füllbildes läßt sich auch rechnerisch auf einem Computer durchführen. Diese Simulationsrechnung beruht allgemein auf folgendem Zusammenhang, der unter bestimmten Randbedingungen aus dem *Hagen-Poiseuill'schen* Gesetz hergeleitet werden kann (Bild 6.23).

Voraussetzungen:

$$\Delta p = \frac{32\, V \eta \Delta l}{s^3 B}$$

- inkompressibel

$$V = \frac{s B \Delta l}{\Delta t}$$

- newtonsches Fließverhalten

$$\Delta p = \frac{32\, \eta \Delta l}{s^2 \Delta t}$$

- isotherme Strömung

$\Delta p_1 = \Delta p_2$ gilt für einen Zeitpunkt

- dünne Formteile: $B/s > 10$

$$\frac{\eta_1 \Delta l_1^2}{s_1^2 \Delta t} = \frac{\eta_2 \Delta l_2^2}{s_2^2 \Delta t}$$

- Trägheitskräfte vernachlässigbar

$\eta_1 = \eta_2$ Annahme!

- Schwerkraft vernachlässigbar

$$\frac{\Delta l_1^2}{s_1^2} = \frac{\Delta l_2^2}{s_2^2}$$

$$\frac{\Delta l}{s} = constant$$

Bild 6.23 Herleitung der Füllbildmethode

Die resultierende Gleichung besagt, daß der Schmelzefortschritt Δl_2 in einem Gebiet mit veränderter Wandstärke abhängig ist vom Schmelzefortschritt Δl_1 im Gebiet konstanter Wandstärke und dem Verhältnis der Wandstärken s_1 und s_2. Die Gleichung macht ersichtlich, daß zur Berechnung des Füllbildes weder Materialdaten noch Verfahrensparameter erforderlich sind.

Trotz der Vernachlässigung der Kontinuitäts- und Energiegleichung erlaubt diese einfache Methode in den meisten Fällen eine hinreichend genaue Vorhersage des Fließfrontverlaufs im Formhohlraum. Bindenähte und mögliche Lufteinschlüsse lassen sich hiermit schon in der Entwurfsphase des Werkzeuges erkennen und durch eine Optimierung der Positionierung des Anschnittes weitgehend vermeiden bzw. reduzieren. Bild 6.24 zeigt einen Vergleich von berechnetem und durch Teilfüllungen ermitteltem Füllbild.

Will man für dreidimensionale Teile, wie sie zumeist in der Praxis vorkommen, ein Füllbild konstruieren, so setzt dies die Erstellung einer Abwicklung voraus.

Da hierdurch das Teil graphisch zerlegt werden muß, ist es notwendig, zur Konstruktion des Füllbildes eine Schnittkantenzuordnung vorzunehmen. Die Zeit für eine manuelle gra-

172 6 Die Herstellung von Gummi-Formartikeln

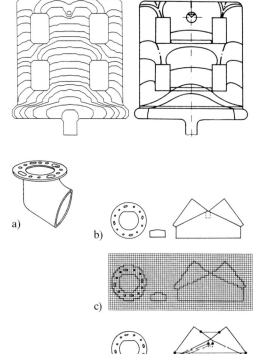

Bild 6.24 Vergleich von berechneten Füllbild (links) und gespritzten (rechts) Teilfüllungen

Bild 6.25 Vorgehensweise bei der Füllbildsimulation (Preprocessing)
a) Formteil
b) Abwicklung
c) Rasterung
d) Schnittkanten-
   identifikation

fische Konstruktion des Füllbildes wächst mit zunehmender Komplexität des Formteils. Hier ist es von Vorteil, entsprechende Programme einzusetzen. Ein Beispiel, welches die Vorgehensweise hierbei erläutern soll, ist in Bild 6.25 dargestellt. Nachdem das Preprocessing durchgeführt wurde, kann nun der Füllvorgang bei beliebiger Anschnittlage simuliert werden.

Einen Schwerpunkt innerhalb der rheologischen Auslegung von Spritzgießwerkzeugen stellt die Ermittlung des Druckbedarfes für den Füllvorgang dar. Die Kenntnis des Fülldruckes ist wichtig

- für eine Füllbarkeitskontrolle,
- die mechanische Auslegung und
- die Prozeßführung an der Maschine.

Zur Berechnung des Fülldruckes sind stoffspezifische Werte erforderlich (thermische und rheologische Stoffdaten, aber auch vernetzungskinetische Daten). Während sich die Füllbildermittlung bei einfachen Teilen mit relativ geringem Aufwand manuell durchführen läßt, bedarf es für eine Druckbedarfsberechnung wesentlich mehr Aufwand, um zu realistischen Größenordnungen im Druckbedarf zu gelangen. Aus diesem Grunde wird heute die Druckbedarfsrechnung auf Computern mit speziellen Programmen durchgeführt [47, 48]. Als Beispiel eines derartigen Programmes sei das in Bild 6.26 gezeigte Programm „CADGUM" genannt [49].

Mit einem derartigen Hilfsmittel können schon in der Entwurfsphase des Werkzeuges Fehler vermieden werden, die früher erst nach dem ersten Abspritzen auf der Maschine festgestellt wurden.

6.4 Spritzgießwerkzeuge zur Herstellung von Formteilen

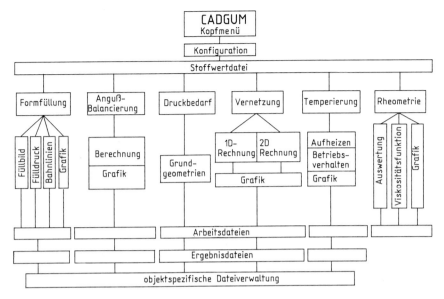

Bild 6.26 Konzeption des Programmsystems CADGUM

Zur Berechnung des Druckbedarfs wird die Formteilgeometrie in Grundgeometrien zerlegt (Bild 6.27). Für diese Grundgeometrie wird der Druckbedarf unter Verwendung der Verfahrensparameter berechnet. Der Gesamtdruckbedarf ergibt sich aus der Addition der einzelnen Drücke. Neben den zweidimensional arbeitenden Programmen gibt es Programme, die dreidimensional auf Basis der Finite-Element-Methode (FEM) arbeiten [50].

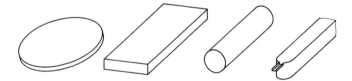

Bild 6.27 Druckbedarfsberechnung mit Grundgeometrien
(Kreisscheibe, Platte, Zylinder, Anschnitt)

Der Druckbedarf läßt sich mit folgender Gleichung abschätzen:

$$\Delta p = \frac{2}{H} \cdot \eta \cdot \dot{\gamma}_W \cdot \Delta l \qquad (2)$$

Die hierin erhaltene Viskosität ist abhängig von der Schergeschwindigkeit, der Temperatur und, da es sich bei Elastomeren um vernetzende Polymere handelt, auch eine Funktion der zeitabhängig einsetzenden Vernetzungsreaktion. Bei einer Abschätzung des Fülldruckbedarfs kann jedoch die Vernetzung vernachlässigt werden.

Die Beschreibung der Viskosität kann mit dem Ansatz von *Carreau* erfolgen. Hierzu ist die Messung der Viskosität, z. B. mittels Hochdruck-Kapillar-Rheometer, erforderlich. Da die Messung nur in einem bestimmten Temperaturbereich erfolgt, ist es notwendig, die Viskosität für geänderte Temperaturen zu bestimmen. Hierzu eignet sich die bekannte

WLF-Beziehung [51]. Sie beinhaltet den sogenannten Temperaturverschiebungsfaktor a_T, der in den *Carreau*-Ansatz eingesetzt werden kann.
Für die Abschätzung der Schergeschwindigkeit kann die folgende Gleichung eingesetzt werden.

$$\dot{\gamma}_W = \frac{7,5 \, \bar{v}_F}{H} \qquad (3)$$

Als Verarbeitungstemperatur wird in die WLF-Gleichung die Kontakttemperatur zwischen Kautschukmischung und Werkzeugwand

$$\vartheta_K = \frac{b_M/b_W \cdot \vartheta_M + \vartheta_W}{1 + b_M/b_W} \qquad (4)$$

mit der Wärmeeindringzahl

$$b = \sqrt{\lambda \cdot \varrho \cdot c} \qquad (5)$$

verwendet.

Nach der Ermittlung des Fülldruckbedarfs für eine einzelne Kavität und der Bestimmung einer optimalen Angußposition unter Verwendung der Füllbildmethode erfolgt im nächsten Auslegungsschritt die Gestaltung des Angußsystems.

Aus Gründen der Wirtschaftlichkeit werden beim Elastomerspritzgießverfahren meist Werkzeuge mit einer hohen Formnestzahl angestrebt. Dabei ergeben sich oft relativ komplizierte Angußsysteme. Die Auslegung dieser Angußsysteme wird zumeist routinierten Praktikern überlassen. Aus den vorhandenen Erfahrungswerten lassen sich jedoch allenfalls Faustregeln ableiten, die allerdings Werte liefern, die von denjenigen realer Werkzeuge meist weit abweichen. Hier findet man auch einen der Gründe, warum Werkzeuge oft nachgearbeitet werden müssen, bevor mit ihnen in Produktion gegangen werden kann.

Symmetrische Verteiler, d. h. Verteiler mit gleichen Fließwegen zu allen Formnestern nennt man natürlich balancierte Systeme. Sie sind in ihrer Volumenstrom-Druckverlust-Charakteristik völlig betriebspunktunabhängig; in allen Kavitäten beginnt die Formfüllung gleichzeitig und ist dort dank gleicher Teilvolumenströme auch gleichzeitig abgeschlossen. Solche Systeme bedürfen keiner aufwendigen Auslegung, sofern entlang der einzelnen Fließwege stets gleiche Querschnitte vorliegen. Hier ist lediglich zu überprüfen, ob der von der Maschine maximal zur Verfügung stehende Einspritzdruck zum Überwinden der Fließwiderstände in Anguß, Anschnitt und Formhohlraum ausreicht. Da solche symmetrischen Verteilersysteme in jedem Fall optimale Voraussetzungen für die Prozeßführung und eine in allen Kavitäten gleiche Artikelqualität bieten, sollten sie, soweit dies nur möglich ist, bevorzugt eingesetzt werden [52]. Besteht aufgrund der Formteilgeometrie, der Formnestanordnung oder Formnestzahl diese Möglichkeit nicht, so müssen die Verteilersysteme künstlich balanciert werden, d. h. die Längen und Durchmesser der einzelnen Fließkanalabschnitte sind so zu bestimmen, daß weitgehend gleiche Füllbedingungen für alle Kavitäten vorliegen (Bild 6.28).

Voraussetzung für die Balancierung eines Verteilersystems ist die Berechenbarkeit der Druckverluste, die beim Füllen der Kanäle entstehen.

Ein Problem der rechnerischen Auslegung unsymmetrischer Verteilersysteme ist die Tatsache, daß bei deren Füllung instationäre Fließvorgänge auftreten. Da der Füllvorgang bei den in der Kautschukverarbeitung üblicherweise verwendeten Heißkanalverteilern von Schuß zu Schuß wiederholt werden muß, können diese Vorgänge nicht vernachlässigt

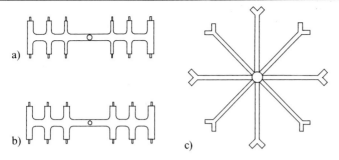

Bild 6.28 Angußverteiler
a) künstlich balancierter Angußverteiler
b) unbalancierter Angußverteiler
c) natürlich balancierter Angußverteiler

werden. Als Konsequenz hieraus bleibt nur eine Zerlegung des Fließweges in diskrete Zeitschritte und eine Berechnung des Druckverlustes mit den in den Einzelkanälen jeweils aktuellen Volumenströmen. Ein solches Vorgehen ist jedoch nur mit Hilfe eines Rechenprogrammes möglich.

6.4.2.2 Thermische Auslegung

Das Spritzgießverfahren ist ein thermodynamischer Prozeß. Zur Ausbildung optimaler Werkstoff- und damit Formteileigenschaften wird eine möglichst weitgehende und gleichmäßige Vernetzung angestrebt. Da der Vernetzungsvorgang zeit- und temperaturabhängig ist, bilden die Werkzeugtemperatur und die Heizzeit die wesentlichen verfahrenstechnischen Einflußgrößen auf die vernetzungsabhängigen Formteileigenschaften. Die Vorausbestimmung der Heizzeit ist aus wirtschaftlicher Sicht von größter Bedeutung.

Nach [53] hat das Heizsystem folgende Aufgaben zu erfüllen:
- Aufheizung des Werkzeuges,
- Erhaltung einer möglichst gleichen Temperaturverteilung in der Formnestebene,
- Ausgleich von Abkühlvorgängen des geöffneten Werkzeuges beim Entformen und Beschicken mit kalten Metallteilen sowie beim Einspritzen der relativ kalten Schmelze,
- Ausgleich von Abkühlvorgängen beim Vulkanisationsvorgang durch Strahlung und Konvektion an die Umgebung sowie durch Wärmeleitung zur Maschine.

Die Heizleistung ergibt sich aus

$$Q_H = \frac{m_W \cdot c_{pW} \cdot \Delta \vartheta}{\eta \cdot t_H} \cdot b \tag{6}$$

Als Wirkungsgrad kann bei elektrischen Systemen 0,5 und bei mit Dampf beheizten Werkzeugen 0,3 bis 0,4 angesetzt werden. Der Faktor b erfaßt, abhängig von den Oberflächenverhältnissen von Heizfläche A_H zu Abstrahlfläche A, die unterschiedliche Wärmeabstrahlung der Werkzeugaußenflächen:

$b = 0{,}75$ für A_H/A kleiner 1,
$b = 1$ bis 1,5 für $A_H/A = 0{,}5$ bis 1.

Nach Beendigung des Aufheizvorganges werden für den Ausgleich der Wärmeabstrahlung an die Umgebung nur noch rund 30% der Gesamtleistung benötigt [53].

Für eine Vernetzungsberechnung und damit eine Heizzeitberechnung sind eine Reihe von Materialkennwerten und Prozeßgrößen erforderlich. Gleichzeitig spielt die Wanddicke eine wesentliche Rolle. Die Vernetzungsreaktion kann nach DIN 53529 nach dem Geschwindigkeitsgesetz beschrieben werden. Die benötigten Stoffdaten können aus Vulkameterkurven gewonnen werden [54]. Die Berechnung des Vernetzungsverlaufs ist möglich durch die Kopplung der reaktionskinetischen Differentialgleichung mit der Differentialgleichung für die instationäre Wärmeleitung. Zur Berechnung der Vernetzung erfolgt oft eine eindimensionale Betrachtung der Problematik unter Vernachlässigung des Quellterms, der die beim Vernetzungsvorgang freiwerdende Reaktionswärme erfaßt. Man rechnet mit plattenförmigen Geometrien und in die Berechnung geht nur die Dicke der Platte ein [31].

Diese Gleichung

$$\frac{\delta \vartheta}{\delta t} = a_{\text{eff}} \cdot \frac{\delta^2 \vartheta}{\delta x^2} \tag{7}$$

kann mit Differenzenverfahren sehr einfach gelöst werden. Zur Vernetzungsberechnung ist die reaktionskinetische Gleichung in Differenzenschreibweise an die Differenzengleichung des Temperaturfeldes zu koppeln. Auch hierbei ist es vorteilhaft, Programme zu verwenden, die eine schnelle Parametervariation erlauben.

Bei der Herstellung dickwandiger Artikel ist es oft angebracht, diese noch vor der vollständigen Vernetzung der inneren Formteilschichten zu entformen und einem nachgeschalteten Tempervorgang zu unterziehen. Hierdurch können die Zykluszeiten beträchtlich reduziert werden. Dies ist jedoch nur dann möglich, wenn ein Mindestvernetzungsgrad erreicht wurde. Die untere Grenze für diesen Vernetzungsgrad liegt abhängig von der Mischung bei cirka 60%.

Für eine Verkürzung der Zykluszeit läßt sich auch die Tatsache nutzen, daß die Formteile noch recht lang ihre Wärme behalten. So finden auch nach der Entformung noch Temperaturausgleichsvorgänge im Formteil statt, die zu einer Erhöhung des Vernetzungsgrades im Inneren des Formteils führen (Bild 6.29) [31].

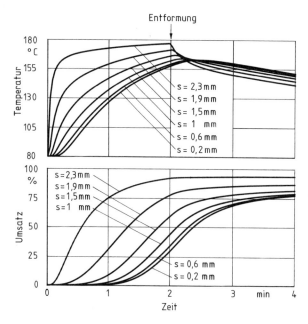

Bild 6.29 Temperatur- (oben) und Umsatzverlauf (unten) vor und nach Entformung [31]

6.4.2.3 Mechanische Auslegung

Die mechanische Auslegung von Elastomer-Spritzgießwerkzeugen ist mit der für Thermoplaste weitgehend identisch. Hier muß nur den höheren Temperaturen Rechnung getragen werden, die sich in einer größeren Wärmeausdehnung äußern und genauere Passungen erfordern. Da die mechanische Auslegung hinreichend in der Literatur beschrieben wird, soll hierauf nicht detaillierter eingegangen werden [25].

6.4.3 Auslegung von Kaltkanalwerkzeugen

Beim Spritzgießen von Elastomeren beinhalten die üblichen Anguß- und Verteilersysteme drei große Nachteile (Bild 6.30):
- Das Material in diesen Systemen vernetzt ebenso wie das Formteil, wobei es im Gegensatz zur Thermoplastverarbeitung nicht regranuliert und dem Prozeß wieder zugeführt werden kann. Das Angußvolumen und damit der Abfallanteil steigt mit zunehmender Formnestanzahl an [55].
- Werden Formen überspritzt, beginnt die Schwimmhautbildung meistens im Bereich der (heißen) Verteilerkanäle und schreitet von dort aus bis in den Formteilbereich fort [56, 57].
- Bei einer automatisierten Verarbeitung muß das Angußsystem mit entformt werden, was einen zusätzlichen Aufwand bei der Gestaltung der Handlingseinrichtungen erfordert.

Diese gravierenden Nachteile können durch den Einsatz von Kaltkanalwerkzeugen mit einem relativ kalten Verteilerbereich, in dem der Kautschuk nicht vulkanisiert, vermieden werden.

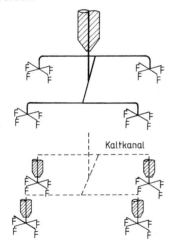

Bild 6.30 Verminderung der Angußverluste durch den Einsatz eines Kaltkanals
F Formteil

Als weitere Vorteile sind zu nennen [58]:
- größere Gestaltungsfreiheit bei der rheologischen Dimensionierung des Angußsystems,
- minimale thermische Belastung der Elastomermasse,
- höhere Anzahl von Formnestern im Werkzeug.

In der Praxis deutscher Industriebetriebe hat sich dieses Werkzeugkonzept allerdings noch nicht durchsetzen können [59, 60, 61]. Das Ergebnis einer Umfrage zeigte, daß im Durchschnitt der befragten Betriebe gerade 0,7% der eingesetzten Werkzeuge Kaltkanalwerkzeuge sind. Die Bandbreite reichte von 0 bis 20% [33].

Werden im Thermoplastbereich für die entsprechende Technologie (Heißkanaltechnik) eine Reihe von standardisierten Systemen angeboten, gibt es für die Elastomerverarbeitung erst eine Kaltkanalnormalie (Angießbuchse). Auch dies zeigt den Entwicklungsstand auf diesem Sektor [62].

Die Gründe hierfür sind vor allem darin zu suchen, daß allgemein eine erhebliche Unsicherheit in der konstruktiven Gestaltung solcher Systeme besteht. Besondere Probleme bereiten dabei:
- Die betriebssichere thermische Trennung zwischen dem auf 160 bis 200 °C beheizten Werkzeug und dem Kaltkanal mit ca. 80 bis 100 °C.
- Die richtige Ermittlung des Druckverlust-Durchsatz-Verhältnisses.
- Die Einstellung eines ausgeglichenen Wärmehaushalts, so daß innerhalb eines sinnvollen Bereichs eine beliebige Temperatur des Kaltläufers frei einstellbar ist.
- Die Beherrschung der durch die Temperaturdifferenzen hervorgerufenen unterschiedlichen Wärmedehnungen der verschiedenen Werkzeugbereiche.
- Die richtige Berechnung der mechanischen Steifigkeit exponierter Werkzeugteile.

6.4.3.1 Arten von Kaltkanalwerkzeugen

Die Entscheidung zwischen einem Kaltkanalwerkzeug und einem herkömmlichen Werkzeug unterliegt auch wirtschaftlichen Gesichtspunkten. Hat man sich nach den wirtschaftlichen Überlegungen für ein Kaltkanalwerkzeug entschieden, muß nun ein prinzipieller Werkzeugaufbau gefunden werden.

Wichtigstes Unterscheidungsmerkmal bei Kaltkanalwerkzeugen ist die Art der Gestaltung des Verteilerblocks. Dieser kann fest eingespannt oder beweglich im Werkzeug gelagert sein. Ein fest eingespannter Block umgeht die bei beweglichen Systemen unumgänglichen Dichtigkeitsprobleme und ist durch den Verzicht auf Führungsteile einfacher in der Konstruktion und wirtschaftlicher in der Herstellung. Allerdings fließt während des gesamten Produktionszyklusses Wärme vom Werkzeug in den Kaltkanalblock. Hieraus ergeben sich Probleme für die Vulkanisation des Formteils, da die bei anliegender Düse aus der Kavität in den Kaltkanalblock abfließende Wärme den Angußbereich der Formplatte stark abkühlen läßt. Dies kann zu einer Untervulkanisation des Formteils im Angußbereich führen.

Die konstruktiv einfachste Ausführung eines Kaltkanalwerkzeuges zeigt Bild 6.31. In diesem Beispiel werden mit einer Kaltkanaldüse mehrere Unterverteiler beschickt. Der Kalt-

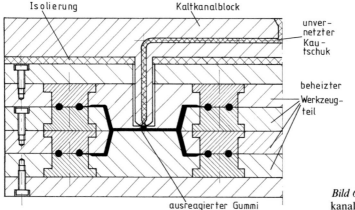

Bild 6.31 Einfache Kaltkanalkonstruktion [31]

kanalblock ist fest eingebaut. Die thermische Trennung beschränkt sich auf eine Isolierung des Kaltkanalblocks von dem übrigen Werkzeug. Dieses Kaltkanalkonzept ist die am häufigsten ausgeführte Form von Kaltkanalwerkzeugen.

Eine bessere thermische Trennung kann erreicht werden, indem der Kaltkanal nur während bestimmter Zeiten an dem heißen Werkzeug anliegt. Der Kaltkanalverteilerblock stellt hier ein - auch in seinen Bewegungen - eigenständiges Werkzeugbauteil dar (Bild 6.32) [60]. Bei dem abgebildeten 20fach-Kaltkanalwerkzeug werden die Formteile von der Seite her abfallfrei angespritzt. Der Kaltkanalverteiler ist in der Trennebene eingespannt und hebt während der Werkzeugöffnungsphase von den heißen Werkzeugteilen ab. Dieses Konzept eignet sich für Formteile mit kurzen Zykluszeiten.

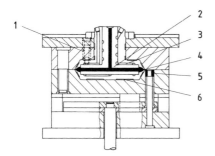

Bild 6.32 Elastomerspritzgießwerkzeug mit Kaltkanalverteiler [60]
1 Abhebvorrichtung, *2* Kaltkanalverteiler, *3* Kühlkanäle, *4* Punktanguß, *5* Formteil, *6* Luftschlitze

Die thermische Trennung kann weiter verbessert werden, indem man die Kontaktzeit reduziert. Der Kontakt zwischen Düse und Formteil muß nur solange aufrecht gehalten werden, bis der Anschnitt vernetzt ist und keine Massebewegung mehr auftritt. In diesem Fall kann das Formteil direkt über einen Punktanschnitt angespritzt werden. Bei richtiger Dimensionierung und Temperierung des Angusses wird ein Abreißpunkt definiert und ein nacharbeitsfreies Formteil gefertigt.

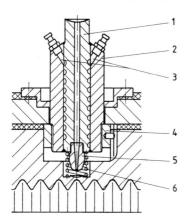

Bild 6.33 Faltenbalg-Kaltkanalwerkzeug
1 Hauptkörper, *2* Isolierkörper, *3* Anschlußbohrung für Temperierung, *4* Führungsbuchse, *5* Angußdüse, *6* Spiralfeder

Ein solches Werkzeug ist in Bild 6.33 [63] dargestellt. Hier stellt der Kaltkanalverteilerblock eine Verlängerung der Maschinendüse dar, d.h. er liegt wie die Maschinendüse nur während der Einspritz- und Nachdruckphase an der heißen Form an und hebt nach Beendigung der Nachdruckphase ab. Die Einspritzrichtung in die Kavität ist parallel zur Plastifizieraggregatachse. Dieses Werkzeugprinzip ist auch auf Mehrfachwerkzeuge anwendbar. Ein Beispiel hierfür ist in Bild 6.34 [36] gezeigt.

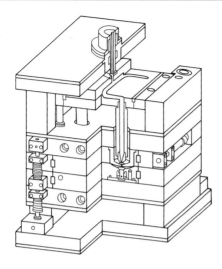

Bild 6.34 Vierfachkaltkanalwerkzeug mit tief eintauchenden Düsen [61]

Bei Kaltkanalverteilern, die nicht in der Werkzeugtrennebene liegen, sollte eine Möglichkeit gefunden werden, wie der Kaltkanalblock schnell und ohne das gesamte Werkzeug auszubauen, bei Betriebsstörungen freigelegt werden kann. Dies kann beispielsweise mit einer einfachen Umspannvorrichtung [64, 65] geschehen, mit der die Angußplatte auf die Düsenseite gespannt wird und so beim Auffahren des Werkzeugs der Kaltkanalblock auf der Düsenseite frei zugänglich ist.

6.4.3.2 Auslegung von Kaltkanalwerkzeugen

Die Verbesserung der thermischen Trennung zwischen Kaltkanalverteiler und restlichem Werkzeug kann theoretisch auf dreierlei Wegen erreicht werden. Betrachtet man hierzu die Definitionsgleichung für die Wärmeleitung: so bildet der hierin erhaltene Temperaturgradient die Zielgröße für die Optimierung. Innerhalb einer vorzugebenden Weglänge muß dann eine Temperaturdifferenz erzeugt werden, die Werte zwischen 60 und maximal 120 K annehmen kann. Soll angußlos gearbeitet werden, so ist diese Temperaturdifferenz nur in unmittelbarer Nähe des Formteils und auf einer Länge von 1 bis 2 mm notwendig. Daraus folgt ein Temperaturgradient von 30000 bis 120000 K/m. Wird Stahl als Düsenwerkstoff eingesetzt, so ergibt sich daraus eine aufzubringende Wärmestromdichte von 0,45 bis 6,0 W/mm². Solch hohe Werte sind in dem zur Verfügung stehenden Bauraum nicht realisierbar.

Als weitere Einflußgrößen verbleiben dann die Verringerung der Wärmedurchtrittsfläche und eine geringe Wärmeleitfähigkeit des Düsenwerkstoffes im Kontaktbereich. Um hier zu Auslegungsregeln zu gelangen, müssen die mechanischen Belastungen des Kaltkanalwerkzeuges näher betrachtet werden [31, 66, 67, 68].

In Kaltkanalverteilern stehen sehr hohe Drücke an. Weiterhin sind zur Abdichtung gegen Leckverluste erhebliche Anpreßdrücke notwendig. Schätzt man die Vergleichsspannungen für die Düse nach der Gestaltänderungsenergie-Hypothese ab, so gilt:

$$\sigma_V = \frac{P}{1-\xi} \cdot \sqrt{3 + 4 \cdot \xi^2} \leq \sigma_{zul} \tag{8}$$

$$\xi = r_i^2 / r_a^2 \tag{9}$$

Das Minimum dieser Funktion liegt bei

$$\sigma_{V\,min} = 1{,}732 \cdot p \qquad (10)$$

Setzt man hier einen durchschnittlichen Wert von 1500 bar als Innenbelastung an, so resultiert eine minimale Vergleichsspannung von 237,2 N/mm², die natürlich stets höher liegt, weil die Annahme $r_i = 0$ auch bei sehr kleinen Düsenöffnungen nicht exakt ist. Doch schon diese minimale Vergleichsspannung erfordert Werkstoffe im Festigkeitsbereich von Stählen [31].

Voraussetzung für die bisherigen Überlegungen war bisher, daß der Kanal ständig anliegt. Es besteht jedoch die Möglichkeit, den Kaltkanal so zu konzipieren, daß dieser vom Werkzeug abheben kann und so der Wärmestrom vom heißen Werkzeug unterbrochen wird. Ein entsprechendes Werkzeug ist in Bild 6.35 dargestellt.

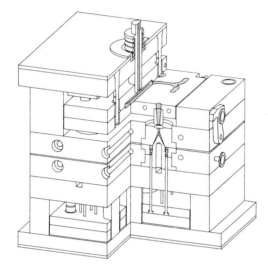

Bild 6.35 8-fach-Kaltkanalwerkzeug

6.5 Verfahrenstechnik

Wesentliche Qualitätsmerkmale und mechanische Eigenschaften der Spritzgießteile werden im Spritzgießprozeß festgelegt. Über die Verfahrensparameter kann hier ein weitgehender Einfluß ausgeübt werden.

Mit einer gezielten Prozeßführung ist es möglich, qualitativ hochwertige Elastomerformteile herzustellen, wenn folgende Randbedingungen erfüllt sind [9]:

- Das Verteilersystem muß bis zu den Anschnitten nach dem Prinzip der Druckverlustminimierung ausgelegt sein.
- Die Trennebenen dürfen nicht durch vorherige Gratbildung oder andere mechanische Einwirkungen beschädigt sein.
- Das Werkzeug muß am Fließwegende ausreichend entlüftbar sein.
- Die Entformung und Zuführung von Einlegeteilen muß automatisch gelingen, so daß absolut identische Pausenzeiten realisiert werden können.
- Die Plastifizierparameter müssen während der ganzen Produktion in engen Toleranzen gehalten werden.
- Der Materialeinzug mittels Streifen oder Granulat muß störungsfrei erfolgen.

Wurde die Werkzeugauslegung über eine Berechnung durchgeführt, ist es möglich, ein „Verarbeitungsfenster" zu definieren, mit dem die Grenzen für eine sinnvolle Prozeßführung gesteckt werden [69, 70].

Bild 6.36 zeigt eine Auswahl von Maschinenparametern, die an herkömmlichen Spritzgießmaschinen zur Verarbeitung von Elastomeren eingestellt werden können.

Dabei ist zu beachten, daß nahezu alle einstellbaren Maschinenparameter miteinander korrelieren.

Geschwindigkeiten	Einspritzgeschwindigkeit Öffnungs- und Schließgeschwindigkeit Auswerfergeschwindigkeit
Drücke	Einspritzdruck Nachdruck Staudruck Schließdruck Werkzeugschließ-Sicherungsdruck Umschaltdruck
Wege	Umschaltpunkte (z. B. Einspritzen, Nachdrücken, Öffnen usw.) Dosierhub Auswerferhub
Zeiten	Umschaltpunkte (z. B. Einspritzdruck auf Nachdruck)
Temperaturen	Werkzeug Einspritzeinheit
Drehzahlen	Schneckendrehzahl
Weitere Funktionen	z. B. Spritzprägezyklus Kernzüge Blasluft Düsenabhub Not-Aus

Bild 6.36 Maschinenparameter an Spritzgießmaschinen

Eine Erhöhung der Einspritzgeschwindigkeit hat ebenso eine Zykluszeitverkürzung zur Folge wie eine Erhöhung der Werkzeugtemperatur. Grenzen sind der Einspritzgeschwindigkeit zum einen durch eine Materialschädigung bei einer Überschreitung der zulässigen Schergeschwindigkeit (vor allem im Bereich der Anschnitte) gesetzt, zum anderen durch eine unzulässige Temperaturerhöhung aufgrund von Dissipation, die zu einem Start der Vernetzungsreaktion in der Einspritzphase führt.

Auf den ersten Blick erscheint der Betriebspunkt am günstigsten, der die kürzesten Zykluszeiten garantiert, d. h. kurze Einspritzzeiten, kurze Nachdruckzeiten, hohe Masse- und Werkzeugtemperaturen. Von der wirtschaftlichen Seite betrachtet ist dies richtig, verfahrenstechnisch gesehen jedoch sicher falsch.

Der optimale Betriebspunkt darf, maschinentechnisch gesehen, nicht an einer Grenze liegen. Änderungen im Gesamtsystem (Maschine, Werkzeug, Material) können dann sehr leicht zu Ausschuß führen.

Ein Grund sind die immer wieder auftretenden Schwankungen in der Mischungsqualität. So ändert sich die Mischungsviskosität aufgrund unterschiedlicher Lagerdauer [6]. Selbst die Jahreszeit und die daraus resultierenden unterschiedlichen Temperaturen am Lagerort können eine Rolle spielen. Vernetzungsvorgänge laufen auch bei Raumtemperatur ab!

Eine erhöhte Mischungsviskosität bewirkt, daß zur Formfüllung ein erhöhter Druckbedarf benötigt wird (bei gleicher Einspritzgeschwindigkeit). Fährt die Maschine an ihrer oberen Leistungsgrenze (maximaler Hydraulik-Druck), führt dies dazu, daß das Werkzeug nicht mehr gefüllt wird. Besitzt die Spritzgießmaschine hingegen noch genügend Reserven, führt der erhöhte Druckbedarf zu einer größeren Temperaturerhöhung. Das kann wiederum zu einem Anvernetzen in der Füllphase führen, was sich schädlich auf die Artikelqualität auswirkt.

Der Betriebspunkt sollte daher so gewählt werden, daß er genügend Sicherheit für eine optimale Prozeßführung bietet. So sollte mindestens eine Druckreserve von cirka 20% des maximal zur Verfügung stehenden Hydraulik-Drucks eingehalten werden [27].

Eine Methode, der schwankenden Materialqualität im Spritzgießprozeß und somit schwankender Qualität der Artikel entgegenzuwirken, stellt die Beurteilung der Fließfähigkeit bei jedem Zyklus über die Messung der Einspritzarbeit dar [28, 71]. Hierzu wird der Hydraulikdruck, der zum Einspritzen des Materials aufgebracht werden muß, als Meßgröße genutzt und über der Zeit aufintegriert (Bild 6.37). Dabei werden die ersten und letzten 10% des Spritzweges vernachlässigt, weil in diesem Bereich Massenträgheitskräfte die Genauigkeit der Messung beeinträchtigen. In Abhängigkeit von der gemessenen Einspritzarbeit werden die Maschinenparameter nachgeregelt [6].

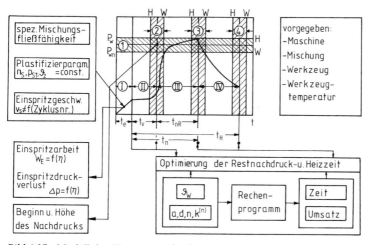

Bild 6.37 Modell des Elastomerspritzgießprozesses

Beim Einfahren der Werkzeuge in der Praxis, d.h. dem ersten Abspritzen, muß man bei der Maschineneinstellung darauf achten, immer von der sicheren Seite her, die Verfahrensparameter einzustellen und zu optimieren. Oft ist der normale Maschineneinrichter bei der Einstellung überfordert. So überschreitet die Anzahl der Einstellparameter längst die Zahl 100.

Die Temperatur im Einspritzzylinder muß so gewählt werden, daß auch bei Störungen im Fertigungsablauf (z.B. Streifenabriß, festsitzende Teile, Pausen) genügend Sicherheit gegenüber einem Anvernetzen vorhanden ist.

Bei der Einstellung des Dosierhubes sollte man von kleineren Hüben zu größeren steigern, um ein Überspritzen und damit eine Werkzeugschädigung zu vermeiden.
Auch die Einspritzgeschwindigkeit sollte von kleinen Werten auf größere gesteigert werden.

Bezüglich der Heizzeit gibt es in den einzelnen Betrieben „Daumenwerte", die abhängig von Verfahren, Material und Wanddicke zumeist empirisch ermittelt wurden. Oft werden diese Werte auch mit Vulkameterkurven korreliert. Sinnvollerweise beginnt man mit langen Heizzeiten, da lange Heizzeiten nur bei wenigen Mischungen (Naturkautschuk) zu einer Materialschädigung führen. Die Heizzeit wird in Richtung kürzerer Zeiten optimiert.

Beim Spritzgießen von Elastomeren unterscheidet sich die Funktion des Nachdruckes von der beim Thermoplastspritzguß. Hat er dort die Aufgabe, die Volumenschwindung auszugleichen, dient er beim Elastomerspritzguß dazu, ein Rückströmen der Masse in die Einspritzeinheit zu verhindern. Die Nachdruckphase zeichnet sich durch einen Druckaufbau aufgrund thermischer Diletation aus.

Auch der Nachteil der Gratbildung beim Spritzgießen von Elastomeren kann durch eine gezielte Prozeßführung ausgeglichen werden. Ein Grund für die Gratbildung ist, daß der höchste Druck im Werkzeug ansteht, wenn das Material die niedrigste Viskosität aufweist [14].

Gratfreies Spritzgießen läßt sich mit einer an dieses Werkstoffverhalten angepaßten Führung des Hydraulikdruckes erreichen. Dazu wird der Hydraulikdruck in der Einspritzphase gesenkt und erst dann bei der Kompression des Materials in der Nachdruckphase angehoben, wenn der Werkstoff sein Viskositätsminimum mit beginnender Vernetzung durchlaufen hat.

Entscheidenden Einfluß auf die Gratbildung haben somit Beginn, Dauer und Höhe des Hydraulikdruckprofils in der Nachdruckphase.

6.6 Formverschmutzung und Formenreinigung

6.6.1 Formverschmutzung

Die Wirtschaftlichkeit der Fertigung und die Qualität der Formteile aus Elastomeren werden nicht nur beim Spritzgießen durch das Auftreten von Formverschmutzung beeinträchtigt. Abhängig von den Verarbeitungsbedingungen, den Eigenschaften der verwendeten Elastomermischung, den Werkzeugwerkstoffen und den Werkzeugoberflächen treten nach mehr oder weniger langer Produktionsdauer Ablagerungen auf den Oberflächen der Kavitäten und im Angußsystem auf [72].

Die Erscheinungsformen der Formverschmutzung reichen von matten Oberflächen auf Kavitäten und Formteilen bis hin zu festen Ablagerungen in Werkzeugen und Schädigungen am Formteil. Ob eine Verschmutzung kritisch ist oder nicht, hängt oft von dem zu produzierenden Teil ab. Verhalten sich z.B. Dichtungen gegenüber Formverschmutzung sehr kritisch, so werden bei Dämpfungselementen die selben Oberflächenfehler noch toleriert. Oft reicht eine unerwünschte Oberflächenmattigkeit aus, um Teile zu Ausschuß werden zu lassen (PKW-Außenbereich) [73].

Um den Qualitätsanforderungen an die Formartikel gerecht zu werden, müssen die Werkzeuge immer wieder gereinigt werden. Die dadurch bedingten Produktionsunterbrechungen verursachen erhebliche zusätzliche Kosten.

Weiterhin müssen die Teile zur Vermeidung eines hohen Produktionsausschusses während der Fertigung laufend optisch kontrolliert werden. Das Auftreten der Formverschmutzung ist deshalb einer der Gründe, die die Automatisierung des Elastomerspritzgusses bisher behindert haben.

Bisher gibt es keine Möglichkeit, Formverschmutzung zu vermeiden. Auch die häufig eingesetzten Trennmittel, die die Haftung zwischen dem Werkzeug und dem Kautschuk reduzieren sollen, bewirken langfristig oft den gegenteiligen Effekt.

So vielfältig wie die Erscheinungsformen von Formverschmutzung sind, so komplex sind ihre Entstehungsmechanismen. Untersuchungen haben gezeigt, daß Mischungsbestandteile, die in der Einspritzphase aus der Mischung ausdampfen, für die Entstehung von Verschmutzung verantwortlich gemacht werden können [74, 75, 76, 77].

Während des Einspritzvorganges bildet sich in der Fließfront eine Schaumstruktur. Bei der Entformung ist diese nicht in der Lage, die hohen flächenspezifischen Haftkräfte zwischen Formteil und Werkzeug zu übertragen und reißt daher auseinander bzw. Teile bleiben an der Werkzeugwandung haften. Der an der Werkzeugwand verbleibende Rest vercrackt und bildet im Lauf der Zeit Ablagerungen (Bild 6.38). Dies kann durch rasterelektronenmikroskopische Aufnahmen belegt werden.

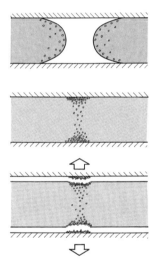

Bild 6.38 Entstehungsmechanismus der Formverschmutzung

Die Schaumstruktur kann wieder abgebaut werden, wenn der Kautschuk noch nicht ausvernetzt ist und einer weiteren Scherbeanspruchung unterliegt.

Formverschmutzung entsteht auch dort, wo Fließfronten zusammentreffen und Luft eingeschlossen und komprimiert wird. Die dadurch bedingten überhöhten Massetemperaturen führen zur Zersetzung des Vulkanisates und ebenfalls zu Formverschmutzung [78].

Es hat sich gezeigt, daß hohe Schergeschwindigkeiten und hohe Temperaturen die Entstehung der Ablagerungen beschleunigen. Eine zeitliche Vorhersage über die Entwicklung der Formverschmutzung ist nicht möglich. Die Orte der Ablagerungen sind unabhängig von der verarbeiteten Mischung.

Eine Reduzierung von Formverschmutzung ist über die drei beeinflussenden Größen Rezeptur, Verfahrensparameter und Werkzeug möglich.

Rezepturänderung
Kautschukmischungen werden nicht standardmäßig vom Rohstoffhersteller geliefert wie Thermoplaste. Die aufwendigen Mischungen werden bei den Verarbeitern entwickelt und

bestehen aus einer Vielzahl von Bestandteilen, die sich auf das Verschmutzungsverhalten auswirken können. Hierbei können auch die einzelnen Mischungsbestandteile miteinander und Mischungsbestandteile mit dem Werkzeugstahl in Wechselwirkung treten [79]. Basis aller Rezepturen ist der Kautschuk selbst, auf den der Verarbeiter keinen Einfluß nehmen kann. In Untersuchungen konnte gezeigt werden, daß auch der Rohkautschuk selbst Auswirkungen auf die Verschmutzung haben kann [80].

Um Reibungsvorgänge bei der Verarbeitung von Elastomeren beeinflussen zu können, werden in der Elastomerverarbeitung Verarbeitungshilfsmittel eingesetzt [81]. Diese verbessern hauptsächlich die Füllstoffverteilung und die Fließfähigkeit der Mischung. Probleme hinsichtlich Formverschmutzung können auftreten, wenn diese Verarbeitungshilfsmittel während der Verarbeitung aus dem Elastomer austreten oder als „Gleitschiene" den Austritt von Bestandteilen der Mischung verursachen. Dieses Phänomen wird auch in der Thermoplastverarbeitung beobachtet und als „plate out" bezeichnet [82, 83]. Weiterhin können sich die Metalloberfläche und die Gleitmittel beeinflussen, so daß chemische Reaktionen auftreten, die ebenfalls zu Ablagerungen führen. Da das Vorhandensein von leichtflüchtigen Bestandteilen Verschmutzung hervorrufen kann, sollte darauf geachtet werden, nur Komponenten zu verwenden, die erst oberhalb des Vulkanisationstemperaturbereiches ausdampfen.

Konstruktive Maßnahmen

Bei der Konstruktion eines Werkzeuges ist es notwendig, ablagerungsgefährdete Stellen zu vermeiden oder aber in weniger kritische Formteilbereiche zu verlegen. Diese Forderung setzt jedoch die Vorhersagbarkeit der verschmutzungsanfälligen Stellen in einem Werkzeug voraus. Massezusammenflußstellen oder Lufteinschlüsse sind jedoch nicht wie Querschnitterweiterungen oder Formteilecken bereits bei der Werkstattzeichnung ersichtlich. In diesem Fall kann die in Abschnitt 6.4.2.1 beschriebene Füllbildmethode eingesetzt werden. Die Problembereiche (Massezusammenflußstellen, Bindenähte) werden durch das graphische Füllbild gut wiedergegeben. Mit Hilfe von erstellten Füllbildern ist es möglich, durch Variation des Anschnittes Massezusammenflußstellen und Lufteinschlüsse in unkritische Formteilbereiche zu verlegen.

Zur Vermeidung sogenannter „Brenner" sind konstruktive Maßnahmen vorzusehen, die der Luft ein schnelles Entweichen ermöglichen. Dies kann oft schon erreicht werden, wenn auf das Erodieren bestimmter Werkzeugbereiche verzichtet und stattdessen mit Einsätzen gearbeitet wird. Die Trennfugen im Werkzeug erleichtern somit die Entlüftung.

Verfahrenstechnische Möglichkeiten

Da die Prozeßführung selbst einen Einfluß auf die Bildung von Ablagerungen hat, besteht auch hier die Möglichkeit, Formverschmutzung zu reduzieren. Versuche mit weichmacherarmen Mischungen haben gezeigt, daß die Verfahrensparameter nur einen geringen Einfluß auf das Verschmutzungsverhalten haben.

Ist zur Erzielung bestimmter Eigenschaften der Formteile die Zugabe von leichtflüchtigen Mischungsbestandteilen unumgänglich, vergrößert sich der Einfluß der Verfahrensparameter auf die Formverschmutzung erheblich, denn die örtlichen Massetemperaturen während des Füllvorganges erhalten für diesen Fall ausschlaggebende Bedeutung. Die zur Verwirklichung kurzer Zykluszeiten notwendigen hohen Werkzeugwandtemperaturen fördern ebenso wie eine hohe Einspritzgeschwindigkeit die Bildung von Ablagerungen.

Die sich aus den Gegenmaßnahmen (niedrige Werkzeugwandtemperatur, niedrige Einspritzgeschwindigkeit) ergebenden längeren Zykluszeiten können jedoch unwirtschaftlich lang werden, so daß ein Kompromiß zwischen möglichst geringer Verschmutzung und kurzen Zykluszeiten notwendig wird.

Ist die Verschmutzung auf die Bildung von „Brennern" zurückzuführen, so kann durch das Anlegen von Vakuum eine Verbesserung erreicht werden. Dies gilt jedoch nicht für stark gasende Mischungen, da unter Wirkung des Unterdruckes in der Fließfront die Blasenbildung eher gefördert wird. Oft genügt es jedoch, verzögert einzuspritzen, um der im Werkzeug vorhandenen Luft die Zeit zu geben, aus dem Werkzeug zu strömen [84, 85] (siehe Abschnitt 6.5).

Alternative Möglichkeiten

Da sich das Problem Formverschmutzung nicht generell vermeiden läßt, muß auch über alternative Möglichkeiten nachgedacht werden, wie durch Formverschmutzung hervorgerufene Kosten reduziert werden können. Als einzige wirtschaftliche Alternative bleibt hier nur der Ansatzpunkt, über eine Verbesserung der maschinentechnischen Gegebenheiten zu einem kürzestmöglichen Austausch der verschmutzten Werkzeugelemente mit gereinigten Werkzeugeinsätzen für den gleichen Artikel oder mit einer zwischenzeitlichen und schnellen Umstellung auf einen anderen Artikel den Maschinenstillstand sowie Produktionsverzug zu umgehen [86] (siehe Abschnitt 6.8).

6.6.2 Formenreinigung

Da Formverschmutzung nicht vermieden werden kann, ist es nötig, die Werkzeuge immer wieder zu reinigen. Dies geschieht zu meist nach Abschluß einer Auftragscharge. Bei stark verschmutzenden Mischungen kann jedoch eine Reinigung schon während der laufenden Produktion notwendig werden. Um zu reinigen, ist jedesmal das Abkühlen, der Ausbau und die Demontage des Werkzeuges notwendig.

Es stehen verschiedene Reinigungsverfahren zur Verfügung. Man unterscheidet mechanische, chemische und thermische Verfahren. Welches Verfahren angewandt wird, ist oft eine rein empirische Entscheidung und beruht auf den Erfahrungen, die in den einzelnen Verarbeitungsbetrieben gemacht wurden.

Mechanische Reinigung

Die einfachste Art der mechanischen Reinigung ist die manuelle Reinigung mittels Bürsten und Reinigungspasten. Diese Methode ist sehr zeitaufwendig und wird deshalb hauptsächlich bei kleineren Verarbeitern eingesetzt, bei denen sich Investitionen für komplexere Reinigungsverfahren nicht rentieren.

Das gebräuchlichste mechanische Reinigungsverfahren ist das Strahlverfahren. Hierbei wird ein Material mit hoher Geschwindigkeit auf die zu reinigende Werkzeugoberfläche gestrahlt. Als Strahlgut finden hauptsächlich feine, sphärische Glaspartikel Anwendung. Als weiteres Beispiel sei die Reinigung von Reifenwerkzeugen aus Aluminium mittels Walnußschalen genannt.

Die Bestrahlung kann trocken oder unter Verwendung von flüssigen Trägermaterialien erfolgen. Das Reinigungsergebnis ist dabei abhängig von dem Strahlgut, der Bestrahlungsgeschwindigkeit und der Bestrahlungsdauer.

Zu den mechanischen Reinigungsverfahren kann man auch das Ultraschallverfahren zählen. Die Reinigungswirkung beruht auf Kavitation, die durch Schallenergie erzeugt wird.

Thermische Reinigung

Die verschiedenen eingesetzten Verfahren beruhen auf der thermischen Zersetzung der Ablagerungen. Hierbei kann das Werkzeug partiell oder komplett gereinigt werden. Die Aufheizung erfolgt in einem Ofen, mittels Gasflamme oder induktiv.

Chemische Reinigung

Bei der chemischen Reinigung werden organische und anorganische Chemikalien eingesetzt, die die Ablagerungen lösen oder chemisch umwandeln. Die demontierten Werkzeuge lagert man hierzu in alkalischen oder sauren Bädern.

Die genannten Reinigungsverfahren finden zumeist in unterschiedlichen Kombinationen miteinander Anwendung. So können z. B. die Ablagerungen von stark verschmutzten Werkzeugen zuerst in einem Bad mit Ultraschallunterstützung angelöst werden, bevor in einem zweiten Reinigungsschritt die endgültige Reinigung durch Naßstrahlen erfolgt.

Alle Verfahren haben gemeinsam, daß zur Reinigung das Werkzeug zuerst ausgebaut werden muß. Aus Kostengründen gehen daher Bestrebungen dahin, mittels Reinigungsmischungen Ablagerungen aus dem Werkzeug zu entfernen [74, 79].

Die Verwendung von Reinigungsmischungen führt zwar zu verhältnismäßig kurzen Unterbrechungen, und ein Ausbau des Werkzeuges ist nicht notwendig, jedoch ist die Wirkung der Reinigungsmischungen stark abhängig von der verwendeten Kautschukmischung und dem Grad der Verschmutzung, so daß längst nicht alle Ablagerungen damit entfernt werden können.

6.7 Entgraten von Formteilen

Ein großes Problem bei der Verarbeitung von Elastomeren stellt die Gratbildung dar. Sie bewirkt einen hohen Nacharbeitsaufwand. Die Gratbildung ist, wie beschrieben, bei einigen Fertigungsverfahren unvermeidbar. Sie ist jedoch nicht nur verfahrensabhängig.

Das auch mit dem Begriff „Überspritzen" bezeichnete Phänomen tritt sowohl im Anguß- als auch im Formteilbereich auf. Das überspritzte Material verbleibt dann bei der Entformung als sogenannte „Schwimmhaut" am Formteil und bedingt die Nacharbeit (Bild 6.39). Bei einigen Formteilen (z. B. Dichtungsteilen) können die Kosten für die Nacharbeitung den überwiegenden Teil der Formteilherstellkosten ausmachen.

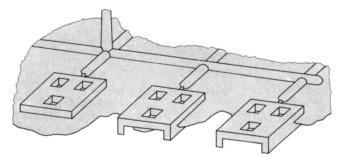

Bild 6.39 Überspritzungen am Formteil und an Verteilerkanälen

Schwimmhäute oder Grate entstehen [31]:
- während der Füllphase, d. h. noch vor der vollständigen volumetrischen Füllung aller Kavitäten,
- unmittelbar im Anschluß an die Füllphase, wenn noch der volle Einspritzdruck im Hydraulikzylinder der Spritzeinheit ansteht,
- zu Beginn der Nachdruck- bzw. Heizphase, wenn die Volumendilatation des Kautschukes infolge der Erwärmung eine zu große Werkzeugverformung oder sogar ein Öffnen der Trennebene bewirkt.

Die Gratbildung ist auch abhängig vom Verschleiß des Werkzeuges, von der Rauhtiefe der Trennebene, der Mischung, dem Füllstoffanteil sowie der Sauberkeit des Werkzeuges [87].
Da die Gratbildung oft unvermeidlich ist, wird in die Werkzeugkonstruktion die Entstehung von Graten gewollt mit einbezogen. Dies ermöglicht ein einfacheres Entgraten. Konstruktiv wird dieses Problem dadurch gelöst, daß man sogenannte Überlauf- bzw. Flutrillen in die Trennebene einarbeitet. Sie verhindern ein Verkleben der extrem dünnen Schwimmhäute mit dem Formteil und bieten einen Angriffspunkt zum Abtrennen des Grates (Bild 6.40). Die Entgratung wird manuell und mittels Maschinen durchgeführt. Die Art und Weise, wie entgratet wird, richtet sich nach dem Formteil und dem Grat selbst.

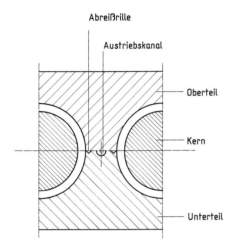

Bild 6.40 Überlaufrille an einem Spritzgießformteil [2]

So werden große Grate bzw. Überspritzungen oft einfach abgerissen oder mittels Messer bzw. Schere abgetrennt. Bei hohen Anforderungen an die Abmessungen der Formteile (z. B. Dichtungssektor) werden die Grate abgestochen.
Die mechanische Entgratung wird über eine Kühlung der Formteile vorgenommen. Dies geschieht durch flüssigen Stickstoff. Hiermit können selbst Elastomere mit sehr tiefen Versprödungstemperaturen (z. B. Silikonkautschuk) entgratet werden.
Neben konventionellen Trommeln und Scheueranlagen werden heutzutage hauptsächlich Strahlanlagen eingesetzt. Der Einsatz des Strahlverfahrens ist immer dann erforderlich, wenn innenliegende Grate am Formteil vorhanden sind [88]. Größere Strahlanlagen arbeiten nach dem Durchlaufverfahren [89, 90, 91, 92].

6.8 Automatisierung

Die Automatisierung von Produktionsprozessen ist auch für den Hersteller von Formteilen von entscheidender Bedeutung. Durch die Änderung des Liefer- und Abnahmeverhaltens der Kunden ergeben sich neue Anforderungen an die Fertigung. Während der Kunde früher bei seinem Lieferanten meist Aufträge mit großer Stückzahl abrief, bestellt er heute bei gleicher Gesamtmenge sehr viel kleinere Teillose, die zu exakt vorgegebenen Terminen angeliefert werden müssen. Gerade der Abnehmer der größten Menge an Formteilen, die Automobilindustrie, verlangt eine Anpassung der Liefermenge an die eigene Fertigung. Die benötigten Teilmengen sollen erst unmittelbar vor ihrem Einbau angeliefert werden. Mit dieser auch „Just in Time" bezeichneten Lieferphilosophie werden die Lagerprobleme vom Abnehmer auf den Lieferanten übertragen. Da es jedoch auch für den Produzenten der Formteile wirtschaftlich nicht sinnvoll ist, sein Kapital auf diese Weise zu binden, sind Schritte in Richtung Automatisierung erforderlich [36, 93, 97].

Das Verfahren mit den größten Automatisierungsreserven ist sicherlich das Spritzgießverfahren. Als Hauptproblemkreise müssen hier angesehen werden:
- die Materialzuführung an die Maschine,
- das Einbringen von Einlegeteilen,
- die Entformung, gerade bei Teilen mit Hinterschneidungen,
- die Nacharbeit beim Abtrennen der Angüsse und der Entgratung,
- die Reinigung verschmutzter Werkzeuge.

Als Zielvorgaben können genannt werden:
- Automatisierung des Spritzgießprozesses,
- Vermeidung jeglicher Nacharbeit,
- Minimierung der Rüstzeiten beim Werkzeugwechsel.

6.8.1 Formteilhandling

Im Bereich des Thermoplastspritzgusses werden in zunehmenden Maße Handhabungsgeräte – teilweise auch Roboter – eingesetzt. Diese Tendenz setzt sich auch bei der Verarbeitung von Elastomeren fort [94, 95]. Sie bilden mit der Spritzgießmaschine eine Funktionseinheit. Der Entnahmevorgang bei elastomeren Teilen unterscheidet sich grundlegend von dem für thermoplastische Teile (Bild 6.41). Aufgrund ihrer Werkstoffeigenschaften können viele Elastomerartikel nicht durch werkzeuginterne Auswerfer entformt werden.

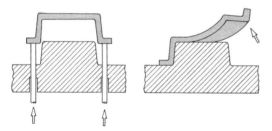

Bild 6.41 Entformungsvorgang: Vergleich zwischen Thermoplast- (links) und Elastomerformteil (rechts)

Während sich ein Kunststoffteil durch das Einbringen der Entformungskraft meist nur sehr wenig deformiert, stellt der Entformungsvorgang beim Elastomerformteil eher ein „Abschälen" von der Werkzeugwand dar, was durch die hohen Haftkräfte zwischen Gummi und Stahl noch verstärkt wird [85].

Zur automatischen Entformung müssen deshalb Handhabungsgeräte eingesetzt werden. Die Gestaltung der Greifer muß hierbei individuell auf das jeweilige Formteil angepaßt werden und ist auch ein Teil der Werkzeugkonstruktion. Konzepte zur systematischen Konstruktion wurden zuerst auf dem Gebiet der Metallverarbeitung entwickelt [96]. Ein entsprechendes Schema für die Konstruktion von Greifern für Elastomerformteile ist in Bild 6.42 gezeigt [31].

Als ein für die Elastomerverarbeitung typisches Beispiel für eine Entformungsaufgabe soll ein Faltenbalg dienen (Bild 6.43). Die Entformung ist aufgrund der Hinterschneidungen äußerst schwierig. Sie kann nur durch eine erhebliche Dehnung des Balges erfolgen. Die Entformung ist weiterhin nur in einem bestimmten Bereich des Vernetzungsgrades des Formteiles möglich. Ein zu niedriger bzw. zu hoher Vernetzungsgrad führt oft zu einer Zerstörung des Artikels. In der Praxis geschieht die Entformung des Faltenbalges manu-

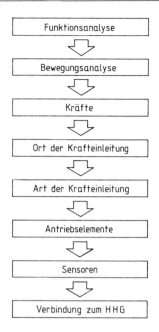

Bild 6.42 Schema für die Konstruktion von Greifern
(HHG = Handhabungsgerät)

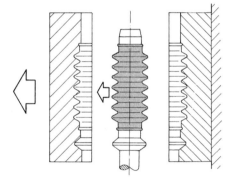

Bild 6.43 Entformung der äußeren Kontur eines Faltenbalges

ell. Mit Hilfe von Druckluft wird die notwendige radiale Dehnung des Faltenbalges erreicht, während die Abzugskraft in axialer Richtung vom Maschinenbediener aufgebracht wird. Die Anwendung des Konstruktionsschemas auf den Faltenbalg ist in den Bildern 6.44 und 6.45 gezeigt.

	Spannen	Entformen	Ablegen
Funktionen	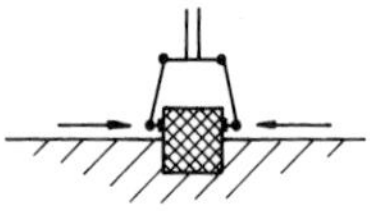	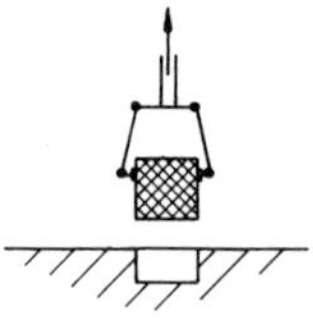	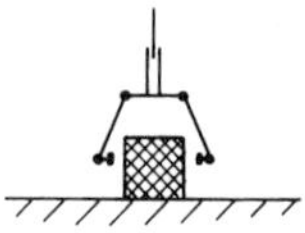
Bewegungen	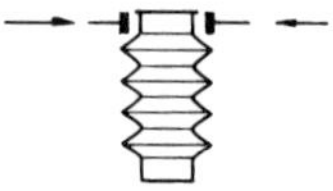	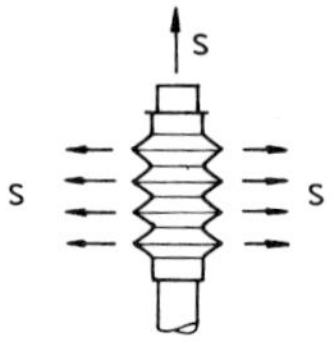 1) axial: Hauptbewegung 2) radial: Aufweitung des Formteils	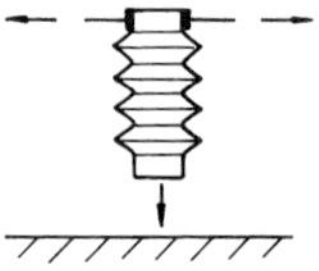
Kräfte	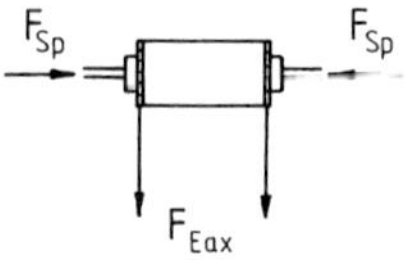 $F_{Sp} = \dfrac{F_{Eax}}{\mu}$	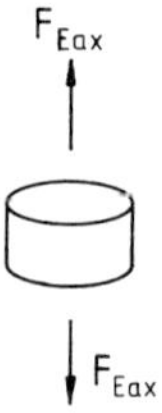 1) $F_{Eax} \leq \sigma_{max} \cdot A$ $\sigma_{max} = \varepsilon_{max} \cdot E$	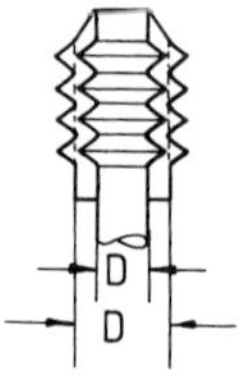 2) $F_{E\,rad} = \sigma_{rad} \cdot A$ $\sigma = \dfrac{D_2 - D_1}{D_1} \cdot E$ $p_i \approx 2s \dfrac{D_2 - D_1}{D_1 \cdot D_2} \cdot E$
Ort der Krafteinleitung	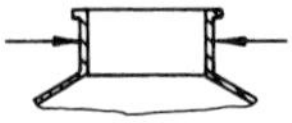 Spannkraft umlaufend	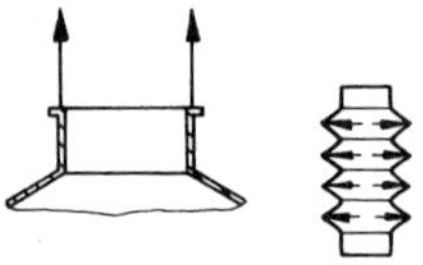 Entformungskraft 1) axial: umlaufend 2) radial: Innenseite	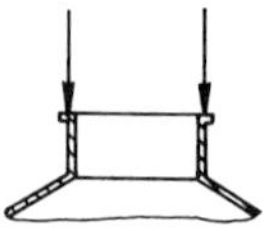 Abstreifen umlaufend Stirnseite

Bild 6.44 Anwendung des Konstruktionsschemas beim Faltenbalg (1)

	Spannen	Entformen	Ablegen
Art der Krafteinleitung	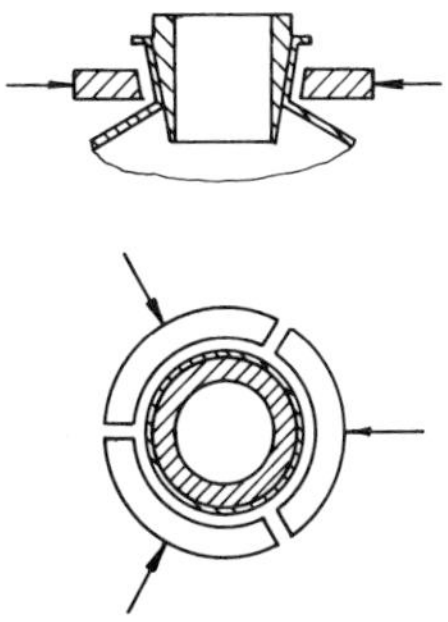 Spannkraft 3 Backen, radial schließend, Spreizring als Widerlager	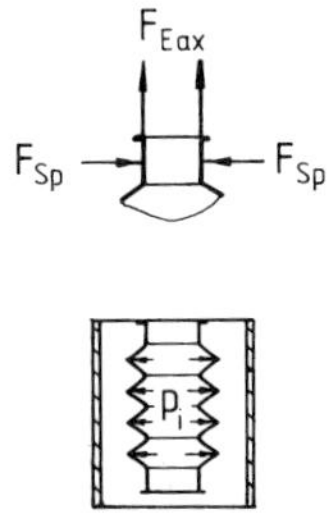 Entformungskraft 1) axial: über Spannvorrichtung 2) radial: Druckluft Dehnungsbegrenzung durch Stützrohr	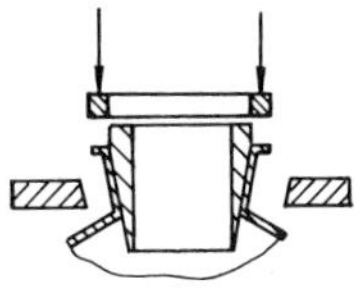 Ablegen Abstreiferring
Antrieb (Bewegungselemente)	Spannbacken: pneumatische Kurzhubzylinder	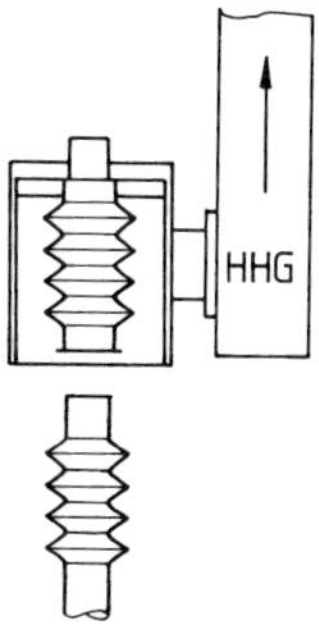 Entformungsbewegung Handhabungsgerät	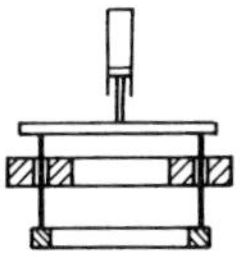 Abstreifer: pneumatischer Zylinder
Sensoren	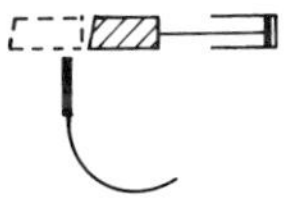 Spannvorrichtung: induktive Näherungsschalter an den Spannbacken	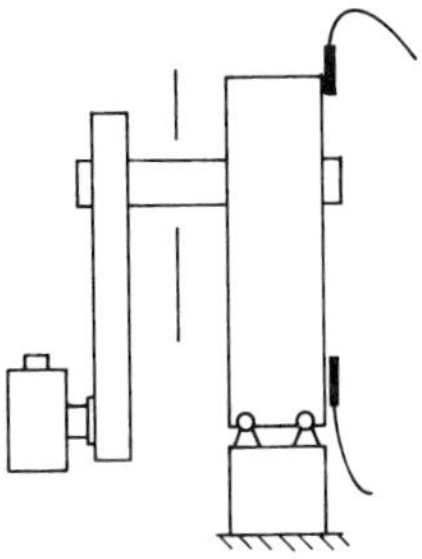 1) Greiferpositionen: Endschalter des HHG 2) Druckluft für Formteilaufweitung: Druckschalter im HHG	 Abstreifer: induktiver Näherungsschalter am Abstreifring

Bild 6.45 Anwendung des Konstruktionsschemas beim Faltenbalg (2)

194 6 Die Herstellung von Gummi-Formartikeln

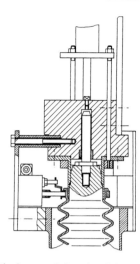

Bild 6.46 Greifer zur vollautomatischen Entformung

Die konstruktive Ausführung des Greifers ist in Bild 6.46 dargestellt. In Verbindung mit einem 5-Achsen-Handhabungsgerät wurde eine automatische Entformung des Faltenbalges ermöglicht.

6.8.2 Werkzeugkonzept

Wesentliches Kennzeichen einer automatisierten Fertigung ist die Verkürzung der Umrüstzeit beim Produktionswechsel. Dies erfordert allerdings eine entsprechende Flexibilität in der Fertigung. Eine wesentliche Aufgabe hierbei ist, den Wechsel der Werkzeuge automatisch durchzuführen. Hauptgesichtspunkte solcher Bemühungen sind neben Rüstzeitreduzierung und Flexibilitätssteigerung die Kompatibilität des Wechselsystems mit vorhandenen Maschinen und die automatische Ankopplung der Energieversorgungsleitungen.

Speziell beim Kautschukspritzguß kommen noch zwei weitere Aspekte hinzu: einerseits die Vermeidung langer Aufheizzeiten in der Maschine durch automatisches Einsetzen vorgeheizter Formen und andererseits der schnelle Austausch von Werkzeugen, die wegen zu großer Verschmutzung gereinigt werden müssen. Eine unter fertigungstechnischen Gesichtspunkten optimale Konzeption muß daher davon ausgehen, daß nicht komplette Werkzeuge, sondern lediglich die formgebenden Werkzeugteile über eine Wechselvorrichtung ausgetauscht werden. In diesem Zusammenhang ist es denkbar, daß man unterschiedliche Formteile, deren äußere Abmaße und Füllvolumina ähnlich sind, zu Formteilfamilien zusammenfaßt und diese lediglich durch den Austausch der Formplatten in einem universellen Werkzeug fertigt. Die Entflechtung der Werkzeuge in auswechselbare, artikelspezifische Komponenten einerseits und in universell einsetzbare und fest zur Maschine gehörende Funktionskomplexe andererseits bedarf dann allerdings einer erheblichen Standardisierung des Werkzeugbaus. Für Elastomerwerkzeuge ist der in Bild 6.47 gezeigte Aufbau eines entsprechenden Werkzeugs denkbar.

Der Grundaufbau entspricht in wesentlichen Teilen einem herkömmlichen Spritzgießwerkzeug. Die Beheizung erfolgt indirekt über zwei Heizplatten. Die Formplatten werden über Spannzylinder mit dem Werkzeugchassis verbunden und beim Wechsel seitlich aus dem Werkzeug herausgefahren. Das abgebildete Werkzeug ist mit einem Kaltkanal ausgestattet, der nur während der Füllphase an den heißen Formplatten anliegt. Die Formplatten werden über ein Wechselsystem in ein neben der Maschine stehendes Magazin geschoben (Bild 6.48).

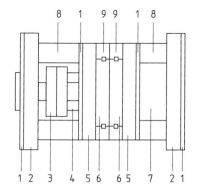

Bild 6.47 Prinzipieller Aufbau eines Spritzgießwerkzeuges mit wechselbaren Formplatten [36]
1 Isolierplatten, *2* Aufspannplatten, *3* Kaltkanalblock, *4* Kaltkanaldrüse, *5* Heizplatten, *6* Formplatten, *7* Raum für Auswerfer, *8* Stützleisten, *9* Führungsleisten

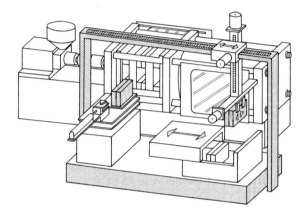

Bild 6.48 Spritzgießmaschine mit Werkzeugwechsler und Vorheizstation

Literatur

[1] *Fink, L.:* Maschinen und Werkzeuge zur Herstellung von Gummiartikeln. (Unveröffentlichte Arbeit).
[2] *Kruppke, E., Wippler, E. (Hrsg.):* Elastomere – Dicht- und Konstruktionswerkstoffe. Lexika-Verlag, Grafenau 1975.
[3] *Härtel, V.:* Verbundmaterialien: Gummi/Metall, Gummi/Textil, Gummi/Glas, Gummi/Kunststoff, Zwei-Komponenten-Spritzgußteile. In: Spritzgießen von Gummi-Formteilen. VDI-Verlag, Düsseldorf 1988, S. 129–147.
[4] *Özelli, R. N.:* Verbundteile bzw. Verbundstoffe in der Gummiindustrie. Gummi Asbest Kunstst. *39* (1986) 11, S. 616–622.
[5] *Lehnen, J. P.:* Kautschukverarbeitung. Vogel-Buchverlag, Würzburg 1983.
[6] *Menges, G.:* Einführung in die Kunststoffverarbeitung. Carl Hanser Verlag, München, Wien 1979.
[7] *Penn, W. S. (Ed):* Injection Moulding of Elastomers. Maclaren and Sons, London 1968.
[8] *Wheelans, M. A.:* Injection Moulding of Rubber. Butterworth, London 1974.
[9] *Janke, W.:* Rechnergeführtes Spritzgießen von Elastomeren. Dissertation an der RWTH, Aachen 1985.
[10] *Walter, G.:* Qualitätssicherung von Elastomerteilen – Aufgaben und Ziele für die Kraftfahrzeugindustrie. Kautsch. Gummi Kunstst. *38* (1985) 11, S. 994–1003.
[11] *Walter, F.:* Injection-Transfer-Moulding-Verfahren mit Kaltkammertechnik in realisierten Fertigungssystemen. In: Spritzgießen von Gummi-Formteilen. VDI-Verlag, Düsseldorf 1988, S. 51–64.

[12] DE-PS 1 198 987 (1961), Jurgeleit, H. F.
[13] DE-PS 1 231 878 (1964), Jurgeleit, H. F.
[14] *Graf, H.*: Austriebsfreie Herstellung von Gummiformteilen auf Spritzgießmaschinen. Tagungsumdruck: Wirtschaftliche Fertigung von Gummiformteilen. SKZ, Würzburg 24./25. Juni 1986, S. 44-82.
[15] *Preiß, W.*: tip 11. Firmenschrift Bayer AG, Leverkusen 1968.
[16] Spritzgießen von Elastomeren. VDI-Verlag, Düsseldorf 1978.
[17] *Schulze-Kadelbach, R.*: Konstruktion von Spritzgießmaschinen. Vorlesungsumdruck RWTH, Aachen 1985.
[18] *Eule, W.*: Vor- und Nachteile bei der Anwendung des Kompressions-, Transfer- und Injection-Moulding-Verfahrens. Kautsch. Gummi Kunstst. *31* (1978) 9, S. 637-642.
[19] Sondermaschinen. Firmenschrift J. Wickert & Söhne, Landau/Pfalz.
[20] Spritzgießtechnik auf Erfolg programmiert. Firmenschrift Klöckner Ferromatik Desma GmbH, Achim.
[21] *Bode, M.*: Der Einsatz von Ein- und Mehrstationenmaschine in der Herstellung von Gummi-Formteilen. In: Spritzgießen von Elastomeren. VDI-Verlag, Düsseldorf 1978, S. 39-61.
[22] *Baldauf, H. J.*: Plastifizier- und Spritzeinheiten von Gummispritzgießmaschinen. In: Spritzgießen von Elastomeren. VDI-Verlag, Düsseldorf 1978, S. 5-16.
[23] *Birkle, H. G.*: Beschicken von Spritzgießmaschinen. In: Spritzgießen von Elastomeren. VDI-Verlag, Düsseldorf 1978, S. 17-25.
[24] *Recker, H.*: Überspritzen und dadurch bedingte Werkzeugschäden. Kunststoffberater 6 (1985) S. 26-28.
[25] *Menges, G., Mohren, D.*: Anleitung zum Bau von Spritzgießwerkzeugen. 2. Aufl. Carl Hanser Verlag, München, Wien 1983.
[26] *Werner, J. H.*: Schließeinheiten von Spritzgießmaschinen zur Elastomerverarbeitung. In: Spritzgießen von Elastomeren. VDI-Verlag, Düsseldorf 1978, S. 27-38.
[27] *Janke, W., Benfer, W.*: Einrichteseminar Elastomerspritzgießmaschinen. IKV Aachen, 1985.
[28] *Menges, G., Janke, W., Keusch, A.*: Rechnerunterstützte Optimierung des Spritzgießens von Kautschuk. Kunststoffe *75* (1985) 6, S. 371-374.
[29] *Graf, A.*: Verfahrens- und Werkzeugauslegung beim Spritzgießen dünnwandiger Elastomerartikel. Kunststoffberater (1985) 7/8, S. 31-33.
[30] *Bangert, H.*: Systematische Konstruktion von Spritzgießwerkzeugen und Rechnereinsatz. Dissertation an der RWTH, Aachen 1981.
[31] *Benfer, W.*: Rechnergestützte Auslegung von Spritzgußwerkzeugen. Dissertation an der RWTH, Aachen 1985.
[32] *Hofmann, W.*: Werkzeuge für das Kautschukspritzgießen. Kunststoffe *77* (1987) 12, S. 1211-1226.
[33] *Eysmondt, B. v., Schmidt, R.*: Branchenuntersuchung der kautschukverarbeitenden Industrie. Interner Bericht IKV, Aachen 1987.
[34] *Barth, P., Benfer, W.*: Automation in Rubber Injection Moulding. Vortrag auf der Rubbercon '87, Harrogate/England 1987.
[35] *Dahmen, J.*: Die Entlüftung von Elastomerspritzgießwerkzeugen. Unveröffentlichte Studienarbeit am IKV, Aachen 1987.
[36] *Weyer, G.*: Automatische Herstellung von Elastomerartikeln im Spritzgußverfahren. Dissertation an der RWTH, Aachen 1987.
[37] *Heuel, O.*: Wirtschaftliche Beheizung von Spritzgießwerkzeugen mit normalisierten Heiz- und Regelelementen. Kunststoffe *70* (1980) 11, S. 746-750.
[38] *Härter, E.*: Einsatz von elektrischen Heizelementen im Kunststoff-Formenbau. Plastverarbeiter *34* (1983) 4, S. 309-311.
[39] *Peschges, K. J.*: Anforderungsgerechte Oberflächenschichten bei Vulkanisationswerkzeugen für Elastomere. In Tagungsumdruck: Die Formnestoberfläche, 2. Würzburger Werkzeugtage, 4./5. Okt. 1988, SKZ.
[40] *Holm, D.*: Aufbau von Werkzeugen für Spritzgießmaschinen. In: Spritzgießen von Elastomeren. VDI-Verlag, Düsseldorf 1978, S. 63-79.
[41] *Menges, G., Haack, W., Benfer, W.*: Der Weg vom Kautschuk zum Elastomerprodukt - Rechenmodelle ergänzen die Erfahrung (Teil 1). Gummi Asbest Kunst. *38* (1985) 1, S. 16-21.
[42] *Menges, G., Haack, W., Benfer, W.*: Der Weg vom Kautschuk zum Elastomerprodukt - Rechenmodelle ergänzen die Erfahrung (Teil 2). Gummi Asbest Kunstst. *38* (1985) 2, S. 53-59.

[43] *Menges, G., Haack, W., Benfer, W.:* Der Weg vom Kautschuk zum Elastomerprodukt - Rechenmodelle ergänzen die Erfahrung (Teil 3). Gummi Asbest Kunstst. *38* (1985) 3, S. 100-105.
[44] *Menges, G., Haack, W., Benfer, W.:* Der Weg vom Kautschuk zum Elastomerprodukt - Rechenmodelle ergänzen die Erfahrung (Teil 4). Gummi Asbest Kunstst. *38* (1985) 5, S. 222-228.
[45] *Bangert, H.:* Vorausbestimmen des Fließfrontverlaufs in Spritzgießwerkzeugen. Kunststoffe *75* (1985) 6, S. 325-329.
[46] *Menges, G., Lichius, U., Bangert, H.:* Eine einfache Methode zur Vorausbestimmung des Fließfrontenverlaufes beim Spritzgießen von Thermoplasten. Plastverarbeiter *31* (1980) 11, S. 671-676.
[47] *Benfer, W.:* Rechnerprogramme erleichtern die rheologische Auslegung. In: Von der Kautschukmischung zum Formteil. VDI-Verlag, Düsseldorf S. 17-41.
[48] *Krehwinkel, Th., Schneider, Ch.:* RUBBER-SOFT - Ein Programmsystem für die Elastomerverarbeiter. Kautsch. Gummi Kunst. *41* (1988) 6, S. 564-568.
[49] *Menges, G., Benfer, W., Groth, S.:* CADGUM - ein Programm zur Auslegung von Spritzgießwerkzeugen für Elastomere. Kautsch. Gummi Kunst. *40* (1987) 4, S. 337-342.
[50] CADMOULD-MEPHISTO System Manual. Institut für Kunststoffverarbeitung, Aachen 1987.
[51] *Williams, M. L., Landel, R. F., Ferry, J. D.:* The Temperature Dependence of Relaxation Mechanisms in amorphous Polymers and other glass-forming Liquids. J. Am. Chem. Soc. *77* (1955) 7, S. 3701-3706.
[52] *Barth, P., Schmidt, L.:* Auslegung von Angußsystemen. DFG-Bericht, 1986.
[53] *Masberg, U.:* Thermische Auslegung für Elastomerwerkzeuge. In: Von der Kautschukmischung zum Formteil. VDI-Verlag, Düsseldorf 1987, S. 43-64.
[54] *Janke, W.:* Kalkulation des Vernetzungsvorgangs während des Heizens. In: Von der Kautschukmischung zum Formteil. VDI-Verlag, Düsseldorf 1987, S. 65-83.
[55] *Paar, M.:* Auslegung von Spritzgießwerkzeugen für vernetzende Formmassen. Dissertation an der RWTH, Aachen 1983.
[56] *Adamczyk, B.:* Konzepte zur Automatisierung in der Elastomerspritzgießfertigung. Unveröffentlichte Diplomarbeit am IKV, Aachen 1983.
[57] *Buschhaus, F.:* Automatisierung beim Spritzgießen von Duroplasten und Elastomeren. Dissertation an der RWTH, Aachen 1982.
[58] *Schneider, Ch.:* Auslegekriterien für Elastomerkaltkanalsystem. Tagungsumdruck: Angußminimiertes Spritzgießen, SKZ Würzburg 1987, S. 35-49.
[59] *Cottancin, G.:* Gummispritzformen für das Kaltkanalverfahren. Gummi Asbest Kunstst. *9* (1980) S. 624-633.
[60] *Gastrow, H.:* Der Spritzgieß-Werkzeugbau in 100 Beispielen. Carl Hanser Verlag, München, Wien 1982.
[61] *Barth, P., Weyer, G.:* Kaltkanaltechnik - Ein Weg zum angußminimierten Spritzgießen von Elastomeren. Tagungsumdruck: Angußminimiertes Spritzgießen, SKZ Würzburg 1987, S. 123-139.
[62] Normalienkatalog. Firmenschrift der Fa. Hasco, Lüdenscheid.
[63] *Hunger, H.:* Angußloses Spritzgießen von Kautschukformteilen. Unveröffentlichte Diplomarbeit, IKV, Aachen 1985.
[64] *Daas, M.:* Auslegung und Konstruktion eines Kaltkanalwerkzeuges mit auswechselbaren Kavitäten. Unveröffentlichte Studienarbeit, IKV, Aachen 1986.
[65] *Hunger, H.:* Auslegung und Konstruktion eines Kaltkanalwerkzeuges. Unveröffentlichte Studienarbeit, IKV, Aachen 1986.
[66] *Robers, T.:* Mechanische Auslegung von Kaltkanalwerkzeugen. Unveröffentlichte Studienarbeit, IKV, Aachen 1987.
[67] *Uhe, B.:* Thermische Auslegung von Kaltkanalwerkzeugen unter Berücksichtigung rheologischer Gesichtspunkte. Unveröffentlichte Studienarbeit, IKV, Aachen 1987.
[68] *Barth, P.:* Entwicklungsschritte zum automatisierten Spritzgießen von vernetzenden Werkstoffen, Teil 2: Maschinen- und Werkzeugtechnik für den Elastomerspritzguß. Kautsch. Gummi Kunstst. *41* (1988) 8, S. 801-804.
[69] *Schneider, Ch.:* Das Verarbeitungsverhalten von Elastomeren im Spritzgießprozeß. Dissertation an der RWTH, Aachen 1986.
[70] *Krehwinkel, Th., Schneider, Ch.:* Verarbeitungsfenster für den Elastomerspritzgießprozeß. Kautsch. Gummi Kunstst. *41* (1988) 2, S. 164-168.
[71] *Graf, H. J., Gierschewski, F.:* Qualitätserzeugung von Artikel im IM-Verfahren mittels genauer Prozeßführung und Werkzeugauslegung. Kautsch. Gummi Kunstst. *39* (1986) 6, S. 524-527.

[72] *Ludwig, H.-J.:* Werkzeugwerkstoffe, ihre Oberflächenbehandlung, Verschmutzung und Reinigung. Gummi Asbest Kunstst. *35* (1982) S. 72–78.
[73] *Barth, P.:* Werkzeugverschmutzung und Möglichkeiten zu deren Behebung. In: Spritzgießen von Gummiformteilen. VDI-Verlag, Düsseldorf S. 85–100.
[74] *Schulze-Kadelbach, R., Benfer, W.:* Untersuchung des Formverschmutzungsverhalten (Plate out) bei der Spritzgießverarbeitung. DFG-Forschungsvorhaben, Schu 495/2-1, 1983.
[75] *Schulze-Kadelbach, R., Benfer, W.:* Untersuchung des Formverschmutzungsverhalten bei der Spritzgießverarbeitung von Elastomeren. DFG-Forschungsvorhaben, Schu 495/2-1, 1984.
[76] *Daas, M.:* Untersuchung des Formverschmutzungsverhalten verschiedener Kautschukmischungen. Unveröffentlichte Studienarbeit, IKV, Aachen 1984.
[77] *Braun, D.:* Analyse von Ablagerungen bei der Verarbeitung von Elastomeren. Kautsch. Gummi Kunstst. *39* (1986) 2, S. 191–195.
[78] *Busemann, F.:* Untersuchung des Formverschmutzungsverhalten von Elastomeren an Industriewerkzeugen. Unveröffentlichte Diplomarbeit, IKV, Aachen 1985.
[79] *Sommer, J. G., Grover, H. N., Suman, P. T.:* In-place Cleaning of Rubber Curing Moulds. Rubber Chem. Tech. *49* (1976) 5, S. 1129–1141.
[80] *Barth, P.:* Formverschmutzung. Interne Untersuchung, IKV, Aachen 1986.
[81] *Nagdi, K.:* Gummi Werkstoffe – Ein Ratgeber für Anwender. Vogel Verlag, Würzburg 1981.
[82] *Brotz, W.:* Gleitmittel und verwandte Hilfsstoffe für Thermoplaste. In: Gächter, R.; Müller, H. (Hrsg.): Taschenbuch der Kunststoff-Additive. Carl Hanser Verlag, München, Wien 1979.
[83] *Mascia, L.:* The Role of Additives in Plastics. Edward Arnold Verlag, London 1974.
[84] *Speuser, G.:* Evakuierung von Spritzgießwerkzeugen für die Elastomerverarbeitung. Unveröffentlichte Diplomarbeit, IKV, Aachen 1987.
[85] *Barth, P., Benfer, W., Fischbach, G., Schneider, W., Weyer, G.:* Herstellung von Gummiformteilen. Wie könnte eine moderne Fertigung aussehen? Kolloquiumsumdruck, 13. IKV-Kolloquium, Aachen 1986, S. 363–395.
[86] *Menges, G., Barth, P.:* Automatisierung beim Kautschukspritzgießen. Kautsch. Gummi Kunstst. *39* (1986) 1, S. 43–46.
[87] *Köhler, A., Grund, P.:* Maschinelle Entgratung von Gummi- und Kunststoff-Formteilen. Kautsch. Gummi Kunstst. *37* (1984) 11, S. 965–969.
[88] *Donath, S., Volker, W.:* Wirtschaftliche Nacharbeit durch Kryogene mit flüssigem Stickstoff. Tagungsumdruck Wirtschaftliche Fertigung von Gummiformteilen, SKZ, Würzburg 1986, S. 83–98.
[89] *Petzold, W.:* Lohnentgratung mit flüssigem Stickstoff. Gummi Asbest Kunstst. *38* (1985) 5, S. 229–230.
[90] *Rebhan, D.:* Qualitätssteigerung und Kostensenkung durch neue Entgratungsanlagen. Gummi Asbest Kunstst. *37* (1984) 12, S. 619–622.
[91] *N. N.:* Entgraten mit Stickstoff. Vorsprung durch moderne Technologie gesichert. Plastverarbeiter *35* (1984) 11, S. 81–82.
[92] *Grund, P.:* Kaltentgraten von technischen Gummiformteilen. In: Spritzgießen von Elastomeren. VDI-Verlag, Düsseldorf 1978, S. 81–97.
[93] *Fink, L.:* Der Trend zur Automatisierung – auch in der Elastomerverarbeitung. In: Spritzgießen von Elastomeren. VDI-Verlag, Düsseldorf 1978, S. 99–123.
[94] *Diedrich, F.:* Industrieroboter in der Gummiindustrie. Kautsch. Gummi Kunstst. *38* (1985) 8, S. 386–387.
[95] *Martin, P.:* Putzen von Gummi-Metallteilen mit Industrierobotern. Kautsch. Gummi Kunstst. *38* (1985) S. 200.
[96] *Cardaun, U.:* Systematische Auswahl von Greiferkonzepten für die Werkstückhandhabung. Dissertation an der Universität Hannover 1981.
[97] *Michaeli, W.:* Der Spritzgießbetrieb für Elastomerteile von morgen. In: Spritzgießen von Gummiformteilen. VDI-Verlag, Düsseldorf 1988, S. 163–186.

7 Nomogramm zur Bestimmung der mittleren Massetemperatur und des Druckgradienten

Erläuterungen für den Nomogrammbenutzer

Das nachfolgend dargestellte Rechernomogramm bietet die Möglichkeit, bei konventionellen Kautschukextrudern ohne Stifte im Bereich der Schneckenspitze die mittlere Massetemperatur und den Druckgradienten (Druckerhöhung/Schneckenlänge) zu ermitteln. In diesem Bereich stellt sich unter der Voraussetzung, daß alle Zylinderzonen gleich temperiert werden, ein Gleichgewicht zwischen dissipierter Leistung der Schnecke und abgeführten Wärmeströmen über Zylinder- und Schneckenwand ein. Das Gleichgewicht bewirkt eine konstante Massetemperatur, welche vom Nomogramm berechnet wird. Der ermittelte Druckgradient basiert auf der zur konstanten Massetemperatur gehörenden Viskosität des Materials und gilt daher nur für den Bereich, in dem diese Temperatur vorliegt.

Unter der häufig auftretenden Randbedingung, daß die letzte Zylinderzone mit erhöhter Temperatur gefahren wird, erreicht die Massetemperatur im allgemeinen kein Gleichgewicht. In diesem Falle berechnet man mittels der beiden eingestellten Zylindertemperaturen zwei Grenz-Massetemperaturen, zwischen denen sich die tatsächliche Massetemperatur vor der Schneckenspitze einstellen wird. Ihr Wert muß abgeschätzt werden.

Anwendung des Nomogramms

1) Eintragen der benötigten Geometrie-, Betriebs- und Materialdaten in die dafür vorgesehenen Felder. Die Daten müssen in den angegebenen Einheiten vorliegen, da mit zugeschnittenen Größengleichungen gerechnet wird.

2) Ermittlung der Gleichgewichtstemperatur; der Benutzer wird mit Hilfe von Pfeilen durch das Nomogramm geführt und entnimmt dabei die Variablen den Datenfeldern.

3) Ermittlung des Druckgradienten. Der Wert K in Gl. 2.5 ist die „1"-Bezugsviskosität bei der zuvor errechneten Gleichgewichtstemperatur und wird dem Diagramm auf Seite 202 entnommen; die Variable C folgt aus der Gleichung 1.8.

Materialwerte und Steigung

Zur Beschreibung der Strukturviskosität von Kautschukmischungen wird in den Rechnungen der Potenzansatz nach *Ostwald de Waele*

$$\eta = \Phi \cdot |\dot{\gamma}|^{n-1}$$

verwendet.

Dabei ist Φ die temperaturabhängige Viskosität bei einer festen Schergeschwindigkeit von $\dot{\gamma} = 1\ \text{sec}^{-1}$ und n (≤ 1) der Fließexponent, ein Maß für den Grad der Strukturviskosität (newtonsche Fluide: n=1). Bei den meisten Materialien liegt der Fließexponent im benutzten Schergeschwindigkeitsbereich in der Größenordnung von 0,3.

Die spezifische Wärmekapazität c_p und die Wärmeleitfähigkeit λ sind bei Kautschuken jeweils leicht temperaturabhängig. Für die Rechnung sollten diese Werte daher bei einer Temperatur von 100°C–120°C gewählt werden, um über den vorkommenden Verarbeitungsbereich einen gewissen Mittelwert zu erhalten.

Für die Berechnung wird u. a. der Steigungswinkel der Schnecke

$$\varphi = arctan\left(\frac{\text{Steigung}}{\pi \cdot D}\right)$$

benötigt. Die nachfolgende Tabelle liefert die Umrechnung der Steigung (in Vielfachen des Durchmessers) in den Steigungswinkel (in Grad).

Steigung	0,5 D	0,75 D	1 D	1,5 D	2 D
Winkel φ	9,04	13,43	17,66	25,52	32,48

Theorie, Erläuterungen, Auslegungskonzept

Eine Arbeit mit dem Titel „Einfache Hilfsmittel zur Abschätzung von Betriebsparamtern bei Kautschukextrudern", welche die theoretischen Hintergründe des Nomogramms widergibt, kann beim IKV unter der Archiv-Nr. S 84 02 angefordert werden. Sie enthält ferner ausführlichere Erläuterungen der zugrunde gelegten Rahmenbedingungen und der Ergebnisse, sowie eine Anleitung zur rationellen Anwendung des Nomogramms (Auslegungskonzept).

Literatur

[1] *Targiel, E.:* Thermodynamisch-rheologische Auslegung von Kautschukextrudern aufgrund einer Prozeßanalyse. Dissertation RWTH Aachen, 1982.
[2] *Röthemeyer, F.:* Rheologische und thermodynamische Probleme bei der Verarbeitung von Kautschukmischungen. Kautschuk+Gummi 28 (1975), S. 453–457.
[3] *Tadmor, Z., Gogos, C. G.:* Principles of Polymer Processing. New York, Brisbane, Chichester, Toronto 1979.
[4] *Middleman, St.:* Flow of Power Law Fluids in Rectangular Ducts. Transaction of the Society of Rheology 9:1, 83–93, (1965).
[5] *Janeschitz-Kriegel, H., Schijf, J.:* The Study of Radial Heat Transfer in Single-Screw Extruders. Plastics and Polymers 37 (1969), S. 523–528.
[6] *Herberg, F.:* Prozeßanalyse am Kautschukextruder. Studienarbeit am IKV, 1981.
[7] *Redeker, B.:* Einfache Hilfsmittel zur Abschätzung von Betriebsparametern bei Kautschukextrudern. Studienarbeit am IKV, 1984.

7 Nomogramm zur Bestimmung der mittleren Massetemperatur und des Druckgradienten

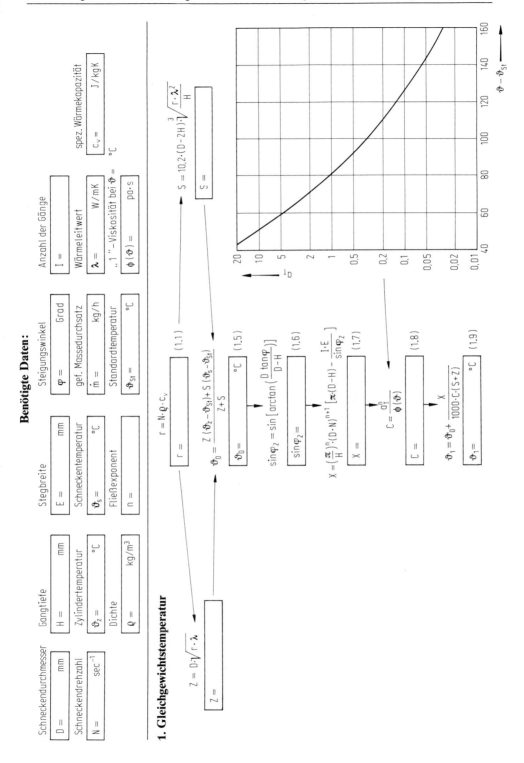

Benötigte Daten:

Schneckendurchmesser
$D =$ ___ mm

Gangtiefe
$H =$ ___ mm

Stegbreite
$E =$ ___ mm

Steigungswinkel
$\varphi =$ ___ Grad

Anzahl der Gänge
$i =$ ___

Schneckendrehzahl
$N =$ ___ sec^{-1}

Zylindertemperatur
$\vartheta_Z =$ ___ °C

Schneckentemperatur
$\vartheta_S =$ ___ °C

gef. Massedurchsatz
$\dot{m} =$ ___ kg/h

Wärmeleitwert
$\lambda =$ ___ W/mK

spez. Wärmekapazität
$c_v =$ ___ J/kgK

Dichte
$\varrho =$ ___ kg/m³

Fließexponent
$n =$ ___

Standardtemperatur
$\vartheta_{St} =$ ___ °C

"1"-Viskosität bei $\vartheta =$ ___ °C
$\phi(\vartheta) =$ ___ pa·s

1. Gleichgewichtstemperatur

$Z = D \cdot \sqrt{r \cdot \lambda}$

$Z =$ ___

$r = N \cdot \varrho \cdot c_v$ (1.1)

$r =$ ___

$\vartheta_0 = \dfrac{Z(\vartheta_Z - \vartheta_{St}) + S(\vartheta_S - \vartheta_{St})}{Z + S}$

$\vartheta_0 =$ ___ °C   (1.5)

$S = 10{,}2 \cdot (D - 2H) \cdot \sqrt[3]{\dfrac{r \cdot \lambda^2}{H}}$

$S =$ ___

$\sin\varphi_2 = \sin\left[\arctan\left(\dfrac{D \tan\varphi}{D - H}\right)\right]$

$\sin\varphi_2 =$ ___   (1.6)

$X = \left(\dfrac{\pi}{H}\right)^n \cdot (D \cdot N)^{n+1} \left[\pi(D-H) \cdot \dfrac{i \cdot E}{\sin\varphi_2}\right]$

$X =$ ___   (1.7)

$C = \dfrac{a_T^n}{\phi(\vartheta)}$

$C =$ ___   (1.8)

$\vartheta_1 = \vartheta_0 + \dfrac{X}{1000 \cdot C \cdot (S + Z)}$ (1.9)

$\vartheta_1 =$ ___ °C

7 Nomogramm zur Bestimmung der mittleren Massetemperatur und des Druckgradienten

Hier bitte ϑ_0 und ϑ_1 von der 1. Seite des Nomogramms eintragen.

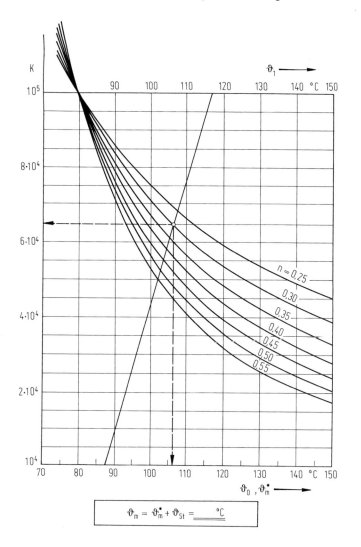

$\vartheta_m = \vartheta_m^* + \vartheta_{St} = \underline{}$ °C

2. Druckgradient

Bitte Wert 2.4 auf Seite 204 übertragen.

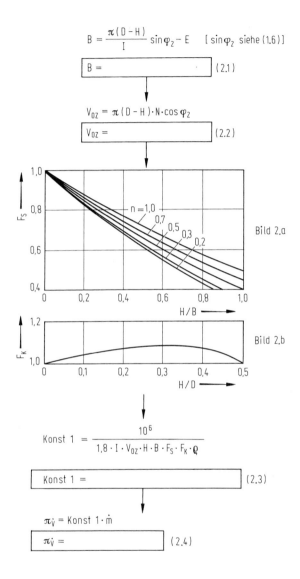

7 Nomogramm zur Bestimmung der mittleren Massetemperatur und des Druckgradienten

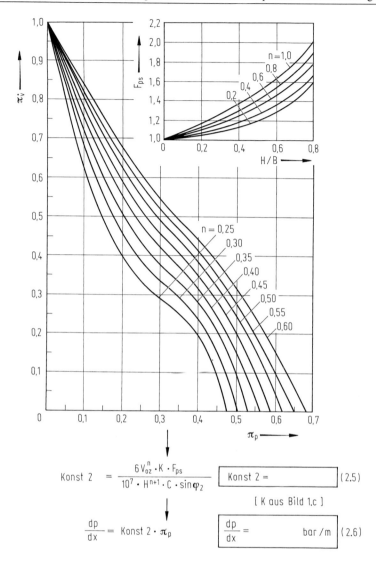

$$\text{Konst 2} = \frac{6 V_{oz}^n \cdot K \cdot F_{ps}}{10^7 \cdot H^{n+1} \cdot C \cdot \sin\varphi_2}$$

Konst 2 = [_____] (2.5)

[K aus Bild 1.c]

$$\frac{dp}{dx} = \text{Konst 2} \cdot \pi_p$$

$\frac{dp}{dx} =$ [_____] bar/m (2.6)

Der Druckgradient 2.6 bezieht sich auf die axiale (nicht auf die abgewickelte) Schneckenlänge.

Register

Ähnlichkeit, energetische 122
Anfahreffekte 45, 55, 62
Approximation, Querströmung 106
Arrhenius-Ansatz 13
Auslegung, rheologische 170
Austragszone 103
Austrieb 158
Auswurftemperatur 40
Automatisierung 189

Bagley-Korrektur 141
Ballenvolumen 44
Bandförderer 68
Batch-Off 71
Becherwerke 68
Berechnungsgleichungen, Ringkanal 133
Berechnungsverfahren, nichtisotherme 133
Black Incorporation Time 42
Blendenwerkzeug 79
Blockströmung 7
Breitschlitzdüse, betriebspunktunabhängige 145
Breitschlitzverteiler 142
Breitschlitzwerkzeug 130

Chargenprüfung 14
Chargenschwankungen 38, 40, 45
Compression Stamping 157

Dampfrohr 86
Dampfrohrvulkanisation 89
Deformationen, elastische 32
Dehndeformationen 32 f.
Dehngeschwindigkeit 141
Dehnspannung 141
Dehnviskosität 140
Dichte 4
Dispersionsbereich 34
Dispersionsgrad 24
Dispersionsqualität 24, 26, 40, 44
Dissipationsmodell 5
Dornhalterwerkzeug 130
Dosiersystem 68
Dosierung 68
-, Spritzgießen 157
Drehtischmaschine 161
Drei-Platten-Werkzeug 166
Druckaufbau 105
Druckbedarf 130
Druckförderung 68
Druckgradient 105
Druckstrom 98
Druckverlustberechnung 130

Duplex 83
Durchsatzberechnung, nichtisotherme 117
Durchsatzcharakteristik 106

Eigenschaften, rheologische 3
-, thermodynamische 3
Einarbeitungsphase 30
Einlaufdruckverlust 12, 140
-, Abschätzen 140
Einlaufströmung, Innenmischer 29
Einspritzeinheit 161
Einspritzgeschwindigkeit 182
Einstellbedingungen für Temperiersysteme 65
Einwalzenkopf 81
Einzugsphase, Mischprozeß 34
Einzugsverhalten 45
Einzugszone 75, 93, 103
Energie, spezifische 40
-,- elektrische 40
-, zugeführte 25, 47
Energiebilanz, dimensionslose 67
-, Innenmischer 45
Energieeinbringung 24
Entformung 166, 190
Entgasung 155
Entlüftung 168
Etagenwerkzeuge 155
Extruder 75
-, Homogenität 100
-, Leistungsbilanz 110, 122
-, Mischqualität 113
-, Mischwirkung 113
-, Modelltheorie 121
-, Scale-Up 128
-, Stabilitätsbetrachtung 119
-, Verweilzeitverteilung 113
Extruder/Werkzeug-Konzepte 80
Extrusion, Prozeßmodell 103
Extrusionswerkzeuge 130

Fellausformung 70
Felle 71
Fertigmischen 24
First in – First out 162
Fischschwanzwerkzeug 148
Flashless Transfer Moulding 158
Fließanomalien 5
Fließbett-Verfahren 90
Fließfunktion 11
Fließgrenze 5, 7, 95
Fließverhalten 26
Fluidität 68

Flüssigkeitsbadvulkanisation (LCM = Liquid Curing Method) 86
Flüssigkeitsdosierung 69
Folgeaggregate 70
Fördermechanismen 95
Förderschwankungen 94
Fördersystem 68
Förderung, pneumatische 68
Förderzone 97
Formartikel 153
Formenreinigung 187
Formverschmutzung 184
Freiheizen 87
Friktionsverhältnis, Innenmischer 25
Füllbildmethode 170, 186
Füllgrad 34
Füllgradbereich, optimaler 44
Füllstoffeinarbeitung 30, 32
Füllstoffinkorporation 40

Gangkrümmung 108
Glastemperatur 3
Gleichgewichtstemperatur 112
Granulat 93
Gratbildung 188
Grenzschubspannung 8

Handverwiegestationen 70
Hauptströmungsbereiche, Innenmischer 29
Heißdampfvulkanisierung 90
Heißgas 86
Heißluftkanäle 86
Heißluftvulkanisation 87
Heizzeiten 155, 167
Herschel-Bulkley 132
- -Fließgesetz 7
Homogenität, Extruder 100
-, mechanische 28
-, thermische 116
Horizontalmaschine 160f.
Huckepack-Anlage 83

Injection Moulding 156
Injection Transfer Moulding-Verfahren 157
Inkorporationsbereich 34
Inkorporationsphase 41
-, Prozeßparameter 40
Inkorporationsverhalten 42
Inkubationszeit t_i 15
Innenmischer
-, Einlaufströmung 29
-, Energiebilanz 45
-, Friktionsverhältnis 25
-, Hauptströmungsbereiche 29
-, Leistungsbilanz 45
-, Leistungskurve 26
-, Massetemperatur 34

-, Mischungseigenschaften 43
-, Modelltheorie 66
-, Nomogramm zur Wandtemperaturabschätzung 56ff.
-, Prozeßparameter 26
-, Scale-Up 66
-, Schmierfilmbildung 39
-, Strömungsbilder 33
-, Temperiersystem 40
-, thermische Randbedingungen 49
-, Verweilzeitspektrum 37
-, Viskositätsabnahme 34
-, Wandtemperatur 34
-, -, Verlauf 53
-, Wärmeübergangskoeffizient 50f.
ITM-Verfahren 157

Jepson-Effekt 110

Kaltfütterextruder 76
Kaltkanalwerkzeuge 177
Kautschukverbrauch 1
Kern, kalter 101
Klappsattel 25
Korngröße 68
Kühlwasservorlauftemperaturen 26f.
Kühlzonen 25

Leistungsverlauf, Mastizierung 35
Leistungsbilanz 27
-, Extruder 110, 122
-, Innenmischer 45
Leistungskurve 34
-, Innenmischer 26
Liquid Curing Method (LCM) 86

Maschinenparameter 182
-, Mastikationsphase 34
Massetemperatur, Berechnung 110
-, Innenmischer 34
-, Mastizierung 35
Mastikationsphase 34
-, Prozeßparameter 35
Mastizierung
-, Leistungsverlauf 35
-, Massetemperatur 35
-, Stempelbewegung 35
Materialeinzug 93
Materialfluß 21
Mehrstationen-Maschinen 161
Mikrowellen 85, 88
Mischelemente 100
Mischen, dispersives 28
-, distributives 28, 102
-, laminares 28
Mischer, idealer 113
Mischervolumen 23

Mischguttemperatur 25, 27
Mischprozeß 26
-, Einzugsphase 34
Mischqualität, Extruder 113
Mischteil 76
Mischteilauslegung 115
Mischteilberechnung 113
Mischungsbestandteile, flüssige 69
Mischungseigenschaften, Innenmischer 43
Mischungsviskosität 25
Mischwirkung, Extruder 113
Mischzeit 25
Mischzeitverkürzung 40
Modellgesetze, Extruder 123
Modelltheorie 127
-, Extruder 121
- für Stiftextruder 124
-, Innenmischer 66
-, praktische Hinweise 127
Mooney-Prüfung 15

Nachhomogenisieren 70
Nomogramm 112
- zur Wandtemperaturabschätzung, Innenmischer 56 ff.

On-Line-Verwiegung 70
Optimierungsrechnungen 121

Parallelläufer 161
Pausenzeit 49
Pelletizer 80
Peroxide, mikrowellengeeignete 89
Pinole 130, 142
PLCM 87
Polymer, Zugabegeometrie 44
Potenzgesetz 12
Pressen 159
-, Steuerung 159
Preßverfahren 154
Prozeßanalyse 93, 97
Prozeßführung 174
Prozeßmodell, Beispielrechnung 121
-, Extrusion 103
-, praktische Hinweise 120
Prozeßparameter, Inkorporationsphase 40
-, Innenmischer 26
-, Mastikationsphase 35
Prozeßphasen, Mastikation 36

QSM-Extruder 78
Quadroplex 83
Querströmung 106
-, Approximation 106

Rakelströmung 49
Randbedingungen, thermische 33, 36

-,-, Innenmischer 49
Randeinflüsse 108
Rechenansätze, isotherme 131
Reibungskoeffizienten 94
Restriktionswahl 129
Restwärme 71
Reversion 15
Rheometerversuch 8
Rheometrie 11
Ringkanal, Berechnungsgleichungen 133
Ringspalt 132
Rohbetrieb 21
Rohling 154, 156
Rohpolymer, Zugabeform 34
Rohrkanal 131
Roller Die 81
- -Head 81
- -Anlage 79
Rotations-Rheometer 15
Rotorsystem 23
Rundmaschine 161
Rußagglomerate 40

Salzbad 85 f.
Saugförderung 68
Scale-Up, Extruder 128
-, Innenmischer 66
Schaufelabdichtungen 25
Scherdorn 84
Schergeschwindigkeitsüberhöhung 5 f.
Scherkopf 83, 86
- -Anlage 83
Scherströmung 7
Scherteile 101
Schleppstrom 98, 104
-, nicht-isothermer 118
Schließeinheit 163
Schließkraft 157
Schlitzkanal 131
Schlitzscheibe 130
Schmierfilm 94
Schmierfilmbildung, Innenmischer 39
Schneckenförderer 68
Schneckenlänge, gefüllte 119
Schneckentemperatur 99
Schneckenvorplastifizierung 162
Schubmodul, komplexes 18
Schüttgüter 69
Schwimmhaut 155
Slab-Extruder 80
Speichermodul 17
Speisewalze 75, 93 ff.
Speisewalzentemperatur 95
Spritzgießmaschine 160, 182
-, Steuerung 164
Spritzgießverfahren/Injection Moulding 156

Spritzgießwerkzeuge 165
Spritzprägen mit Kaltkanal 158
Spritzprägen/Compression Stamping 157
Spritzpreßverfahren 155
Spritzscheibe 79
Spritztopf 155
Stabilitätsanalyse 120
Stabilitätsbetrachtung, Extruder 119
Stabilitätskoeffizient 120
Stahlbandpresse 86
Standardtemperatur 13
Staudruck 162
Stegeinfluß 109
Stegversetzung 103
Stempel 25
Stempelbewegung 34
-, Mastizierung 35
Stempeldruck 40
Stempelschließzeit 44
Steuerung, Presse 159
-, Spritzgießmaschine 164
Stiftextruder 78, 101, 115
-, Modelltheorie 124
Stiftzonenberechnung 113
Stoffdaten 120
-, Schätzwerte 121
Strahlenvernetzung 86, 90
Strainer 80
Streifen 156
Strömungsbilder, Innenmischer 33

Talkumierung 95
Temperaturentwicklung 110
Temperaturführung 24
Temperaturprofil, Abschätzung 117
Temperaturspitzen, Abschätzung 139
Temperiersystem, Innenmischer 40
-, Einstellbedingungen 65
Temperierung, Presse 159
Torsionsschubvulkameter 15
Torsionsvulkameter 38, 47
Transfer Moulding 155
Trennmittel 94
Triplex 83
Trogkettenförderer 68

Überschneidungen 93, 103, 115
Übertragung von Betriebspunkten 121
Umwandlungspunkte 3

Varianz, Verweilzeitverteilung 113
Verhalten, rheologisches 5
Verlustmodul 18
Verlustwinkel, mechanischer 17
Verlustwinkelmessung 18
Vernetzung 85
-, druckbeaufschlagte 85

Vernetzungsberechnung 16
Vernetzungsstrecken 85
Vernetzungsverfahren 85
-, kontinuierliche 85
Vernetzungsverhalten 47
Verschleißplatten 25
Vertikalmaschine 160
Verweilzeitspektrum, Innenmischer 37
Verweilzeitverteilung, Extruder 113
Viskosität 173
-, repräsentative 132
Viskositätsabnahme, Innenmischer 34
Volumenstrom, dimensionsloser 105
Vorwärmwalzwerk 76
Vulkanisation 85
-, kontinuierliche 85
- unter Blei 90
Vulkanisierstrecken 85

Waagen 69
Walzwerke 70
Wandgleiten 5, 10, 95
Wandhaften 10
Wandschubspannungsberechnung 136
Wandtemperatur 96
-, Innenmischer 34
Wandtemperaturverlauf 62
-, Innenmischer 53
Wärmeausdehnungskoeffizient 4
Wärmekapazität 4
Wärmeleitfähigkeit 4
Wärmeübergang, konvektiver 110
Wärmeübergangskoeffizient 110
-, Innenmischer 50f.
Warmfütterextruder 76
Wassertemperierung 75
Weibullfunktionen 113
Weichmachereinarbeitung 30
Wendeltasche 93, 96
Werkzeugauslegung 130
-, Spritzgießen 169f.
Werkzeuge 79, 186
WFL-Ansatz 13
Wig-Wam-Form 71
Wirbelbett 86

Zugabeform des Rohpolymers 34
Zugabegeometrie des Polymers 44
Zustand, quasistationärer 47
-, viskoelastischer 37
Zwei-Platten-Modell 97f., 104
-, isotherm/nicht isotherm 98
Zwickelbereich 32
Zykluszeit 47, 157
Zylinderschleppgeschwindigkeit 104
Zylinderwandtemperatur 99

Hanser
AUTHORITATIVE TECHNICAL BOOKS BY EXPERT AUTHORS

A comprehensive Source of Rubber Information

Hofmann
Rubber Technology Handbook

By Dr. Werner Hofmann, University of Aachen/FGR. Translated by Dr. Rudolf Bauer and Prof.Dr. E.A. Meinecke. 651 pages, 67 figures and 25 tables. 1989. Hardcover. ISBN 3-446-14895-7

This major new handbook describes and summarizes the state-of-the-art in rubber technology, and includes information on properties, processes and applications for both natural and synthetic rubber products.

Each chapter details data on monomer production, polymerization, molecular structure, recipes for compounds, compounding and processing, vulcanization, and properties of rubber products, in addition to chemicals for mastication, vulcanization, stabilization, reinforcing and filling, processing aids and more.

It is a compendium which has practically no equivalent on the international book market.

All important fields of rubber technology are covered in this work: natural rubber, synthetic rubber including thermoplastic elastomers, rubber chemicals and additives, processing of elastomers as well as rubber testing and analysis.

The author first treats natural and synthetic rubber subdividing the last ones into over 20 classes individually described. After this a systematic compilation is given on rubber chemicals for mastication, vulcanization, stabilization, reinforcing and filling, processing aids etc.

The description of the different techniques of compounding, processing, vulcanization and post-processing represents an unique compilation of this broad field of rubber processing of solid rubber and latex.

The most important and commonly used testing and analytical procedures complement this "Desk Reference Book" for rubber technology.

A special chapter of the book provides the reader with a large list of trade names and manufacturers as well as cross-references to the corresponding paragraphs of the book for the various types of rubber and rubber chemicals.

The book, written by a pioneer in the field of rubber technology, offers an introduction for beginners and is as well a reference book for the practitioners.

It is written for chemists, engineers, physicists in the rubber producing, processing and applying industries, marketing and salesmen of rubbers and rubber chemicals, students of rubber chemistry and technology.

Carl Hanser Verlag
P.O.Box 86 04 20
D-8000 Munich 86
Fed. Rep. of Germany